Andreas Bärtels

Das große Buch der Kamelien

Andreas Bärtels

Das große Buch der Kamelien

158 Farbfotos
12 Zeichnungen

Ulmer

Umschlagfoto: *Camellia* 'Edith Linton'
Vorherige Seiten: Teeplantage auf Java

Bibliografische Information Der Deutschen Bibliothek

Die Deutsche Bibliothek verzeichnet diese Publikation in der Deutschen Nationalbibliografie; detaillierte bibliografische Daten sind im Internet über http://dnb.ddb.de abrufbar.

Wollgrasweg 41, 70599 Stuttgart (Hohenheim)
www.ulmer.de
Lektorat: Sabine Drobik, Hermine Tasche
Herstellung: Gabriele Wieczorek
Printed in Germany
Druck und Buchbindung: aprinta, Wemding
ISBN 3-8001-4145-0

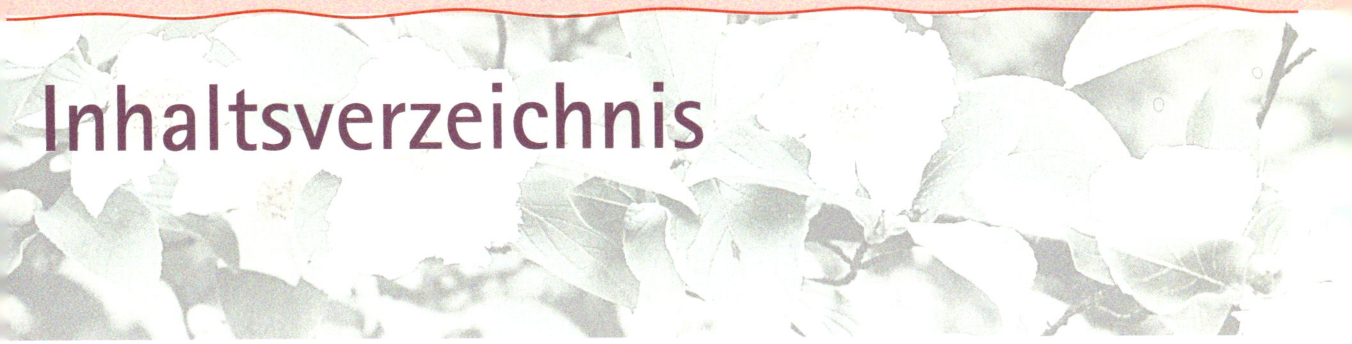

Inhaltsverzeichnis

Geleitwort

Etwa 200 oder auch 250 Jahre waren Kamelien in Sachsen und in Europa bekannt und begehrt – und so lange gab es auch Nachrichten über Kamelien, ihre Einführung, Kultur und Vermehrung, ihre Schönheit und Beliebtheit.

Im 19. Jahrhundert erreichte die Kamelienliebhaberei ihren Höhepunkt – sicher mit verursacht durch die SEIDELS in Dresden, die die erste gärtnerische Großprodukton entwickelten und zum Vorbild der heutigen exportorientierten Produktionstätten wurden, aber auch durch das Bekanntwerden prächtiger Abbildungen und Bildwerke, wie der von SAMUEL CURTIS und CLARA MARIA POPE (1819), REDOUTÉ (1827–1833) oder der Schriften von REIDER (1834), WENDSCHUH (1835), der Übersetzung von ABBÉ BERLÈSES Monografie und der SEIDEL'schen Schriften. Die Sortenvielfalt nahm zu und damit leider auch der Namenswirrwar. Neu eingeführte Sorten wurden umgetauft und waren fortan in verschiedenen Gegenden Europas unter verschiedenen Namen im Handel. Diese Sortenvielfalt fand ihren Niederschlag in den Katalogen, die bei SEIDEL um 1860 bis zu 1100 Namen umfassten.

Auch im gärtnerischen Schrifttum schwoll die Zahl der Sorten an. Als Beispiel sei hier BOSSES Vollständiges Handbuch der Blumengärtnerei, Hahnsche Hofbuchhandlung Hannover, genannt, das in der ersten Auflage

Camellia japonica 'R. L. Wheeler'

1829 40 *Camellia*-Sorten, in der zweiten Auflage von 1840 schon 185 Sorten und in der dritten Auflage (1859–1881) bereits 650 Sorten enthielt.

So waren im 19. Jahrhundert auch im deutschen Schrifttum für Interessierte genügend und umfassende Informationen über Kamelien verfügbar, zumal auch in den Gartenzeitschriften (z. B. Allgemeines Teutsches Gartenmagazin, Neues Allgemeines Gartenmagazin, Deutsche Gartenzeitung) Neuerungen und Hinweise zur Kultur, Vermehrung, zu neuen Sorten und zur Pflege aus der Praxis heraus publiziert wurden.

Zu Beginn des 20. Jahrhunderts nahm, parallel zum Niedergang der Kamelienkultur und -liebhaberei, die Zahl der deutschsprachigen Informationen drastisch ab und beschränkte sich häufig auf historische Rückblicke oder auf kürzere zusammenfassende Beiträge zur Kultur in der gärtnerischen Fachliteratur (z. B. ALLENDORF, Kulturpraxis der Kalt- und Warmhauspflanzen, 1921, STEFFEN, Handbuch der Marktgärtnerei, 1951, Pareys Blumengärtnerei 1958/61 oder spezieller in VOGEL, Azaleen, Eriken, Kamelien, 1961).

Die Entdeckung vieler neuer Arten in China während der letzten vier Jahrzehnte und die damit verbundene züchterische Tätigkeit in Ländern, in denen Kamelien als Freiland-Blütensträucher genutzt werden können, sowie die durch Reisen erworbene Kenntnis von dieser Pflanzengattung hat auch zum Wiederaufleben des Interesses an Kamelien in den weniger vom Klima begünstigten Regionen geführt, und damit hat der Bedarf an fast vergessenem Wissen wieder zugenommen.

Die International Camellia Society, interessierte Privatpersonen und später die Deutsche Kameliengesellschaft e. V. haben dazu beigetragen, diesen Wissens- und Informationsbedarf aus eigenen Erfahrungen und durch Auswertung englischsprachiger Publikationen zu decken. Auch kleinere Publikationen zur Kultur halfen, Informationen zu verbreiten.

Bisher fehlte aber eine umfassende Monografie zum Thema Kamelien im deutschsprachigen Raum. Das vorliegende Werk möchte diese Lücke füllen. Es fasst von der Taxonomie über Einführung und Kulturgeschichte bis zur Pflege und Vermehrung die wichtigsten Aspekte zusammen und widmet sich vornehmlich der Art- und Sortenbeschreibung.

Es ist klar, dass bei heute etwa 200 bis 250 sicheren und bekannten Arten und der riesigen Anzahl registrierter Sorten nur in der Beschränkung Zuflucht gesucht werden kann, aber immerhin sind hier 24 der wichtigsten Arten und knapp 350 Sorten und interspezifische Hybriden beschrieben und mit 150 Farbbildern illustriert, die vornehmlich für die Winterhärtezone 7 und 8 geeignet sind.

Ich hoffe sehr, dass dieses Werk eine weite Verbreitung findet und die Kenntnis über diese Pflanzengattung erweitert.

Prof. em. Dr. Karl Zimmer, Garbsen
1. Vorsitzender der Deutschen Kameliengesellschaft e. V.

Die Familie der Teestrauchgewächse

Die Gattung *Camellia* gehört zur Familie der Teestrauchgewächse, der Theaceae. Diese Familie umfasst etwa 35 Gattungen mit mehr als 600 Arten, die ihre natürliche Verbreitung vorwiegend in tropischen und subtropischen Regionen haben und dort überwiegend im Unterholz von Gebirgswäldern vorkommen. Die Häufigkeitszentren der Verbreitung liegen heute im Süden des asiatischen und amerikanischen Kontinents, nur wenige Sippen kommen in Afrika vor. Im Tertiär hatte die Familie eine weitaus größere Verbreitung als gegenwärtig, wie mehrere Funde aus nördlichen gemäßigten Breiten belegen. Berichtet wird unter anderem von einer 2,8 cm breiten Blüte der Gattung *Stewartia*, die im Bernstein gefunden wurde.

Zu der mittelgroßen Familie der Theaceae, früher als Ternstroemiaceae bezeichnet, gehören ausschließlich holzige Gewächse, überwiegend Bäume und Sträucher, nur wenige Arten sind Kletterpflanzen. Typische Merkmale sind die meist wechselständigen und oft immergrünen, glänzend ledrigen Blätter. Ihre ansehnlichen, oft gelb oder rötlich gefärbten, radiären Blüten sind überwiegend einzeln in den Achseln der Laubblätter angeordnet, nur selten stehen die Blüten zu wenigen in verzweigten Blütenständen zusammen. Im Blütenbau kommen innerhalb der Familie nur geringe Unterschiede vor. Die Blüten sind strahlig, je vier bis sieben Kelch- und Blütenblätter umgeben vier oder acht, meist aber zahlreiche Staubblätter, die frei oder in Bündeln stehen oder zu einer Röhre vereint sind. Diese sitzen einem meist oberständigen Fruchtknoten auf, der zwei bis fünf (selten zwei oder acht bis 15) verwachsene Fruchtblätter und die gleiche Anzahl an Fächern aufweist. Jedes Fach enthält zwei bis zahlreiche (selten eine) zentralwinkelständige Samenanlagen, entwickelt also eine eigene Höhlung. Die Früchte werden als Kapseln, Beeren oder Steinfrüchte ausgebildet.

Innerhalb der Familie stellt die Gattung *Camellia* mit mehr als 200 Arten die umfangreichste Sippe, mit dem Teestrauch, *C. sinensis*, auch die wirtschaftlich wichtigste Art. Auch als Ziergehölze haben die Kamelien eine überragende Bedeutung. Andere umfangreiche Sippen der Familie sind die Gattungen *Eurya* (etwa 140 Arten), *Ternstroemia* (etwa 130 Arten), *Adiandra* (etwa 100 Arten) und *Gordonia* (etwa 30 Arten), sie sind überwiegend in tropischen und subtropischen Regionen verbreitet. Nur wenige Gattungen der Familie – *Stewartia* und *Franklinia* – haben ihre natürliche Verbreitung überwiegend in gemäßigten Klimazonen.

Die in Ost-Asien heimischen, sommergrünen Arten der Gattung *Stewartia* sind mit

Camellia sinensis subsp. *sinensis*

ihren attraktiven, weißen Schalenblüten und der oft spektakulären Herbstfärbung ihrer Blätter auch in unseren Gärten prachtvolle und kostbare Ziergehölze.

Schalenförmig und weiß gefärbt sind auch die Blüten der monotypischen, ebenfalls sommergrünen Gattung *Franklinia* (einzige Art: *Franklinia alatamaha*), die einst in den Gebirgswäldern von Georgia, USA, heimisch war. Sie ist seit 1790 aber wild nicht wieder gefunden worden und hat nur in der Gartenkultur überlebt.

In den insubrischen Gärten hält eine weitere Art der Teestrauchgewächse aus: *Gordonia axillaris*, heimisch in Süd-China. Der kleine Baum hat immergrüne, glänzende Blätter und bringt von November bis Mai 7 bis 15 cm breite, weiße, schalenförmige Blüten mit zahlreichen goldgelben Staubblättern hervor.

In Japan, Korea, Taiwan und China hat ein weiterer Vertreter der Familie der Teestrauchgewächse, der immergrüne Nakai-Sakaki, *Cleyera japonica*, seine Heimat. Seine etwa 2 cm breiten, weißen, porzellanartigen Schalenblüten sind weniger ansehnlich als die der anderen hier genannten Vetreter der Familie. Der Baum genießt aber im japanischen Schintoismus als Weltenbaum und Göttersitz eine überragende Bedeutung.

Oben: *Stewartia pseudo-camellia*

Rechts: *Gordonia axillaris*

Franklinia alatamaha

Die Gattung Camellia

Taxonomie der Gattung Camellia

Bis in die 20er Jahre des vergangenen Jahrhunderts waren nur 40 Arten der Gattung *Camellia* bekannt (Melchior in Engler 1925). Nach einer Revision der Gattung durch Sealy (1958) stieg die Zahl der Arten auf 82, eingeteilt in zwölf Sektionen. 20 Arten konnten wegen mangelnder Informationen nicht in die Sektionen eingereiht werden.

Chang Hung Ta und Bruce Bartholomew (1984) haben die Gattung nun in die folgenden 4 Subgenera und 20 Sektionen eingeteilt:

I. Subgenus Protocamellia Chang
Typart: *Camellia granthamiana* Sealy, mit 9 Arten

1. Sektion Archecamellia Sealy emend. Chang
   Typart: *Camellia granthamiana* Sealy, mit 3 Arten
2. Sektion Sterocarpus (Pierre) Sealy
   Typart: *Camellia dormoyana* (Pierre ex Lanessan) Sealy, mit 5 Arten
3. Sektion Piquetia (Pierre) Sealy
   Typart: *Camellia piquetiana* (Pierre ex Lanessan) Sealy, mit 1 Art

II. Subgenus Camellia, mit 73 Arten
Typart: *Camellia japonica* L.,

4. Sektion Oleifera Chang, mit 4 Arten
   Typart: *Camellia oleifera* Abel
5. Sektion Furfuracea Chang, mit 8 Arten
   Typart: *Camellia furfuracea* (Merr.) Cohen-Stuart
6. Sektion Paracamellia Sealy, mit 16 Arten
   Typart: *Camellia kissii* Wall.
7. Sektion Pseudocamellia Sealy, mit 5 Arten
   Typart: *Camellia szechuanensis* Chi
8. Sektion Tuburculata Chang, mit 6 Arten
   Typart: *Camellia tuburculata* Chien
9. Sektion Luteoflora Chang, mit 1 Art
   Typart: *Camellia luteoflora* Y. K. Li
10. Sektion Camellia, mit 33 Arten
   Typart: *Camellia japonica* L.

III. Subgenus Thea (L.) Chang, mit 61 Arten
Typart: *Camellia sinensis* (L.) O. Kuntze

11. Sektion Corallina Sealy, mit 12 Arten
   Typart: *Camellia corallina* Sealy
12. Sektion Brachyandra Chang, mit 11 Arten
   Typart: *Camellia brachyandra* Chang
13. Sektion Longipedicellata Chang, mit 4 Arten
   Typart: *Camellia longipedicellata* (Hu) Chan et Fang
14. Sektion Chrysantha Chang, mit 10 Arten
   Typart: *Camellia chrysantha* (Hu) Tuyama
15. Sektion Calpandria (Bl.) Cohen-Stuart, mit 2 Arten
   Typart: *Camellia lanceolata* (Bl.) Seem.
16. Sektion Thea (L.) Dyer, mit 18 Arten
   Typart: *Camellia sinensis* (L.) O. Kuntze
17. Sektion Longissima Chang, mit 2 Arten
   Typart: *Camellia longissima* Chang et Liang
18. Sektion Glaberrima Chang, mit 2 Arten
   Typart: *Camellia glaberrima* Chang

IV. Subgenus Metacamellia Chang, mit 57 Arten

Typart: *Camellia cuspidata* (Kochs) hort. ex Bean

19. Sektion Theopsis Cohen-Stuart, mit 43 Arten
    Typart: *Camellia cuspidata* (Kochs) hort. ex Bean
20. Sektion Eriandra Cohen-Stuart, mit 14 Arten
    Typart: *Camellia caudata* Wall.

Geografische Verbreitung und Standorte der Kamelien

Die Gattung *Camellia* umfasst rund 200 Arten. Das Zentrum des Verbreitungsgebietes liegt im südlichen und südwestlichen China, vorwiegend in den Provinzen Yunnan, Guangxi und Guandong, nördlich des Wendekreises des Krebses. Das Gesamtareal bildet einen langen, schmalen Streifen entlang dieser Linie. Nach Norden und Süden nimmt die Häufigkeit der Verbreitung in unterschiedlicher Dichte allmählich ab. Südwärts reicht die Verbreitung bis nach Thailand, Kambodscha und Indonesien, westwärts bis Nepal und Indien und nordostwärts bis Japan, Korea und die chinesische Provinz Shandong (siehe Abb. Seite 13).

Die meisten Arten haben ihre natürlichen Standorte im Unterwuchs von Gebirgswäldern bis in Höhen von etwa 1000 m an gut dränierten Hängen oder in geschützten Tälern in luftfeuchten, oft schneereichen Lagen auf sauren Böden. Nur wenige Arten, wie z. B. *C. pitardii*, tolerieren offene, ungeschützte Standorte und winterliche Trockenheit. Andere Arten, wie zum Beispiel *C. nitidissima*, die nicht selten auch als *C. chrysantha* bezeichnet wird, benötigen geschützte, schattige Standorte und tropische bis subtropische Klimabedingungen.

Die größte Anpassungsfähigkeit an den Standort besitzen Kamelienarten mit einer weiten Verbreitung wie *C. japonica* und *C. oleifera*.

Morphologische und genetische Merkmale der Kamelien

Die meisten Arten der Gattung sind immergrüne Großsträucher oder Kleinbäume, nur wenige Arten entwickeln sich zu bis zu 20 m hohen Bäumen. Ihre jungen Triebe sind kahl oder behaart. Die wechselständigen Blätter können zwei bis drei Jahre alt werden, sie sind dünn oder derb ledrig, elliptisch, lanzettlich oder eiförmig, vorne spitz oder zugespitzt, an der Basis keilförmig, am Rand mehr oder weniger deutlich gezähnt oder gesägt, auf der Spreite kahl oder behaart. Die sehr ansehnlichen, zwittrigen, radiären, teilweise duftenden, sitzenden oder gestielten Blüten stehen einzeln end- oder blattachselständig oder zu wenigen an unbelaubten Kurztrieben. Sie sind weiß, rot, rosa oder gelb gefärbt, 1 bis 18 cm breit, einfach, bei Kulturformen oft mehr oder weniger stark gefüllt und größer als bei den Arten. Die zwei bis acht Tragblätter sind dachziegelig angeordnet, die fünf bis sechs Kelchblätter meist konkav, teilweise sind Trag- und Kelchblätter nicht differenziert. Die fünf bis sieben Kronblätter sind an der Basis leicht verwachsen. Die zahlreichen Staubblätter (Antheren) stehen in zwei bis sechs Kreisen, beim äußeren Kreis sind die Staubfäden (Filamente) oft zu einer Röhre verwachsen, die mit dem Grunde der Kronblätter verbunden ist. Die zweifächrigen, in der Längsachse gespaltenen Staubblätter sind meist rückenständig, gelegentlich auch basal fixiert. Aus einem oberständigen, meist drei- bis fünffächrigen, selten einfächrigen Fruchtknoten entwickelt sich eine holzige, sich fachspaltig öffnende Fruchtkapsel mit bleibender oder fehlender Mittelachse. Jedes Fach enthält ein bis acht kugelige oder polygonale Samen und ölhaltiges Endosperm.

Die Grundzahl der Chromosomen bei der Gattung *Camellia* ist 15. Während zahlreiche Arten, zum Beispiel *C. japonica*, *C. cuspidata*, *C. lutchuensis*, *C. maliflora*, *C. nitidissima*,

Geografische Verbreitung der Gattung *Camellia*. Die Ziffern geben die Anzahl der Arten an, die in den jeweiligen Ländern und chinesischen Provinzen ihre natürliche Verbreitung haben. (Chang Hu Ta und Bruce Bartholomew, 1984)

C. saluenensis und *C. sinensis* diploid (2n = 30) sind, sind Arten *wie C. granthamiana* und *C. tenuiflora* tetraploid (2n = 60), Arten wie *C. hiemalis*, *C. oleifera*, *C. pitardii*, *C. reticulata*, *C. rosiflora* und *C. sasanqua* hexaploid (2n = 90).

Anders als bei manchen anderen Pflanzen sind bei Kamelien Kreuzungen zwischen Arten mit unterschiedlichen Chromosomensätzen möglich. Dieser Tatsache verdanken wir auch einige interspezifische Hybriden zwischen Arten mit unterschiedlichen Chromosomensätzen wie zum Beispiel C. 'Barbara Clark' (*C. saluenensis* × *C. reticulata*) oder C. 'Inspiration' (*C. reticulata* × C. *saluenensis*). Die älteste interspezifische Hybride – *C.* × *williamsii* – hat Arten mit gleichen Chromosomensätzen als Eltern: *C. saluenensis* und *C. japonica*. Das gilt auch für zahlreiche andere interspezifische Hybriden.

Camellia × williamsii 'Bow Bells'

Da zahlreiche Hybriden fertile Pollen und Fruchtknoten besitzen, sind Rückkreuzungen und damit nahezu unendlich viele Kombinationen möglich. Sie erlauben es, Zuchtziele wie etwa Farbe, Größe, Wetterfestigkeit und Duft der Blüten, Wüchsigkeit und Frosthärte oder etwa die Kombination von gelber Blütenfarbe mit ausreichender Frosthärte zu verfolgen. Da Kamelienpollen bei kühler Lagerung für ein halbes Jahr lebensfähig bleiben, sind auch Kreuzungen zwischen Arten mit unterschiedlichen Blütezeiten möglich.

Neue Kameliensorten entstehen aber nicht allein durch Kreuzungen zwischen Arten und/oder Sorten, sondern auch durch Mutationen. Die durch eine vegetative Vermehrung entstandenen Nachkommen einer Sorte sind keineswegs immer identisch. Das Erbgut unterliegt vielmehr zahlreichen Einwirkungen, die zu spontanen Veränderungen (Mutationen) einzelner oder mehrerer Erbträger (Gene) führen können. Genmutationen treten fast ausschließlich in Körperzellen des teilungsfähigen Gewebes der Vegetationskegel oder in Kallusgeweben auf. Als Ursachen solcher Veränderungen gelten heute Temperaturextreme und die Lichtqualität. Das Ergebnis wird als somatische Mutante, im Englischen als „Sport“ oder „Strain“ bezeichnet.

Einige Kameliensorten gehören zu den Pflanzen, denen eine starke Neigung zu Veränderungen im Genom zu eigen ist. Alle Merkmale einer Pflanze können durch eine Mutation verändert werden. Mutationen können an der gesamten Pflanze oder nur an einzelnen Astpartien auftreten. Bei der Gattung *Camellia* sind vor allem solche Verände-

Blüten einer alten *Camellia japonica*-Sorte in der Quinta do Alão in Portugal als Beispiel für eine instabile Chimäre

rungen von Interesse, die die Blüten, ihre Färbung, Form und Größe betreffen.

Sind von der Genomveränderung ganze Zellschichten in einem Zellverband betroffen, spricht man von einer periklinalen Chimäre. In solchen Fällen werden die veränderten Merkmale relativ stabil weitergegeben. Sind dagegen nur einzelne Zellgruppen mutativ verändert, liegen meriklinale oder sektoriale Chimären vor. Bei ihnen besteht die Gefahr, dass die Veränderungen zu einem unterschiedlich hohen Prozentsatz nicht an die Nachkommen weitergegeben werden.

Besonders instabil sind die so genannten „multiplen“ Chimären, bei denen in jeder Zellschicht immer nur einzelne Teile mutieren. Beispiele für instabile Chimären sind alle Sorten, deren Blüten an einer Pflanze ganz oder teilweise verschieden gefärbt sind, wie zum Beispiel bei *C. japonica* 'Lady McCulloch' oder bei den Blüten einer alten Sorte in der Quinta do Alao in Portugal.

Will man bei der Vermehrung von Kamelien die Regressionsrate möglichst niedrig halten, ist eine besondere Sorgfalt bei der Auswahl der Mutterpflanzen notwendig.

Camellia japonica 'Lady McCulloch'

Bestimmungsschlüssel der Subgenera und Sektionen

(nach CHANG HUNG TA und B. BARTHOLOMEW 1984)

1 Fruchtknoten 5-fächrig, Griffel 5-teilig, frei oder nur wenig miteinander verbunden, Trag- und Kelchblätter nicht oder nur wenig differenziert, meist zu 12–18, selten zu 8, bleibend, gestielt, selten sitzend.

I. Subgenus Protocamellia Chang

2 Blüten einzeln, Blätter 10–31 cm lang.

3 Trag- und Kelchblätter 12–16, groß, 2–5 cm lang, die Fruchtkapseln umschließend.

1. Sekt. Archecamellia Sealy

3* Trag- und Kelchblätter 6–13, klein, 0,3–1,5 cm lang.

2. Sekt. Streptocarpus (Pierre) Sealy

2* Blüten zu wenigen an unbelaubten Kurztrieben, Blätter 29–42 cm lang.

3. Sekt. Piquetia (Pierre) Sealy

1* Fruchtknoten meist 3-fächrig, Griffel 3-teilig oder 3-spaltig, Fruchtknoten selten 4- bis 5-fächrig, Griffel einzeln, an der Spitze 4- bis 5-spaltig, Trag- und Kelchblätter differenziert oder nicht differenziert, zu 4–12, selten mehr, bleibend oder hinfällig.

4 Trag- und Kelchblätter nicht differenziert, mehr als 10, nach der Blühphase abfallend, Blüten meist groß, 5–10 cm breit (2–4 cm in der Sekt. Paracamellia), sitzend, Fruchtknoten meist 3-fächrig, selten 4- bis 5-fächrig.

II. Subgenus Camellia

5 Filamente frei oder an der Basis leicht verwachsen, keine Röhre bildend, Kronblätter frei oder leicht verwachsen, weiß.

6 Blüten relativ groß, 5–10 cm breit, Staubblätter 1–1,8 cm lang, Fruchtkapseln relativ groß, 3- bis 5-fächrig, Griffel etwa 1–1,5 cm lang.

7 Knospenschuppen ledrig, Staubblätter in 3–5 Kreisen, Filamente miteinander verwachsen, Fruchtkapseln nicht bemehlt, Perikarp holzig oder ledrig.

4. Sekt. Oleifera Chang

7* Knospenschuppen rasch hinfällig, Staubblätter in 2–3 Kreisen, Griffel frei, Fruchtkapseln mehlig, Perikarp locker, braun.

5. Sekt. Furfuracea Chang

6* Blüten klein, Kronblätter selten frei, Staubblätter und Griffel 0,2–0,8 cm lang, Fruchtkapseln klein, oft 1-fächrig, 1–2 cm breit, nicht bemehlt.

6. Sekt. Paracamellia Sealy

5* Filamente zu einer kurzen Röhre verwachsen, Kronblätter an der Basis deutlich verwachsen.

8 Blüten weiß oder gelb, Griffel 3(–5)-teilig, frei, Kelchblätter dünnhäutig, hinfällig oder fast bleibend.

9 Blüten weiß, weit geöffnet.

10 Fruchtknoten nicht gefurcht, Fruchtkapseln glatt, Samen kahl, Kronblätter breit verkehrt-eiförmig.

7. Sekt. Pseudocamellia Sealy

10* Fruchtknoten gefurcht, Fruchtkapseln warzig, Samen oft behaart, Kronblätter länglich.

8. Sekt. Tuberculata Chang

9* Blüten gelb, nicht weit geöffnet.

9. Sekt. Luteoflora Chang

8* Blüten rot, gelegentlich weiß, Griffel verwachsen, an der Spitze schwach 3(–5)-spaltig.

10. Sekt. Camellia

4* Trag- und Kelchblätter meist deutlich differenziert, gelegentlich nichtdifferenziert und bleibend, Kelchblätter bleibend, Tragblätter bleibend oder hinfällig, Blüten relativ klein, 2–5 cm breit, gestielt, Staubblätter frei, selten mit einer Filamentröhre, Fruchtknoten und -kapsel 3(–5)-fächrig, selten 1-fächrig.

11 Fruchtknoten 3(–5)-fächrig, jedes Fach fertil, Fruchtkapseln groß, Perikarp relativ dick, Mittelachse vorhanden, Kelchblätter bleibend, Tragblätter bleibend oder hinfällig, Griffel 3(–5)-teilig oder 3(–5)-spaltig.

III. Subgenus Thea (L.) Chang

12 Tragblätter nicht komplett von den Kelchblättern differenziert, bleibend, Stiel extrem kurz, selten mehr als 1 cm lang.

13 Filamente an der Basis frei oder leicht miteinander verbunden.

14 Filamente geradlinig, frei, 1 cm lang, Griffel 3-teilig, selten verwachsen, 6–10 mm lang.

11. Sekt. Corallina Sealy

14* Filamente relativ dick, leicht miteinander verbunden, 3–6 mm lang, Griffel verwachsen oder frei, 1–4 mm lang.

12. Sekt. Brachyandra Chang

13* Filamente vollständig zu einer langen Röhre verbunden, Antheren am Rand der Röhre fixiert, Griffel kurz, an der Spitze 3-spaltig.

15. Sekt. Calpandria (Bl.) Cohen-Stuart

12* Tragblätter deutlich von den Kelchblättern differenziert, bleibend oder hinfällig, Kelchblätter bleibend, Stiele 6–30 mm lang, meist 10 mm lang.

15 Tragblätter 5–11, bleibend.

16 Filamente frei oder an der Basis leicht miteinander verbunden, Blüten goldgelb, Griffel 3-teilig, frei.

14. Sekt. Chrysantha Chang

16* Filamente zu mit einer kurzen Röhre verwachsenen Blüten weiß, Griffel 3-teilig oder 3-spaltig.

13. Sekt. Longipedicellata Chang

15* Tragblätter 2, früh hinfällig.

17 Filamente nahezu frei.

18 Fruchtkapseln von der Spitze her eintrocknend, Stiele etwa 5–6 mm lang.

16. Sekt. Thea (L.) Dyer

18* Fruchtkapseln von der Basis her eintrocknend, Stiele etwa 30 mm lang

17. Sekt. Longissima Chang

17* Filamente an der Basis zu einer kurzen Röhre verwachsen, kahl.

18. Sekt. Glaberrima Chang

11* Fruchtknoten meist mit einem fertilen Fach, Früchte klein, Perikarp dünn, Mittelachse fehlend, Trag- und Kelchblätter bleibend, Staubblätter in 1–2 Kreisen, Griffel lang, verwachsen, an der Spitze 3(–5)-spaltig.

IV. Subgenus Metacamellia Chang

19 Filamente frei oder an der Basis bis zur Hälfte verwachsen, kahl oder behaart, Fruchtknoten kahl, Antheren rückenständig fixiert.

19. Sekt. Theopsis Cohen-Stuart

19* Filamente deutlich verwachsen, selten frei, meist behaart, Fruchtknoten und -kapseln behaart, Antheren basal fixiert.

20. Sekt. Eriandra Cohen-Stuart

Kulturgeschichte der Kamelien

Die Kamelien dürfen in einer kulturgeschichtlichen Betrachtung nicht nur als Ziergehölze vorgestellt werden, sie müssen auch in ihrer wirtschaftlichen Bedeutung als Tee-, Öl- oder Duftpflanzen gewürdigt werden, denn die praktische Nutzung der Kamelien war für die Menschen weitaus wichtiger als die Pracht ihrer Blüten.

Wie die Kamelien zu ihrem Namen kamen

Es war der geniale schwedische Botaniker und Begründer der binären Nomenklatur, CARL VON LINNÉ (1701–1778), der den Kamelien ihren Gattungsnamen – *Camellia* – verlieh. Er ehrte damit einen Laienbruder der Jesuiten – GEORG JOSEPH KAMEL –, obwohl sich dieser Zeit seines Lebens nie mit Kamelien beschäftigt, sich sehr wohl aber Verdienste um die Pflanzenkunde erworben hatte.

GEORG JOSEPH KAMEL, der seinen Namen als Georgius Josephus Camelus latinisiert hat, wurde am 21. April 1661 in Brünn geboren. KAMEL, der einer deutschen Familie entstammt, besuchte dort das Gymnasium, lernte in einer Apotheke und trat im November 1682 in das Brünner Noviziat der Jesuiten ein. Dort legte er sein ewiges Gelübde als Laienbruder ab. 1685 hält sich KAMEL im Jesuitenkolleg im böhmischen Neuhaus als Gehilfe des Apothekers auf. Im darauf folgenden Jahr wurde er ins Jesuitenkolleg zu Krummau, im Böhmerwald, versetzt.

Nach einem zweijährigen Aufenthalt, mit 26 Jahren, verließ GEORG JOSEPH KAMEL Krummau, um seine Arbeit als Apotheker – und später auch als Arzt – in Übersee fortzusetzen. Zusammen mit sechs Mönchen und einem weiteren Laienbruder wurde er auf die Philippinen entsandt.

KAMEL richtete im Jesuitenkolleg von Manila, der Hauptstadt von Luzon, eine Apotheke ein und ergänzte den üblichen Bestand an Heilkräutern sehr bald mit einheimischen Heilpflanzen. Um deren Wirkung und Anwendung durch die einheimische Bevölkerung besser verstehen zu können, erlernte er ihre Sprache. Seine gründliche pharmazeutische Ausbildung ermöglichte es ihm, auch als Arzt die Wirkstoffe der Heilpflanzen sachgerecht und wohldosiert einzusetzen. Die genaue Kenntnis der heimischen Heilkräuter kam in dem nicht gerade gesunden, feuchtheißen Tropenklima nicht nur den Mönchen und Laienbrüdern des Klosters oder den Verwaltungsbeamten der Handelsstation zugute, sondern auch der Bevölkerung aller Inseln,

Camellia japonica
'General Leclerc'

die bei Bedürftigkeit kostenlos behandelt wurde. Am 15. August 1695 legte KAMEL in der Ordenskirche zu Manila seine letzten öffentlichen Gelübde, den so genannten Profess, ab.

KAMEL legte umfangreiche Sammlungen, Beschreibungen und Zeichnungen der philippinischen Pflanzen- und Tierwelt an und schickte sie nach England, wo sie in verschiedenen Werken veröffentlicht wurden. Er lebte 18 Jahre in Manila und starb dort am 2. Mai 1706 an einer Darminfektion. Ihm kommt das Verdienst zu, als erster Europäer die Fauna, Flora und Medizin der Philippinen erforscht und der europäischen Wissenschaft zugeführt zu haben.

KAMEL hat die nach ihm benannte Pflanze nie beschrieben, wohl auch nie gesehen und sicher auch nicht in Europa eingeführt, wie gelegentlich zu lesen ist. Lediglich seine Verdienste um die philippinische Pflanzenwelt mögen LINNÉ bewogen haben, mit dem wissenschaftlichen Gattungsnamen der Kamelien den Namen des mährischen Laienbruders in Erinnerung zu halten.

Der von LINNÉ vergebene Gattungsname bezog sich nur auf die bis dahin in Europa bekannte Art, nämlich die Japanische Kamelie, *C. japonica* (heute als *C. japonica* subsp. *japonica* bezeichnet), die er 1753 in seinem grundlegenden Werk „Species plantarum“ beschrieb. Den ihm ebenfalls bekannten Teestrauch, heute als *C. sinensis* bezeichnet, ordnete LINNÉ einer eigenen Gattung zu und nannte ihn, ebenfalls 1753, *Thea sinensis*. Der alte Gattungsname *Thea* ist in der Bezeichnung der Familie, der Theaceae, erhalten geblieben.

Übrigens lag LINNÉ für seine Beschreibung und Namengebung von *C. japonica* keine lebende Kamelie vor. Er stützte sich auf Herbarmaterial, das ENGELBERT KAEMPFER von seinem Aufenthalt in Japan nach Deutschland mitgebracht hatte.

Tee im alten China

Tee gehört zu den Getränken mit der weltweit größten Verbreitung.

Die Sitte des Teetrinkens hat eine jahrtausendealte Tradition, die in China, der Heimat der Teepflanze, *C. sinensis*, ihren Ursprung hat. Die „Erfindung“ des Teetrinkens wird dem legendären Herrscher und „Göttlichen Landmann“ Shen-nung (auch als Shen Nong geschrieben) zugesprochen, der von 1737 bis 1705 v. Chr. regiert haben soll.

Shen-nung habe auf Reisen stets nur abgekochtes Wasser getrunken. Eines Tages seien einige Blätter in den Kessel gefallen, das Wasser habe sich golden gefärbt und einen angenehmen Geschmack gehabt. Beim Trinken sei eine erfrischende, belebende Wirkung zu verspüren gewesen.

In einer anderen Legende wird von dem griechisch-irischen Schriftsteller LAFCADIO HEARN erzählt, wie den Menschen der Teestrauch geschenkt wurde: Der buddhistische Asket Bodhidara wurde bei dem Versuch, sein Gelübde der ewigen Meditation einzuhalten, schwach und fiel vor Erschöpfung in einen tiefen Schlaf. In seinen Träumen plagten ihn Visionen, er würde von einer fleischlichen Liebe verfolgt. Er wachte auf, trennte seine Augenlieder mit einem Messer ab und warf sie weit von sich – nie wieder wollte er einschlafen und von bösen Träumen verfolgt werden. Doch Buddha, von dem Opfer des Mönches tief bewegt, ließ den heiligen Mann in eine tiefe Trance fallen. Als er schließlich vom Gesang der Vögel geweckt worden war, hatten seine Augen wieder Lider. Die abgetrennten Lider aber waren verschwunden, und dort, wo sie hingefallen waren, wuchs ein wunderlicher Strauch mit zierlichen, wie Augenlieder geformten Blättern und schneeweißen Blütenknospen, die sich gen Osten hin öffneten. Durch eine Eingebung seiner neugewonnenen, übernatürlichen Kräfte erkannte der heilige Mann die Geheimnisse der neuen Pflanze und sagte zu ihr: „Gesegnet seist du, du süße Pflanze, geformt durch

Silberner Pavillon im Ginkakuji, Kyoto, Keimzelle der japanischen Teezeremonie

den Geist der tugendhaften Auflösung. Wahrlich, in allen Zeiten, die da kommen mögen, soll der Mensch, der von deinem Safte trinkt, solche Erlabung finden, daß er nie von Müdigkeit übermannt werde. Er soll auch nicht die Verwirrung der Schläfrigkeit kennen, noch den Wunsch, in den Stunden der Arbeit oder des Gebetes zu schlummern." (MACOBY 1999).

Über diese aus Japan stammende Legende hat schon ENGELBERT KAEMPFER berichtet, der sich von 1690 bis 1692 in Diensten der Niederländischen Ostindien-Kompanie in Japan aufgehalten hatte. KAEMPFER berichtet in § 2 seiner 1712 erschienenen „Thea Japonica historia", die erst 1777 durch C. W. DOHM eine deutsche Übersetzung erfuhr, dass der japanische Schriftzug für Tee mit dem Charakter, der die Augenlider des heiligen Drama ausdrückt, identisch sei.

Anfangs wurden die Blätter zur Bereitung von Tee, der als Medikament und erfrischendes Getränk verwendet wurde, von wild wachsenden Pflanzen gesammelt. Mit dem Anbau von Tee begannen dann chinesische Bauern zunächst in entlegenen Winkeln und auf Bergrücken, weil ihnen nahe gelegene Felder als zu wertvoll erschienen. Später wurden von den Regierungen umfangreichere Teeplantagen betrieben.

Recht bald gab es schriftliche Anweisungen für den Anbau und Gebrauch von Tee. Das „Cha Jing" (Canon vom Tee), etwa 780 in der Zeit der Tang-Dynastie (618–907) von LU YU verfasst, gilt als der Welt erstes Buch über Tee.

Verschiedene Schriften geben Hinweise über die Standortansprüche der Teepflanzen und über ihre Vermehrungsmethoden sowie Anweisungen zum Pflücken der Teeblätter und deren Behandlung während der Verarbeitung. Im Cha Jing wird zum Beispiel bemerkt, dass man sicher krank werden würde, tränke man Tee, der nicht zur rechten Jahreszeit gepflückt oder unpassend verarbeitet worden sei. Die Blätter seien mit den Fingernägeln abzureißen, da die Fingerwärme den Blättern Schaden zufügen würde. Bei der Herstellung von erstklassigen Teesorten sollten die Teeblätter ihrem Alter nach gesondert gepflückt werden, die „Knospen wie die Zunge eines Sperlings oder wie ein Korn" sollten von „Speer und Flagge" (Knospen mit einem Blatt), diese wiederum von „ein Speer mit zwei Flaggen" usw. getrennt werden.

Im Laufe der Jahrhunderte entwickelte sich eine große Vielfalt der Verarbeitungsmöglichkeiten der Teeblätter. Durch Rösten, Dämpfen, schließlich Fermentieren wurden unterschiedlichste Qualitäten erzeugt, die zu Tafeln gebacken, zerbröselt, gerollt oder als ganzblättriger Tee Verbreitung fanden. Erst während der Ming-Dynastie (1368–1644) wurde der Schwarztee entwickelt.

In dieser Zeit begann man auch den Tee zu aromatisieren. Gu Yunqing berichtet in seinem Cha Pu (Handbuch über Tee) von zwei Arten an wohlriechendem Tee – dem Lotusblumen-Tee und Teesorten, die mit verschiedenen süßen Blüten aromatisiert wurden: „Reseda, süßer Osmanthus, Jasmin, Rose, Kletterrose, Orchidee, Orangenblüte, Geranie, Banksia-Rose und Pflaumenblüte können zum Aromatisieren von Tee verwendet werden. Halbgeöffnete und intensiv duftende Blüten werden in einer der Teemenge entsprechenden Quantität gepflückt, wobei das Verhältnis von Tee und Blüten drei zu eins betragen soll. Tee und Blüten werden abwechselnd in einem Porzellantopf geschichtet. Dann wird der Topf mit breiten Bambusblättern verschlossen und in heißem Wasser gekocht, wonach der Inhalt herausgenommen und abgekühlt wird, dann in Papier gehüllt und über einem Feuer geröstet, bis er trocken genug zum Gebrauch ist." (zitiert bei Zhang Binglun 2001).

Man schrieb dem Tee neben dem Genuss immer auch eine große Heilkraft zu. So berichtet Gu Yunqing in seinem „Cha Pu": „Echten Tee zu trinken hilft den Durst zu löschen und fördert die Verdauung, zügelt Phlegma, wehrt Schläfrigkeit ab, regt die Nierentätigkeit an, verbessert die Sehfähigkeit und geistige Stärke, vetreibt den Stumpfsinn und löst fettige Nahrung auf. Man kann nicht einen einzigen Tag ohne Tee auskommen." (zitiert bei Zhang Binglun 2001).

Nahezu alle Bezeichnungen moderner Sprachen für den Tee haben in China ihren Ursprung. Zunächst wurde der Tee in China als „tu", oder auch als „jia", „she", „ming" oder „chuan", später als „cha" bezeichnet. Von dem Wortzeichen des Mandarin-Dialektes „tscha" leiten sich die gleichlautende japanische Bezeichnung, das russische „Tschai", das portugiesische „chá", das arabische „Schay" und das indische „Scha" ab. Im chinesischen Dialekt der Amoy wird der Tee als „te" oder „tia" bezeichnet, davon stammt das englische „tea", das französische „thé", das holländische „thee", das italienische „te", das spanische „té" und das deutsche „Tee" ab (Feldheim 1994, abgeändert).

Teezeremonie in Japan

Japan kommt das Privileg zu, das Teetrinken zu einer Kunstform entwickelt zu haben, der Teezeremonie, in Japan als Cha-no-yu bezeichnet, was eigentlich nichts weiter bedeutet als „heißes Wasser für den Tee."

Unabhängig davon wird Tee in Japan zu allen Gelegenheiten und in allen Lebenslagen getrunken. Es handelt sich dabei um einen grünen, unfermentierten Tee, dem verschiedene Geschmacksstoffe beigemischt sein können.

Wie der Buddhismus, kam auch der Tee aus China nach Japan. Der Zen-Meister Eisai führte 1191 den Brauch des Teetrinkens in Japan ein. Anfangs galt Tee auch in Japan als Medizin. Zu einem raffinierten Kult entwickelte sich das Teetrinken aber erst im 15. Jahrhundert in einer Ästheten-Klause des Ginkakuji, des heute noch vorhandenen Sil-

Japanische Geisha bei der Teezeremonie

bernen Pavillons in Kyoto, dem Wohnsitz des Shoguns und großen Kunstmäzens Yoshimasa. Etwa 100 Jahre später erreichte der Teekult unter dem großen Meister Sen-no-Rikyu (1521–1591) seine eigentliche Entfaltung.

Die echte Teezeremonie, eine bis in die letzte Bewegung hinein stilisierte Handlung, wird in einem eigens dafür gebauten, kleinen, äußerst schlicht gehaltenen, aber aus kostbaren Materialien hergestellten Teeraum, dem Chashitsu, vollzogen. Der Raum soll eine Atmosphäre kultivierter Armut und einfacher Unscheinbarkeit ausstrahlen, leicht und zerbrechlich wirken, ist gleichwohl aber peinlich sauber und nur sparsam ausgeschmückt: mit einem Bild an der Wand, einer einfachen Blüte in einer Bambusvase, einem alten, ehrwürdigen, summenden Kessel über dem Feuer und den einfachen, aber kostbaren Trinkschalen. Alles ist sehr sorgfältig aufeinander abgestimmt, jede Form und jede Farbe darf nur einmal vorkommen.

Zum Chashitsu gelangt man über einen kurzen Weg, dem Roji, der durch einen schlichten, winzigen Teegarten führt, der bei den Gästen ein Gefühl der Einsamkeit und Abgeschiedenheit von Zeit und Welt hervorrufen, sie auf einen Weg der Läuterung und Selbstbesinnung führen und sie in eine poetische Stimmung versetzen soll. Der Gast soll sich auf den, den Menschen angestammten Platz besinnen, der nach asiatischer Auffassung nicht im Mittelpunkt von Sein und Welt, sondern ganz am Rande des großen kosmischen Geschehens liegt.

Die wenigen, zu einem Ch-no-yu geladenen Gäste warten zunächst in einer eigens dafür gebauten Hütte, dem Machiai, werden schließlich hereingebeten und betreten den Teeraum durch eine sehr kleine, eher einem Loch gleichende Tür, die nur gebeugten Hauptes passiert werden kann, was als Mahnung zur Demut verstanden werden soll.

Bei der Teezeremonie gibt der Gastgeber aus einem kleinen Teegefäß mit einem Bambuslöffel etwas von dem hauchfein gemahlenen Teepulver in eine schwere, irdene, gleichwohl oft sehr kostbare Teeschale, gießt mit einem Bambusschöpfer heißes Wasser aus einem alten, summenden Eisenkessel darüber und schlägt mit einem rasierpinselähnlichen Bambusbesen die trübgrüne Teebrühe zu einem hellen Schaum auf. Das Summen des Eisenkessels über dem Holzkohlenfeuer, oft durch eingelegte Metallteile verstärkt, soll im Teeraum eine Atmosphäre erzeugen, die an fernes Meeresrauschen, an einen durch Kiefern streichenden Abendwind oder an einen Sommerregen erinnert, der auf die Blätter des nahen Bambuswäldchens trommelt. Die Gäste halten die ihnen gereichte Schale ehrfurchts-

Steinwaschbecken „Tsububai" im Ryoanij, Kyoto als Beispiel für ein Wasserbecken zur rituellen Mund- und Handreinigung vor der Teezeremonie. Die Schriftzeichen „ware tada taru o shiru" können etwa so umschrieben werden: „Allein ich weiß, dass ich zufrieden bin."

voll mit beiden Händen, trinken den bitterherben Inhalt in den vorgeschriebenen dreieinhalb Schlucken und reichen die Schalen mit bewundernden Worten über die Kostbarkeit der Schalen und Geräte zurück. Die ganze Zeremonie dauert zwei Stunden oder auch mehr. (Schwalbe 1985).

Zum Teemeister wird man in eigenen, von Sen-no-Rikyu begründeten Schulen ausgebildet. Ehe man Teelehrer werden kann, hat man 13 verschiedene Rangstufen zu durchlaufen. Gelehrt werden vor allem jene vier Kanji, die bei allen Chanouy in Erscheinung treten sollen: Harmonie, Respekt, Sauberkeit und Stille.

Einführung von Tee in die westliche Welt

Erste Nachrichten über die Teepflanze finden sich in arabischen Reiseberichten des 9. Jahrhunderts. Dort wird von einer Pflanze Sákh gesprochen, die in Chinas Städten für hohe Summen verkauft würde und deren Aufguss als Getränk und Heilmittel diente.

Europa erreichte das Wissen um Tee als Genussmittel in China spätestens Mitte des 16. Jahrhundert, nachdem die Portugiesen 1514 erstmals Macao an der Mündung des Perlflusses an der Südküste der chinesischen

Provinz Kwantung besuchten und dort Mitte des 16. Jahrhunderts eine Niederlassung gründeten. 1557 folgten die Spanier, 1606 die Niederländer und 1637 die Briten. Macao blieb bis 1685 der einzige chinesische Außenhandelsposten.

Nach MACOBY (1999) mag die erste Schiffsladung Tee um 1650 in London an Land gegangen sein, denn 1658 erschien folgendes Inserat in einer Londoner Zeitung: „Dieses hervorragende und von allen Ärzten empfohlene Chinagetränk, bei den Chinesen als Tcha, von anderen Nationen als Tay alias Tee genannt, wird in Sultanes Head Cophee House in Sweetings rents beim Royal Exchance verkauft." Nach FELDHEIM (1994) wird 1657 in London der erste Tee ausgeschenkt. Tee setzte sich nur langsam durch und wurde zunächst eher als Arzneimittel, denn als Getränk verwendet. In Deutschland erscheint der Tee, als Herba Theae oder Herba Schack bezeichnet, in den Taxen verschiedener Apotheken: 1657 in Nordhausen, 1664 in Ulm, 1696 in Leipzig und 1683 in der Hofapotheke in Dresden.

Der damalige Geschmack des Tees war sicher nicht mit dem des heutigen zu vergleichen, zu lang waren die Transportwege und nur unzureichend die Verpackung. Liselotte von der Pfalz lernte den Tee am französichen Hof kennen und beschrieb „das thé" als „fremdt Zeug" und in einem Brief von 1712, dass ihr der Tee wie eine halbe Medizin vorkomme und später, dass der Tee wie Heu und Mist schmecke.

Es war nicht zuletzt die Gattin des Königs Karl II., Catharina von Braganza, die in England der Sitte des Teetrinkens zum Durchbruch verhalf. Sie ließ sich um fünf Uhr nachmittags Tee und Kuchen bringen und führte so den Nachmittagstee ein, der später in England zu einer nationalen Institution wurde.

Tee wurde in der Malerei, in Literatur und Dichtung als Alternative zu alkoholischen Getränken gepriesen und bald auch weit über England hinaus so beliebt, dass die Regierung eine Teesteuer einführte.

Die von England verhängte Teesteuer war Anlass für den als „Boston Tea Party" in die Geschichte eingegangen Protest gegen diese Steuer. Dabei wurde am 16.12.1773 im Hafen von Boston die Ladung von drei Teeschiffen der Ostindischen Handelskompanie durch als Indianer verkleidete Bürger vernichtet. Dieser Vorgang verschärfte die ohnehin angespannte Lage zwischen dem Mutterland und den amerikanischen Kolonien und wurde so zum Auftakt für den amerikanischen Unabhängigkeitskrieg.

Tee kam bis zur Mitte des 19. Jahrhunderts ausschließlich aus China nach Europa. Er wurde mit eigens dafür gebauten Schiffen, den Klippern, transportiert, von denen die schnellsten den Weg vom Verladehafen über Kapstadt nach London schließlich in weniger als 90 Tagen schafften. Bis 1833 besaß die englische Ostindien-Kompanie das Monopol für den Teehandel zwischen China und Europa.

Gegen Ende des 17. Jahrhunderts begann der Teehandel zwischen China und Russland. Tee wurde mit Kamelkarawanen auf dem Landweg durch die Wüste Gobi, über Ulan Bator in der Mongolei zum russischen Irkutsk und weiter nach Westen transportiert. Hin- und Rückreise dauerten bis zu drei Jahre.

Die Einfuhr von Tee war teuer, 1666 soll ein Pfund Tee in London 60 Schillinge gekostet haben, das Jahresgehalt eines Arbeiters. Deshalb gab es nicht wenige Bestrebungen, Teepflanzen aus China einzuführen. Die Kapitäne der Ostindien-Kompanie hatten den Auftrag Samen oder lebende Pflanzen nach England zu bringen. Aber weder die nur kurze Zeit keimfähigen Samen noch lebende Pflanzen überstanden die meist monatelange Seereise.

KARL VON LINNÉ versuchte mehrfach, sich Teepflanzen zu beschaffen. Einer seiner ehemaligen Schüler, PEHR OSBECK, als Marinegeistlicher auf einem Schiff der schwedischen Ostindien-Kompanie eingesetzt, schildert in einer Tagebucheintragung vom 4. Januar 1752 das Schicksal einer Teepflanze, die er nach Schweden bringen sollte: „Nach einem Aufenthalt von vier Monaten und 10 Tagen in China trat unser Schiff, zusammen mit anderen schwedischen Schiffen die Heimreise an. Alle jubelten vor Freude, und mein Teestrauch im Topf fiel beim Abfeuern der Kanonenschüsse auf das Deck und wurde ohne mein Wissen über Bord geworfen, und ich hatte ihn so lange an Bord des Schiffes gehegt und gepflegt! Somit waren alle meine Hoffnungen zerstört, je meinen Landsleuten eine lebende Teepflanze mitzubringen, ein Vergnügen, das trotz größter Sorge und finanzieller Anstrengungen noch nie einem Europäer zuteil wurde." (DURRANT 1982). Nachdem Linné vorgeschlagen hatte, die Samen zu Beginn einer Schiffsreise in Erde zu betten, traf Kapitän C. G. Ekeberg 1762 mit einigen jungen Pflanzen in Göteborg ein. (Durrant 1982).

Schon vorher waren Kamelien nach Europa gelangt, es handelte sich dabei aber stets um Sorten der *C. japonica*, nicht um die gewünschten Teepflanzen. Es bleibt ungeklärt, ob es sich dabei um absichtliche Verwechslungen handelte, um das chinesische Monopol zu schützen, oder ob sprachliche Schwierigkeiten der Grund für die Verwechslungen waren.

Teeanbau in neuerer Zeit

Chinas Teemonopol wurde erst nach Beendigung des englisch-chinesischen Krieges (1840–1842) gebrochen. Zu diesem „Opium-Krieg" führten englische Bemühungen, Opium zollfrei nach China einführen zu können, um damit Exportartikel, vor allem Tee, bezahlen zu können. Nach dem Frieden von Nanking am 25.09.1884 musste China Hongkong an England abtreten, unter anderem die Häfen Kanton und Schanghai öffnen und Kaufleuten und Missionaren Zugang zum Land gewähren.

Engländer, Holländer und Amerikaner hatten so Gelegenheit, sich Kenntnisse über Anbauverfahren und Teeaufbereitung anzueignen. Davon profitierten vor allem die noch jungen Pflanzungen in Indien und auf Java, dem heutigen Indonesien.

Nach **Java**, in den Garten des Generalgouverneurs, kamen Teepflanzen durch die Holländer schon vor 1700. Aber erst der deutsche Arzt in holländischen Diensten, PHILLIP FRANZ VON SIEBOLD (1796–1866) brachte Samen in nennenswertem Umfang aus Japan, die Pflanzungen konnten ausgeweitet werden.

In **Indien**, im Hoheitsgebiet der englischen Ostindien-Kompanie, hatte ein Oberst Kyd 1780 Teebäume in seinem Garten angepflanzt. Es dauerte aber noch über 50 Jahre, ehe man in Indien größere Teeplantagen unterhielt.

Zu den Männern, die sich um die Einführung des Teestrauches nach Indien Verdienste erworben haben, gehört auch der Schotte ROBERT FORTUNE (1812–1880). Er wurde 1848, bald nach Beendigung des Opium-Krieges vom China-Komitee der Königlich Britischen Gartenbaugesellschaft für ein Jahresgehalt von 100 Pfund nach China geschickt, mit dem Ziel, möglichst viele neue Pflanzen zu finden, um sie nach England zu schicken. FORTUNE bereiste insgesamt 19 Jahre lang den Fernen Osten. Ihm gelang nicht nur der Tee-Schmuggel von China nach Indien, sondern auch die Einführung zahlreicher neuer Pflanzen, wie etwa Strauch-Päonien, Winterjasmin, Weigelie, Forsythien, Rhododendren, Azaleen und Chrysanthemen.

Nach dem Zusammenbruch der Kaffeeproduktion, bedingt durch das Auftreten des Kaffeerostes, der Blattkrankheit *Hemeleia vestatrix*, gegen Ende des 19. Jahrhunderts in Ceylon, dem heutigen **Sri Lanka**, entwickelte sich der Anbau von Tee zum dominierenden Produktionszweig der Landwirtschaft dieses Landes. Nach China und Indien bewirtschaftet Sri Lanka heute die drittgrößte Anbaufläche von Tee. Ihm folgen Indonesien, der Iran, die ehemalige UdSSR, Kenia und Japan. Die wichtigsten Exportländer sind Indien, Sri Lanka und Kenia, China folgt erst an vierter Stelle.

In **Ost-Afrika**, im Hochland von Kenia, wird Tee seit 1903 angebaut, aber erst seit den 60er Jahren des vergangenen Jahrhunderts vollzog sich eine sprunghafte Entwicklung, die Kenia schließlich zu einem wichtigen Exportland für Tee hat werden lassen. In anderen ostafrikanischen Ländern wie Tansania, Ruanda und Mosambik ist eine ähnliche Entwicklung nicht gelungen.

Den größten Aufschwung aller Teeproduktionsländer hat seit den 50er Jahren des vergangenen Jahrhunderts die **Türkei** erfahren. Sie hat aber als Exportland keine Bedeutung, da die Produktion im Inland verbraucht wird.

In **Lateinamerika** wird bisher nur in Argentinien Tee in nennenswertem Umfang angebaut. Die Produktion wird nahezu vollständig ausgeführt.

Früchte einer *Camellia japonica*-Sorte

Linke Seite: Teeplantage in Sri Lanka

Kamelien als Ölpflanzen und zur Brennholzgewinnung

In den subtropischen Regionen von China, Vietnam und Japan werden *C. sasanqua* und *C. oleifera* als Ölpflanzen angebaut, nicht selten in selektierten Typen mit besonders ölreichen Samen. Die Samen werden aber auch von wild wachsenden Pflanzen geerntet. Sie enthalten 40 bis 60 % Öl mit 72 bis 87 % Ölsäure. Nach der Raffinierung ist das Kamelienöl dem Olivenöl sehr ähnlich. Die Samen des Teestrauches, *C. sinensis*, enthalten 20 bis 30 % eines ähnlichen Öles, auch sie werden gelegentlich zur Ölgewinnung genutzt. Das qualitativ beste Öl soll in Süd-China aus den Samen von *C. reticulata* gewonnen werden. Auch Arten wie *C. crapellniana* und *C. octopetala* haben sehr ölreiche Samen. Angaben über die Höhe der Produktion sind höchst unsicher. China soll 1958 180 000 t Öl produziert haben.

Kamelienöl wurde schon früh und wird auch heute noch als Speiseöl genutzt, außerdem zur Herstellung von Kosmetika, etwa als Haut- und Haaröl, aber auch für den Rostschutz und als Schmiermittel verwendet.

Das feinporige, schwere und harte, nach der Bearbeitung glänzende Holz der Japanischen Kamelie wurde zur Herstellung von Gebrauchsgegenständen wie Teller, Tassen und Kämmen sowie im Kunsthandwerk, etwa für Kokoshi-Puppen verwendet.

Das Holz galt auch als hervorragendes Brennholz, das vor allem zur Herstellung von Holzkohle verwendet wurde. Holzkohle war früher in Japan, China und Korea als Brennmaterial zum Kochen und als Heizmaterial im Wohnbereich unverzichtbar. Kohle aus dem harten Kamelienholz, die oft in offenen Becken verbrannt wurde, hat nicht nur einen hohen Brennwert, sie war auch deshalb wertvoll, weil sie keine Funken versprühte – kein geringer Vorzug in den früher vorwiegend aus Holz gebauten Wohnungen. Die Asche des Kamelienholzes wurde als Katalysator bei der Herstellung von Purpur- und Safranfarben verwendet.

Kamelien als Duftpflanzen

Denkt man an duftende Blumen, stellt man sich zunächst sicher Rosen, Flieder und Nelken oder exotische Blumen wie Jasmin, Gardenien oder Frangipani vor, nicht aber Kamelien. Ihr Duft ist viel weniger betörend oder aufdringlich als der vieler anderer Blumen, eher zart und dezent. Man muss schon sehr aufmerksam an der Blume riechen, um den Duft zu spüren, der sich bei Freilandpflanzen oft erst bei ausreichend warmer Witterung entfaltet.

Kamelien galten hierzulande lange als duftlose Pflanzen. ADALBERT STIFTER schrieb 1857: „Die Kamelie steht der Rose nahe, sie ist zart, klar und rein, oft ist sie voll Pracht; aber sie hat für uns immer etwas Fremdes, sie steht mit einem gewissen vornehmen Anstand da: Das Weiche, ich möchte den Ausdruck brauchen, das Süße der Rose hat sie nicht. Wir wollen von dem Geruche gar nicht reden."

Camellia japonica 'Kramer's Supreme'

Camellia japonica 'Buddy'

Die Anmerkung STIFTERS überrascht nicht, er kannte nur ältere Sorten der *C. japonica*, von denen nur wenige duften.

Duftende Kamlienarten kamen erst später nach Europa. Die Art mit dem ausgeprägtesten Duft ist *C. lutchuensis*, die auf den südjapanischen Riukiu-Inseln heimisch ist. Ihr honigsüßer Duft wird gelegentlich als betörend und raumfüllend beschrieben. Recht stark duften auch die Blüten von *C. sasanqua*, die ebenfalls in Japan heimisch und unter günstigen Klimabedingungen auch in Mitteleuropa ausreichend frosthart ist. Deren würzig-herber Duft wird aber gelegentlich als modrig und muffig empfunden. Auch alle Sorten von *C. sasanqua* duften.

Duftende Blüten finden sich auch bei anderen, im Allgemeinen weniger bekannten Arten wie *C. fraternata*, *C. grijsii*, *C. kissi*, *C. nitidissima*, *C. oleifera*, *C. saluenensis*, *C. tsai* und schließlich auch bei der Teepflanze, *C. sinensis*.

Weil *C. lutchuensis* keine besonders große Frosthärte besitzt, ist sie wiederholt mit frosthärteren Arten oder Sorten gekreuzt worden. Einige ihrer Hybriden wie etwa *C.* 'Fragrant Pink', *C.* 'Quintessence' oder *C.* 'Scented Gem' besitzen einen starken, gelegentlich an *Osmanthus* erinnernden Duft.

Kamelienhybriden mit duftenden Blüten sind auch aus Kreuzungen *von C. reticulata* mit *C. sasanqua* hervorgegangen, wie zum Beispiel *C.* 'Dream Girl' und *C.* 'Flower Girl'.

Grundlage des Kamelienduftes ist Linalool, ein nach Maiglöckchen riechender Monoterpenalkohol, der in vielen ätherischen Ölen wie zum Beispiel Bergamottöl, Linaloeöl, Melissenöl, Rosenöl, Thyminöl und Zimtöl vorkommt. Das Vorkommen von ätherischen Ölen in den Blüten von Kamelien reicht aus, um damit kosmetische Präparate zu parfürmieren, die unter anderem von der japanischen Firma Shiseido hergestellt werden.

Duftende Kameliensorten
(nicht aufgelistet sind die Sorten von *C. sasanqua*, die alle duften)

Camellia-japonica-Sorten:
'Barbara Mary'
'Blood of China'
'Buddy'
'Cara Mia'
'Carter's Sunburst'
'Grand Slam'
'Kingyo-tsubaki'
'Kramer's Beauty'
'Kramer's Supreme'
'Nioi-fubuki'
'Scentsation'
'Spring Sonnet'

Camellia-Hybriden verschiedener Herkunft:
'Cinamon Cindy'
'Dream Girl'
'Duftglöckchen'
'Fragrant Pink'
'Qunitessence'
'Scented Gem'
'Winter's Star'

Oben links:
Camellia sasanqua
'Bettie Praticia'

Kamelien in China und Korea

Obwohl die Geschichte der Kamelienzucht in China bis mindestens zum 12. Jahrhundert zurückreicht, sollen dort weniger als 200 Sorten entstanden sein.

Von den alten Sorten der Yunnan-Kamelie werden einige wie 'Shizitou', 'Baozhucha', 'Mudancha', 'Zipao' und 'Hentiango' noch überall in Yunnan angebaut. Diese und andere alte Sorten sind noch in 100 oder auch mehr als 200 Jahre alten, ehrwürdigen Exemplaren an manchen Tempeln und Klöstern der Provinz zu finden.

Seit einigen Jahrzehnten bemüht man sich in Kunming, der Hauptstadt der chinesischen Provinz Yunnan, nicht nur um die Sammlung alter Sorten, sondern auch um die weitere Entwicklung der Kamelienkultur.

Nutzung

In China, dem Mannigfaltigkeitszentrum der Gattung, gehörten Kamelien nicht zu den klassischen, mythisch überhöhten Pflanzen wie etwa Bambus, Chysanthemen, Lotus, Päonien oder Granatäpfel, die in Gedichten verehrt, in zahlreichen Variationen gezeichnet wurden oder Schriftrollen, Lackarbeiten, Porzellan und Seidengewänder zierten. Kamelien hatten in ihren Heimatländern jahrhundertelang überwiegend eine praktische Bedeutung. Das Holz war als Brennstoff begehrt, Öl diente nicht nur als Nahrungsmittel, sondern auch zum Einreiben der Haare, zur Herstellung von Salben oder als Rostschutz und Schmiermittel für Maschinen, aber auch andere Teile des Baumes wurden von der Bevölkerung genutzt.

Weil die Yunnan-Kamelie zu Beginn des Mondjahres (Februar/März) blüht, wurde sie nicht selten zu Neujahr mit dem Wunsch nach Wohlstand und langem Leben verschenkt.

LEE SANG REA (1999) führt einige Beispiele für die Verwendung von Kamelien in der Volksmedizin in Korea auf. *C. japonica* kommt im Süden und Südwesten von Korea in zerstreuten Arealen in sieben Provinzen vor. Gegen Knöchelverstauchungen wurden vier bis fünf Blätter mit Süßholzwurzeln gekocht und der Sud einen Tag lang getrunken. Insektenstiche wurden mit einer Tinktur aus zerstoßenen jungen Knospen und Apfelsaft behandelt. Gegen Bettnässen half ein

Camellia reticulata
'Baozhu Pearl'

Camellia reticulata
'Mouchang'

Tee, der aus zerstoßenen Früchten hergestellt wurde. Als Nahrungs- und Stärkungsmittel galt ein Tee aus zerkleinerten Blüten. Schließlich wurde der nach dem Pressen der Samen zur Gewinnung von Öl zurückbleibende Ölkuchen zur Bekämpfung von Regenwürmern eingesetzt.

Kamelien in der chinesischen Literatur

In der chinesischen Literatur tauchen Kamelien, vom Teestrauch abgesehen, erst relativ spät auf. Kein Wunder, denn die Heimat der Kamelien im südlichen China lag fernab der Macht- und Kulturzentren des Reiches. Erst seit der Ming-Dynastie (1368–1633) erscheinen zunehmend Berichte über Kamelien.

In dieser Zeit werden Kamelien (sehr häufig die Yunnan-Kamelie, *C. reticulata*) in ihrer Gestalt beschrieben oder ihre Eigenschaften, insbesondere ihre Schönheit gelobt. Es handelt sich hierbei meist um Gedichte oder auch medizinische und geografische Werke.

Aus der Vielfalt der Schriften seien hier nur wenige Beispiele herausgegriffen.

Bei Tom Durrant (o. O., o. J.), in der Übersetzung von Christine Künzler, werden einige Verse aus der Ming-Zeit zitiert:

Der Frühling kommt
In den ersten Monden
Des Jahres in Jünnan.

Die Kamelienbäume blühen,
übertreffen in Fülle und Schönheit
Aprikosen und Pfirsichblüten.

Und schmücken den hübschen Garten,
lassen alles erglühen wie rote Wolkeninseln.

Phu, ein buddistischer Mönch, der zur Zeit der Ming-Dynastie lebte, lobt die Kamelien:

„Die wunderschöne, aber unnahbare Kamelie zeigt sich in voller Blüte, um die Frühjahrskönigin zu sein, obwohl sie seit langem als die erste Blume von Dian bekannt ist. Voll erblüht, verwandeln unzählige Blüten die Krone eines jeden Baumes in einen Feuerball. Sogar halbverwelkt können sie noch den halben Himmel erglühen lassen."

Berühmt ist auch „Ein Gedicht zum Lobe der Kamelie" in „Eine Reise nach Yunnan" von Yang Shen (1487–1559):

„Die roten Blumen mit den grünen Blättern widerstehen dem Schnee, wenn weder Bienen noch Schmetterlinge angekommen sind. Sogar die perlenähnlichen Bäume an den Küsten sind farblos in Gegenwart der Kamelien und sind furchtsam zu erscheinen."

Nach dem Sturz der chinesischen Ch'ing-Dynastie 1911 und der Wahl von Sun-Yatsen zum provisorischen Präsidenten der chinesischen Republik erschien das dreibändige Werk von Fang Shumei „Diannan Chahua Xiao Zhi" mit einer Sammlung von Berichten

Camellia japonica in der Höhle des Gelben Drachens in Huanlon Dong, China

über Kamelien seit der Ming-Dynastie und der Erwähnung von 72 Sorten der Yunnan-Kamelie.

Aus- und Einfuhr von Kamelien

Die erste Ausfuhr von Yunnan-Kamelien erfolgte im 17. Jahrhundert. Zwischen 1673 und 1681, während der Regierungszeit des Kaisers Kangxi wurden einige halbgefüllte Formen nach Japan geschickt. Sie wurden dort To-Tsubaki (Tang-Dynastie-Kamelie) genannt. Es handelt sich um die gleiche Sorte, die 1820 durch den Kapitän John Rawes nach England gebracht wurde und später seinen Namen bekam.

In China hat man sich aber nicht nur mit der Yunnan-Kamelie (*C. reticulata*) beschäftigt, sondern seit vielen Jahrhunderten auch mit der Japanischen Kamelie (*C. japonica*). Deren Sorten sind aus Japan nach China gekommen oder waren Abstammungen von der auch in Taiwan (früher Formosa) heimischen Sippe.

Im Gegensatz zu Japan, wo einfach blühende Formen bevorzugt wurden, waren in China gefüllt blühende Formen beliebt. Einfache Blüten mit auffallenden, entblößten Staubblättern und Stempeln galten den konfuzianisch erzogenen Chinesen als vulgär und als Gipfel der Schamlosigkeit.

Bis gegen Ende des 19. Jahrhunderts kamen nahezu alle *C.-japonica*-Sorten, auch die japanischen Ursprungs, aus China nach Europa. Erst nach der gewaltsamen Öffnung Japans für den Westen durch den amerikanischen Kommodore Perry 1853 und dem Beginn der Meji-Zeit (1868–1912) mit der feierlichen Rückgabe der Regierung an den Kaiser Mutsuhito (Meji) 1867 konnten Kamelien direkt aus Japan nach Europa exportiert werden. Nur von Siebold war es gelungen, vor dem Beginn der Meji-Zeit einige Kamelien aus Japan nach Europa zu verschiffen (siehe Seite 45).

Kamelien in Japan

Vorkommen und Blütezeit

In Japan ist die Japanische Kamelie (*C. japonica* subsp. *japonica*), dort als Yabu-tsubaki

Kamelie und Narzisse, Tuschemalerei (undatiert) von Ren Bonian, China

bezeichnet, auf allen Hauptinseln – Hokkaido, Honshu, Shikoku und Kyushu – anzutreffen. Die Hauptvorkommen liegen in der Zone immergrüner Laubwälder, die in Japan Shayo-jurin (Wald mit glänzenden Blättern) genannt wird. Die Blätter der Kamelien glänzen stärker als die vieler anderer immergrünen Laubgehölze.

In der Naturlandschaft Süd-Japans fallen die Japanischen Kamelien mit ihren leuchtend roten Blüten schon im Winter auf. Auf den Izu-Inseln öffnen sie ihre dunkelroten Knospen schon im Dezember, im südlichen Shikoku und in Kyushu schmücken die Blüten schon zu Neujahr die Gärten, und im Januar erblüht sie in allen pazifischen Küstenbereichen, in denen der regenarme Januar als der heiterste Monat des Jahres gilt. So ist auch die Zeit der „Großen Kälte“, die im letzten Januar-Drittel einsetzt, nicht ohne Blüten. Wenn dann der Wintermonsun von der westlichen, der rauen Japanmeerseite über die Berge kommt, paart sich das Wetter von Ura-Nippon mit dem von Omote – Kamelienblüten leuchten dann aus weichem Schnee oder werden weiß betupft. Bis in den April hinein setzt sich die Kamelienblüte fort, gleichzeitig mit Ugiusu, der Nachtigall, erreicht sie die Nordinsel Hokkaido.

In einem japanischen Blumenkalender, der für jeden Monat drei charakteristische Blütenpflanzen auflistet, steht die Japanische Kamelie (Tsubaki, so werden alle Gartenformen von *C. japonica* bezeichnet, gleichgültig ob einfach oder gefüllt blühend) für den 10. Monat, den November. Sie wird begleitet von Tazetten (*Narcissus tazetta*) und von der Japanischen Wollmispel (*Eriobotrya japonica*). Der hier genannte Kalender stammt aus einem Blumenalmanach, der 1824 in Edo, dem heutigen Tokio erschien.

In einem anderen, nur aus 12 Bildern zusammengestellten Kalender, der vermutlich aus Osaka stammt, steht die Tsukabi für den 12. Monat des Jahres. Die Aufschrift des Blattes: „Kanoto-tori hana goyomi“ weist darauf hin, dass der Blumenkalender von 1825 als ein Neujahrsgeschenk für Freunde der Natur und Poesie gedacht war. (SCHWIND 1867). Andere allgemein bekannte Pflanzen dieses Blumenkalenders sind zum Beispiel Pflaume, Paradies-Apfel, Magnolie, Mandel-Eibisch, Chrysantheme, Bitter-Orange und Banane.

Kamelien in der japanischen Literatur

Der älteste Bericht über Kamelien in Japan liegt knapp 1300 Jahre zurück. In dem 720 n. Chr. erschienenen Nihongi (Japanische Chronik) wird erzählt, wie der Tenno Keiko im Jahr 83 n. Chr. auf der Insel Kyushu den vogelfreien Gesetzlosen Tsuchigumo mit einem Hammer aus Kamelienholz erschlagen hat.

In der Tokugawa-Zeit (1605–1867) entstanden eine Reihe von Werken, die sich mit Landwirtschaft und Gartenbau beschäftigten. ERIKEN KAIBARA (1630–1714) behandelte in fünf Bänden die Blumen des Gartens, in drei Bänden die Gemüsepflanzen. MOTOKATSU MIZUNO veröffentlichte 1681 das „Kwadan Gomoku", das die Pflege von 117 verschiedenen Blütenpflanzen behandelt, darunter vor allem Kamelien, Azaleen, Kirschen, Pflaumen und Chrysanthemen. Das Werk bildete die Grundlage für einen Botanischen Garten, der 1684 in Koishikawa (Tokio) angelegt wurde.

In dem 1664 veröffentlichten Buch „Kada Komoku" werden 66 Kamelien aufgelistet, darunter auch *C. reticulata*, die aus China nach Japan gekommen war. Bald darauf, 1694, veröffentlichte der Ito-Klan, eine Gärtnerfamilie im Dienste eines Shogun, das „Kadan Chikin Sho" (Zusammenfassung von Blütenpflanzen und Efeu), in dem schon 200 Kameliensorten erwähnt werden.

Erst 1961 hat Kakeshi Watanabe ein Buch aufgefunden, das 720 farbige Zeichnungen von 618 Kamelien enthält. Es soll etwa um 1700, vermutlich zur Regierungszeit des Kaisers Gosai erschienen sein. Die Darstellungen und Beschreibungen, deren Autoren unbekannt sind, sind so detailgetreu, dass sich einige moderne Sorten den alten Abbildungen zuordnen lassen. 1969 ist das Werk als Faksimile reproduziert worden.

Brauchtum und Nutzung

Im Schatzhaus Shoso-in des Todaiji-Tempels – dem größten Holzbau der Welt – in Nara, von 710 bis 782 erster ständiger Regierungssitz Japans, befindet sich ein als Uzue genannter, alter Stab aus Kamelienholz. Der Uzue-Stab (Kaninchenstock) wurde bei einer Zeremonie verwendet, die am ersten Kaninchentag des Jahres am kaiserlichen Hof stattfand. Dem Uzue-Stab wurden Kräfte nachgesagt, die die Menschen vor allem Übel zu schützen und ihnen Glück und langes Leben zu schenken vermochten.

Nachdem Kamelien bisher nur als Öllieferanten Bedeutung hatten, wurden sie von den Aristrokraten der Nara-Zeit auch als Blütenbäume geschätzt. Die Nara-Zeit, in der ein enger Kontakt zu China bestand, wurde von der Blüte des Buddhismus und von der Ausbreitung der konfuzianischen Lehre beherrscht. In dieser Zeit entstanden die ersten Geschichtswerke – Konjiki und Nihongi – und die älteste Gedichtesammlung Japan, das „Manyoshu".

In der Muromachi-Zeit (1392–1481), als Kyoto die Hauptstadt des Landes war, breitete sich das Interesse an Kamelien weiter aus. Sie spielten unter anderem als Dekoration bei der Teezeremonie eine Rolle. Durch fortlaufende Selektion entstanden die Kyo-tsubakis, die das Ausgangsmaterial für später entstandene Sorten bilden und die heute noch an zahlreichen Schreinen und Tempeln gepflegt werden.

Gegen Ende der Tokugawa-Ära entwickelte sich die Sitte, zum Andenken und zur Ehre der Verstorbenen Kamelien auf die Gräber zu pflanzen. Die roten Blüten der *C. japonica* subsp. *japonica* waren ein Sinnbild für den Tod und die Vergänglichkeit des Lebens. Daraus entstand schließlich der Glaube, dass Kamelien Unglück brächten. Das Interesse an Kamelien ging zurück.

Gartenkultur

Die Kultur der Kamelien wurde unter anderem durch die Anlage des Suizenji-Gartens in der Stadt Kumamoto gefördert. Der Landschaftsgarten wurde 1632 von Kosokawa in der Kwanei-Zeit (1624–1643) begonnen. In dem Garten wurden durch einen Mini-Fuji, Hügel und Bäume die Landschaft des Tokaido nachempfunden, einem uralten Handelsweg, der von Kyoto nach Tokio führt.

Später hat ANDO HIROSHIGE (1797–1758) die „53 Stationen des Tokaido“ zeichnerisch dargestellt.

Viele Herrscher der Tokugawa-Ära (1605–1867) entwickelten sich zu enthusiastischen Kamelienliebhabern. Einer der größten Kamelienenthusiasten war Hidetada (Regierungszeit 1605–1623), ein Sohn des ersten Tokugawa-Shoguns Ieyasu. Hidetada erließ an seine Vasallen den Befehl, in allen Distrikten seines Reiches Kamelienvarietäten zu sammeln, um sie innerhalb seiner Palastmauern pflanzen zu können.

Viele Daimyos und Samurais, die sich nicht nur als Krieger, sondern auch als Künstler, Kalligraphen und Dichter profilierten, waren eifrige Sammler von Kamelien. Ihre Bemühungen, immer neue, prachtvollere Kamelien zu schaffen, dienten vor allem dem Zweck, ihrem Herrn und Kaiser zu gefallen. Bevorzugt gesammelt wurden vor allem einfach blühende Formen, nur sie entsprachen dem konfuzianischen Stil- und Formgefühl.

Kamelien in Kunst und Religion

Kunst

Die Wertschätzung der Kamelien fand naturgemäß auch in der Kunst ihren Niederschlag. Auf Wandschirmen und Rollbildern, auf Kimonos, Teppichen, Porzellan und anderen Gebrauchsgegenständen finden sich zahlreiche Kamelienmotive.

Religion

Kamelien wurden in Japan nicht nur in buddhistischen und konfuzianischen Kreisen verehrt, sie hatten auch in der schintoistischen Religion einen hohen Stellenwert. Das gilt zumindest für eine nahe Verwandte der Kamelie, für den immergrünen Nakai-sakaki (*Cleyera japonica*).

Die Verehrung für diesen Baum kommt in seiner Rolle als Opfergabe, Baum der Götter, Weltenbaum, Schmuck für die heiligen Schreine und Schnitzholz für Zepter zum Ausdruck.

In Japan lässt sich eine dritte Religion, das Christentum, mit Kamelien in Verbindung bringen. Das Christentum wurde 1549 durch den Jesuiten FRANZ XAVER (1506–1552) nach Japan gebracht, zu einer Zeit, in der das Land durch Bürgerkriege erschöpft und der Buddhismus seine Kraft eingebüßt hatte. Die Missionare wurden als Boten der westlichen Kultur, der Technik und Wissenschaft geschätzt und galten als Vermittler zu den portugiesischen Händlern. In dieser Zeit entstand eine Schriftrolle, auf der die „Fünfzehn Mysterien der Maria“ dargestellt wurden. Auf der Rolle ist unter anderem die Jungfrau Maria mit dem Jesuskind auf dem Arm und einer weißen Kamelie, einem Symbol der Reinheit, in der Hand zu sehen. Endeckt wurde die Schriftrolle in einem Bauernhaus in dem Bergdorf Sendaiji in der Umgebung von Osaka. Sie befindet sich heute in der Universität von Kyoto.

Niedergang der Kamelienkultur

Mit dem Beginn der Meji-Restauration 1868 und der Entmachtung der Samurais ging auch das Interesse an Kamelien weitgehend verloren. Nur an wenigen Orten, etwa in Tokio, Kyoto und vor allem in der Provinz Kumamoto (der moderne Name des alten Distriktes und der Stadt Higo) in Nord-Kyushu blieb die Tradition der Kamelienkultur lebendig. An den alten Namen erinnert heute noch die Bezeichnung für die dort weitergepflegten, in der Tokugawa-Ära entstandenen Kameliensorten, die Higo-Kamelien.

Die Higo-Kamelien

1958 konnte in Kumamoto die Higo Tsubaki Kyokai (Higo-Kamelien-Gesellschaft) gegründet werden. Zu ihrer Aufgabe gehörten die Rekonstruktion und Förderung des kulturellen Erbes, das die Higo-Kamelien darstellen. 1974 hat die Stadt Kumamoto eine Higo-Kamelie als Symbol der Stadt ausgewählt.

Bei den Higo-Kamelien handelt es sich nicht um eine eigene Sippe. Sie sind vielmehr

durch Auslesen und Kreuzungen zwischen der Yabu-tsubaki (Japanische Kamelie, *C. japonica* subsp. *japonica*) und der Yuki-tsubaki (Schnee-Kamelie, *C. japonica* var. *rusticana*) hervorgegangen. Mehr als 300 Jahre lang haben Samurais an der Entwicklung der einfach blühenden Kamelienformen gearbeitet, die dann später als Higo-Kamelien bezeichnet wurden. Bis zum Beginn der Meji-Restauration sollen mehr als 100 Sorten vorhanden gewesen sein.

Higo-Kamelien zeichnen sich durch einfache Blüten mit fünf bis neun Blütenblättern aus, die in einer Ebene stehen. Die Blütenblätter sind groß, fest, unempfindlich und von einer besonderen Brillanz der Farben, deren Spektrum von weiß, zu cremefarben, rosa und rot reicht, stets aber hell und klar sind. Im Zentrum der Blüte befinden sich meist zahlreiche (bis zu 250) Staubblätter, die zu einem auffallenden, dichten Bündel oder zu einem Kreis angeordnet sind und in deren Mitte sich der Stempel befindet.

Higo-Kamelien werden erstmals 1829 in dem Dokument „Edo hakkin uekija Bunsuke Hikki" (= Notizen von Bunsuke, Gärtner im Haus von Platin Edo) erwähnt. BUNSUKE beschreibt den Garten, der zu dem Eingang den Hauses des Daimyo Edo Hokosawo führt und listet 30 Higo-Kamelien auf.

Higo-Kamelien sollen im Geist des Mokkosu entstanden sein. Mokkosu bedeutet im Kumamoto-Dialekt soviel wie Hartnäckigkeit, Ausdauer und Unnachgiebigkeit. Sie seien durch die von Vulkanen und Feuer geprägte Landschaft des Raumes geprägt. Die Entwicklung der „sechs Blumen von Kumamoto" seien nur im Geist des Mokkosu denkbar (GHIRARDI 2000). Die einfach blühenden Formen stehen in Japan für Werte wie Freundschaft, Eleganz und Harmonie.

Camellia japonica 'Kumagai'

Oben links: *Camellia japonica* 'Masayoshi'

Die alten Sorten

Zahlreiche Sorten von *C. japonica*, deren Entstehung sich in Japan bis zum 16. Jahrhundert zurückverfolgen lässt, werden auch gegenwärtig noch in der westlichen Welt kultiviert. Zu den ältesten Sorten gehören zum Beispiel 'Chiri-tsubaki' (etwa 1550), 'Shiragiku' (1681), 'Dewatairin' (1695), 'Goshoguruma' (1695), 'Kumasaka' (1695) und 'Myorenji' (17. Jahrhundert). Spätestens im 18.

Geschnittene Kamelien (*C. japonica*-Sorte) im Garten der Villa Charlotta in Cadenabbia am Comer See

Jahrhundert sind unter anderem folgende Sorten entstanden: 'Bohukan' (1719), 'Daikagura' (1788), 'Masayoshi' (1788), 'Moshio' (1788), 'Oki-no-nami' (1710) und 'Otome' (Ende 18. Jahrhundert). 'Otome', auch unter Namen wie 'Frau Minna Seidel', 'Pink Perfection' oder 'Pink Pearl' bekannt, sollte sich in Europa in der Mitte des 19. Jahrhundert zu der populärsten kleinblumigen Kamelie entwickeln.

Kamelien in Europa

Lange bevor in der Mitte des 16. Jahrhunderts die ersten Gehölze aus Nordamerika nach Europa gekommen waren, hatte man durch die Reisen des Venezianers Marco Polo (1254–1324) schon Nachrichten über Pflanzen aus dem Reich der Mitte erhalten. Das Interesse europäischer Botaniker und die Begehrlichkeit der Pflanzenliebhaber nach den Pflanzenschätzen aus dem Fernen Osten waren geweckt.

Kamelien in Portugal

Erste Handelskontake mit China und Japan

Es waren vermutlich die Portugiesen, die die ersten Kamelien nach Europa brachten. Die Portugiesen waren die ersten Europäer, die Handel mit China, dem Heimatland der Kamelien, treiben konnten. Nachdem der Spanier Vasco da Gama 1498 als erster den Seeweg um Afrika nach Ost-Indien gefunden hatte, erschienen portugiesische Seefahrer und Händler 1517 zum ersten Mal vor Kanton (China). Ihnen wurden, wie knapp 100 Jahre vor ihnen den Japanern, offizielle Handelsgenehmigungen erteilt, die wenige Jahre später zwar widerrufen, 1567 aber erneut erteilt wurden. Kanton blieb bis zum 1. Opium-Krieg 1842 einziger Außenhandelsplatz Chinas.

Der portugiesische Seefahrer Fernando Mendez Pinto wurde 1542 durch einen Taifun auf die Insel Tanegashima vor der Südküste Kyushus verschlagen und entdeckte so Japan für die Europäer durch einen Zufall. Den Portugiesen folgten 1543 die Spanier, um 1600 die Holländer. Sie konnten 1638 die Portugiesen in ihren Handelsbeziehungen mit Japan ausstechen, wurden mit ihrer Ostindien-Kompanie aber auf die kleine, künstliche Insel Deshima im Hafengebiet von Nagasaki verwiesen. Der Rest des Landes blieb allen Fremden während der Edo-Zeit (1600–1868) von 1614 bis 1853 weitgehend verschlossen.

Einführung und Kultur von Kamelien in Portugal

Nach Meyer (zitiert in Feathers and Brown 1978) sollen die ersten lebenden Kamelien, drei Pflanzen von *C. japonica*, um 1550, wahrscheinlich aus Japan, nach Portugal gekommen sein und zwar in den Garten der Villa Nova de Gaya in Oporto.

Wohl nirgendwo sonst in Europa findet man heute so große, angeblich 300 Jahre alte Kamelien wie in Portugal, vornehmlich im nordwestlichen Teil des Landes.

Die Pflanzen selbst werden in Portugal als „japoneiras“, die Blüten als „camélias“ bezeichnet.

Besonders eindrucksvoll sind die riesigen, zu Formen geschnittenen Kamelien im Garten von Casa do Campo in Celorico de Basto. Der private Garten, hoch über dem Hof des alten Herrenhauses gelegen, das mit Stilelementen des Barock und der Renaissance ausgestattet ist, ist in acht von Buchsbaumhecken gegliederten Parterres gestaltet, die – ausgenommen von einem haushohen Rhododendron-Baum mit einem Stammumfang von 1,95 m – von gewaltigen Kamelien beherrscht werden. Den Eingang flankieren zwei über 10 m hohe und 3,5 m breite, exakt geschnittene Rundsäulen. Der Mittelweg führt zu einem steinernen Wasserbecken, das von einer mächtigen, meterdicken, durch Türen und Bogenfenster unterbrochenen, kreisrunden

Hecke umgeben ist. Während dieser Kamelienraum mit seinem Innendurchmesser von 8 m nach oben hin geöffnet ist, sind andere Casa de fresco, kühle Plätze, von gewölbten oder kantig geschnittenen, ausladenden, teilweise mehrstufigen Dächern überwölbt, die jeweils ganzen Gesellschaften Schutz vor Sonne bieten können. Bei der größten, dachförmig geschnittenen Kamelie hat das quadratische Dach Kantenlängen von je 7,5 m. Andere Kamelien tragen Rund- oder Stufendächer. Der strenge, regelmäßige Schnitt lässt naturgemäß nur eine bescheidene Blüte zu. Alle Pflanzen haben vollständig gefüllte Blüten. Auch wenn man kein Freund geschnittener Kamelien ist, kann man angesichts eines solchen Gartens nur mit Hochachtung an die vielen Generationen von Gärtnern denken, deren Mühe und Sorgfalt die Kamelien zu den monumentalen Gestalten entwickelt haben, die sie heute darstellen. Die Gärtner legen dabei großen Wert auf vollkommene Formen. Überall dort, wo sich eine Lücke in der perfekt geschlossenen Peripherie auftun könnte, werden benachbarte Zweige so angebunden, dass sie mit ihren Blättern die Lücke schließen.

Sehr eindrucksvoll sind auch die Kamelien im Garten der Quinta do Alão, etwa 5 km nördlich von Porto. Die Quinta stammt aus dem 15. Jahrhundert, gehörte einst zu dem nahe gelegenden Kloster Leça do Balio und gelangte im 17. Jahrhundert in den Besitz der Pflegetochter von König Dom João IV. Die zehn uralten Kamelien des Gartens sollen zu den ältesten in Portugal gehören. Die am besten entwickelte, weitgehend freistehende Kamelie nahe des Hauses ist etwa 8 m hoch, die reich verzweigte, dicht geschlossene, breit gewölbte Krone nahezu 10 m breit. Die Krone des Baumes wäre sicher noch weit ausladender, würde sie nicht, wie die Kronen der anderen Bäume, alle fünf Jahre um etwa 0,5 m zurückgenommen. Der Stamm des Baumes hat in knapp 1 m Höhe einen Umfang von 1,70 m. Alle anderen Bäume sind vom Boden an mehrstämmig, bei der stärksten Pflanze beträgt der Umfang, knapp über dem Boden gemessen, 2,25 m. Alle zehn alten Bäume haben vollständig gefüllte Blüten, die weiß, rosa oder rot gefärbt sind. Ein Baum trägt auffallend mehrfarbige Blüten, die ganz oder teilweise hell- bis dunkelrosa und weiß gefärbt sind.

Links:
Etwa 10 m hohe Kamelien-Säulen (*C. japonica*-Sorte) im Garten von Casa do Campo in Celorico de Basto, Portugal

Erste Beschreibungen und Abbildungen

Deutschland

Engelbert Kaempfer (1651–1716), als Sohn eines Pastors in Lemgo bei Bielefeld geboren, gilt als wissenschaftlicher Entdecker Japans. Als Schiffsarzt in Diensten der holländischen Ostindien-Kompanie hielt er sich von 1690 bis 1692 auf Deshima auf, einer winzigen Insel, dicht vor der Stadt Nagasaki gelegen, die von den Japanern von 1635 bis 1636 als Wohnplatz für die Portugiesen angelegt worden war. Kaempfer lernte trotz aller Einschränkungen Japan so gut kennen, dass er 1712 seine Forschungsergebnisse in seinem Werk „Amoenitatum exoticarum politico-physico-medicarum fasciculi V“ veröffentlichen konnte. Den dritten Abschnitt dieses fünfteiligen Werkes widmet er den Medizinalpflanzen, und hier findet sich unter dem Titel „Thea Japonensis historia“ auf Seite 851 als erste naturgetreue Abbildung eine Graphitstift-Zeichnung einer *C. japonica* in Europa. Auf der Zeichnung sind Zweige, Blätter, Blüten und Früchte der bei Kaempfer als Tsubaki bezeichneten Pflanze gut zu erkennen. In dem gleichen Werk finden wir auch eine Abbildung von Zweigen mit Blättern, Blüten und Früchten der Teepflanze (*C. sinensis*). Kaempfers „Geschichte und Beschreibung von Japan“ wurde nach seiner Lemgoer Handschrift erst 1777 von G. W. von Dohm herausgegeben.

Schon vorher war in Deuschland eine Beschreibung der Kamelie bekannt geworden und zwar in dem 1692 erschienenen Werk von Georg Meister (1653–1730) „Der Orient-

Zu dachartigen Formen geschnittene Kamelien (*C. japonica*-Sorte) im Garten von Casa do Campo in Celorico de Basto, Portugal

alisch-Indianische Kunst- und Lustgärtner", in dem der Gärtner des sächsischen Kurfürsten von seinen Erlebnissen in Südostasien, in Malakka, Java und Japan berichtet. In dem Kapitel „Japponische Baum-Schule" beschreibt MEISTER 33 verschiedene Baum- und Straucharten, darunter als 14. auch die Kamelie: „Arbor Zuwacky oder Sasanqua auf Chinesisch. Ist ein kleiner Baum, 6 bis 8 Fuß hoch, hat dicke, steife, rund-um gekerbte Blätter wie Birn-Baum-Blätter. Seine Blumen sind rot wie Malva hortensis, einfach und duppelt. Wenn sie 6 Tage geblühet, fallen sie ab und bringen einen schwarzen Samen, wie Tee-Samen herfür. Die Zweige sind aschgrau, ausbreitend von ihrer Wurzel. Von dem getrockneten Samen schlagen sie Öl ab, mit welchem, wegen guten Geruchs, japponische Frauenzimmer in ihre langen, schwarzen Haare schmieren, desgleichen auch die Jünglinge von 15 bis 16 Jahren, ehe sie ihr Haar abscheren lassen, welches man in ihrer Sprache Wakassy heißet. Die Blätter fallen ab und kommen mit dem Frühling samt ihrer Blüte wieder herfür." MEISTER hat in seinem Werk unter dem Titel „Von Herba Thee, oder auf Japponisch Tzshe noky" auch eine ausführliche Beschreibung von Anbau und Zubereitung von Tee in Japan geliefert.

Spätere ausführlichere Veröffentlichungen: Mitglieder der Familie SEIDEL in Dresden – JACOB FRIEDRICH (1830) und JAKOB TRAUTGOTT (1837) gehörten zu den ersten Gärtnern, die ihre Erfahrungen mit der Kultur von Kamelien weitergaben (siehe Literaturverzeichnis). Die Werke werden teilweise in Reprintausgaben wieder aufgelegt. Zu den frühen Kamelienautoren gehören auch FISCHER (1836), FERDINAND FREIHERR VON BIEDENFELD (1856), der das Buch des belgischen Gärtners DE JONGHE ins Deutsche übersetzte und der Zwickauer Gärtner FRIEDRICH MÄSER, der schon 1808 die Vermehrung der Kamelien durch Stecklinge beschrieben hat.

Etwa 300-jährige *Camellia japonica*-Sorte im Garten der Quinta do Alão, Portugal

Zu den Veröffentlichungen mit einer schwärmerischen Beschreibung von Kameliensorten gehört die 1848 von AMBROISE VERSCHAFFELT in Belgien veröffentlichte „Nouvelle Iconographie des Camellias", in dem er seiner Begeisterung für Kamelien freien Lauf lässt: „Durch die Eleganz ihrer Erscheinung, die Beständigkeit ihrer herrlichen Blätter, die Fülle und die brillante Farbigkeit ihrer Blüten, hat die Kamelie die Gunst aller Liebhaber schöner Pflanzen erlangt. Sie herrscht heute beinah wie ein Despot in jeder Sammlung, in denen sie das entscheidende Schmuckstück ist. Sie hat die meist mit Gartenvergnügungen überfütterten Blumenliebhaber wiederbelebt; die Damen versuchen sie ihrem Schmuck hinzuzufügen... Kein Bouquet und kein Blumengemälde ohne Kamelien. Die

Chinesischer Argus-Fasan auf einem blühenden Kamelienzweig. Gemälde von George E. Edwards aus dem 1747 erschienenen Werk „A Natural History of Birds"

Kamelie ist mit einem Wort für alles und überall unentbehrlich." (zitiert bei HAIKAL 2000).

England

In England findet sich die erste kurze Beschreibung und Abbildung einer als *Thea sinensis* bezeichneten Kamelie, die tatsächlich aber *Camellia japonica* abbildet und beschreibt, in dem 1702 und 1703 von JAMES PETIVER herausgegebenen Werk „Philosophical Transactions". Das Material für Zeichnung und Beschreibung erhielt PETIVER von JAMES CUNNINGHAM († 1709), einem englischen Arzt und Pflanzensammler, Mitglied der englischen Royal Society.

In England erschien 1747 ein Werk von GEORGE E. EDWARDS mit dem Titel „A Natural History of Birds". Darin wird im Dezember 1745 auf Tafel 67 ein chinesischer Argus-Fasan abgebildet, der auf einem blühenden Kamelienzweig sitzt. EDWARDS notiert nach einer Beschreibung des Vogels: „Die Blume, die hier als Dekoration abgebildet ist, wird Chinesische Rose genannt. Ich zeichnete sie nach der Natur; genau wie wir sie häufig in chinesischen Zeichnungen sehen; sie blüht breiter als eine Rose und ist von einer rosaroten Farbe, die Staubblätter in der Mitte sind gelb oder golden gefärbt. Die grünen Blätter sind steif, fest und glatt, wie bei Immergrünen. Dieser schöne Blütenbaum wurde von dem wissbegierigen edlen Lord Petre gezogen, in seinen Warmhäusern in Thorndon Hall in Essex." (zit. bei HUME 1946).

Lord Petre, der schon in jungen Jahren an Pocken starb, soll seine beiden einfach und rot blühenden Kamelien 1739 bekommen haben, woher sie kamen, ist nicht überliefert.

Im Besitz des National History Museums in London befindet sich eine Aquarellzeichnung, die 1740 von dem in Heidelberg geborenen Gärtner und Blumenmaler GEORG DIONYS EHRET (1708–1770) angefertigt worden ist und die er ein Jahr später mit der Abbildung von Früchten erweitert hat. Es handelt sich bei dieser Zeichnung um die erste naturgetreue Darstellung einer lebenden Kamelie in Europa, gezeichnet durch einen der besten Blumenmaler seiner Zeit.

Nach PETER (2001) stand EHRET als Vorlage die gleiche Kamelie von Lord Petre zur Verfügung wie G. E. EDWARDS, die er aber naturgetreuer wiedergibt als EDWARDS. Lord Petres Kamelie war 1740 0,6 m hoch und stand in voller Blüte. Das Jahr 1739 als Datum für die erste Einführung einer Kamelie nach England wird damit wahrscheinlicher, wenn man davon ausgeht, dass Lord Petre eine größere, schon blühfähige Pflanze erhalten hat. Die später hinzugefügten Darstellungen der Früchte basieren auf KAEMPFERS Abbildung in seinem „Amoenitatum Exoticarum", das EHRET bei Sir HANS SLOANE eingesehen hat.

Eine von EHRET gezeichnete, von dem Kupferstecher Adam Ludwig Wirsing abgewandelte, gefüllte Kamelienblüte findet sich auch in dem 1786 herausgegebenen Werk, dem „Hortus Nitidissimus", des reichen Nürnberger Arztes und hochgerühmten Geheimen Rathes D. CRISTOPH JACOB TREW.

Eine wunderschöne, kolorierte Zeichnung einer einfachen, rot blühenden C. *japonica* erschien 1788 in dem VON WILLIAM CURTIS in London herausgegebenen „Curtis' Botanical Magazine" Vol II, t. 42.

Anfang des 19. Jahrhunderts erschienen in England erste ausführlichere Veröffentlichungen zum Thema Kamelien, wie zum Beispiel die beiden folgenden Werke (Beide Werke werden gegenwärtig in Reprints herausgegeben und unter http://www.kamelien.de/buch/reprint.htm offeriert).

CURTIS, S., POPE, C. M. (1819): A Monograph of the Genus Camellia. London. Format 60 × 45 cm, mit acht Seiten, davon zwei Seiten Beschreibungen und sechs Seiten mit farbigen Darstellungen von elf Sorten der Japanischen Kamelie.

CHANDLER and BUCKINGHAM (1825): Camellia Britannica. London. Katalog mit den ersten sieben in England gezüchteten Sorten der Japanischen Kamelie: 'Chandleri', 'Aitonia', 'Althaeiflora', 'Corallina', 'Insignis', 'Florida' und 'Anemoniflora Alba'.

Einführung und erste Züchtungen in England

Es sollten mehr als 50 Jahre nach der Einführung von Petres Kamelie vergehen, ehe weitere Kamelien – Sorten von *C. japonica* – nach England kamen. 1792 brachte Connor, Kapitän des Handelsschiffes „Carnatic" der englischen Ostindien-Kompanie die gefüllt blühende, weiße Sorte 'Flore Alba Plena' (heute als 'Alba Plena' bezeichnet) und die rosafarbene, unregelmäßig weiß gestreifte Sorte 'Variegata' nach England. Sir ROBERT PRESTON führte 1794 in Essex die karminrot blühende 'Rubra Plena' ein. 1806 traf die Sorte 'Flore Pleno Incarnata' (heute 'Incarnata' oder auch unkorrekt 'Lady Hume's Blush') in England ein. Für den Gärtner Colvil in Chelsea wurde 1815 die weiß blühende 'Fimbriata', ein Sport von 'Alba Plena', eingeführt. Zu den sehr frühen Einführungen nach England gehören auch die Sorten 'Anemoniflora' (1806), 'Pompone' (1810 für den Botanischen Garten Kew), 'Paeoniflora' (etwa 1812) oder 'Albertii' (vor 1839).

Camellia japonica
'Alba Plena'

Sehr früh begannen englische Gärtner mit der Züchtung neuer Kameliensorten. Als einer der erfolgreichsten Züchter gilt ALFRED CHANDLER von Chandler & Buckingham in Vauxhall, heute ein Stadtteil von London. Hier entstand aus einer Kreuzung der *C.-japonica*-Sorten 'Anemoniflora' mit 'Variegata' 1819 die Sorte 'Chandleri', im gleichen Jahr aus Samen von 'Pompone' die 'Anemoniflora Alba' und 1823 aus Samen von 'Anemoniflora' die noch immer wertvolle, in England und Amerika hoch dekorierte 'Elegans', die uns durch zahlreiche Sprossmutationen eine Fülle weiterer Sorten beschert hat.

Artkreuzungen wurden in England erst ein Jahrhundert später vorgenommen, vor allem

Camellia japonica
'Elegans'

Camellia × williamsii 'J. C. Williams'

zwischen 1920 und 1930. J. C. WILLIAM in Caerhays Castle in Cornwall kommt das Verdienst zu, als erster eine Kreuzung zwischen *C. saluenensis* und *C. japonica* durchgeführt zu haben. Die daraus entstandene Hybride – *C. × williamsii* – ist nach ihm benannt.

Schon im frühen 19. Jahrhundert wurden Kamelien länderübergreifend gehandelt und zum Teil mit hohen Summen bezahlt. So bezog zum Beispiel die englische Firma E. J. Henderson & Son die Sorte 'Jenny Lind' von Mr. MACKENZIE in Philadelphia, USA, zu einem Preis von 200 englischen Pfund.

Kamelien im übrigen Europa

Nahezu alle frühen Kamelieneinführungen, ausschließlich Sorten von *C. japonica*, kamen aus China nach Europa, obwohl die Sorten ursprünglich in Japan entstanden waren. Japans Grenzen blieben bis zum Beginn der Meji-Zeit (1868–1912) hermetisch geschlossen. Nur VON SIEBOLD ist es gelungen, einige Kamelien direkt aus Japan nach Europa zu bringen. PHILLIP FRANZ VON SIEBOLD (1796–1866), ein deutscher Arzt und Botaniker in Diensten der holländischen Ostindien-Kompanie, hielt sich zweimal in Japan auf, zuerst von 1823 bis 1830 und dann noch einmal von 1859 bis 1862. Aus einem Botanischen Garten, den er auf der kleinen Insel Deshima vor Nagasaki angelegt hatte und der bei seiner Heimreise etwa 1400 Pflanzenarten enthielt, verschiffte er, vermutlich 1829, 458 lebende Pflanzen nach Holland. Dort hatte VON SIEBOLD keine Freude an seinen fernöstlichen Pflanzenschätzen. Er bot sie zunächst den Behörden an, die aber mit der Annahme zögerten. Daraufhin beförderte er sie zum Botanischen Garten nach Gent (Belgien). Als bald darauf ein Aufstand zwischen Wallonen und Holländern ausbrach, musste VON SIEBOLD Belgien verlassen, seine Pflanzen wurden beschlagnahmt und an belgische Gärtner verteilt. Unter den mitgebrachten Pflanzen befanden sich auch die *C.-japonica*-Sorten 'Donckelaeri' (heute korrekt mit dem schon in Japan vergebenen Namen 'Masayoshi' bezeichnet), 'Tricolor', 'Ochroleuca' und 'Candidissima'. Die von M. DONCKELAER vermehrten Sorten erreichten bald eine große Popularität und wurden mit sehr vielen synonymen Namen belegt.

Zu Anfang des 19. Jahrhunderts gelangten in England kultivierte Gartenformen der Japanischen Kamelie auch auf das europäische Festland, obwohl Napoleon I., eingeleitet

Links:
Camellia japonica
'Tricolor'

Rechts:
Camellia japonica
'Lala Roohk'

durch das Berliner Dekret vom 21.11.1806, eine so genannte Kontinentalsperre verhängt hatte, mit der Maßnahmen zur wirtschaftlichen Abschließung des europäischen Festlandes gegen England getroffen worden waren.

Während Kamelien in England zunächst ausschließlich unter Glas kultiviert wurden, kamen sie in Ländern wie Italien, Spanien und Süd-Frankreich, wie vorher schon in Portugal, als Freilandpflanzen zur Geltung.

Nach **Italien** sollen Kamelien Ende des 18. Jahrhundert durch den englischen Botschafter Sir JAMES HAMILTON in die Gärten von Caserta (Hauptstadt der süditalienischen Provinz Caserta) gekommen sein, die das Schloss von Karl III. von Neapel, das „Italienische Versailles", umgaben. In BERLÈSES „Monographie du Genre Camellia" wird von einer einfach blühenden, sehr reich fruchtenden Kamelie berichtet. Sie soll 1760 gepflanzt worden sein und war um 1830 15 m hoch.

Der italienische Arzt LUIGI SACCO soll schon 1830 eine umfangreiche Sammlung von 12 000 Kamelien besessen haben. Etwa 1832 entstand bei ihm die rosafarbene Sorte 'Sacco', 1840 aus von SACCO geliefertem Saatgut bei PAOLI in Meiland die Sorte 'Sacco Vera'.

Von den frühen italienischen Züchtungen sind auch heute noch einige Sorten von gärtnerischer Bedeutung, etwa 'Bella Romana' (DELGRANDE, Rom, 1856), 'Coquettina' (GRILLI, 1853), 'Lalla Rookh' (CORS, Florenz, 1854), 'Lavinia Maggi' (LECHI, Brescia, 1858) und 'Paolina Maggi' (MAGGI, Brescia, 1855).

In **Frankreich** wurde das Interesse an Kamelien vor allen Dingen durch die französische Kaiserin Josephine (1763–1814), die erste Gemahlin Napelons I., gefördert. Sie lebte bis zu ihrem Tode in Malmaison und unterhielt dort, neben ihren Rosen, auch eine umfangreiche Kameliensammlung. Sie soll englische Gärtner beschäftigt haben, und es wird angenommen, dass sie ihre ersten Kamelien von ihrer Schwägerin aus Caserta erhalten hat. Der große französische, aus Belgien stammende Blumenmaler PIERRE-JOSEPH REDOUTÉ (1759–1840) schuf für die Kaiserin nicht nur zahlreiche berühmt gewordene Rosenbilder, sondern auch Kamelienporträts. In Frankreich entwickelten sich Zentren der Kamelienzucht vor allem in Angers, Nantes und Paris.

Berühmte französische Züchter waren damals BAHUAD-LITOU, HENRI GUICHARD in Angers oder HEURTIN in Nantes.

HENRI GUICHARD erhielt 1877 von M. ADOLPHE AUDUSSON in Angers eine Pflanze, die den

Namen 'Adolphe Audusson' erhielt und die noch heute eine der besten Freilandkamelien ist. HEURTIN in Nantes hat 1879 erstmals die dunkelrot blühende, weiß gefleckte Sorte 'Ville de Nantes' angeboten, die als Sport der VON SIEBOLD eingeführten 'Masayoshi' entstanden ist. Die Baumschule GUICHARD in Angers hat die italienische Sorte 'Lalla Rookh' in den Handel bebracht, M. TOURRES in Macheteau 1839 die Sorte 'Coquettii', sie erhielt 1993 in England ein Award of Garden Merit.

Mitte des 19. Jahrunderts war in Europa das Interesse an Kamelien so weit gestiegen – gelegentlich wird von einem Kamelienrausch berichtet – dass ein Werk von ABBÉ BERLÈSE ein überwältigender Erfolg wurde. Es erschien 1837 in Paris unter dem Titel „Monographie du Genre Camellia", 282 Kameliensorten wurden darin beschrieben. Schon ein

Camellia japonica 'Adolphe Auduson'

Camellia japonica
'Ville de Nantes'

Jahr später erschien eine deutsche Übersetzung, die in der dritten Auflage von 1845 bereits über 700 Kamelien beschreibt. Das Werk galt jahrzehntelang als die „Bibel" der Kamelienliebhaber. Von BERLÈSES Werk erschien schon 1840 eine zweite Auflage, in der nun 506 Sorten beschrieben werden. Zwischen 1841 und 1844 konnte er eine prächtige, dreibändige „Iconographie du Genre Camellia" herausgeben, die nun in Reprints wieder lieferbar ist. ABBÉ BERLÈSE war 1819 aus dem Kloster Sainte-Rose in Italien nach Paris gekommen und hatte Saatgut aus Caserta mitgebracht, aus dem er 100 Pflanzen aufziehen konnte.

In **Belgien** waren es Gärtner wie VAN HOUTTE in Brüssel, AMBROISE VERSCHAFFELT in Gent, JACOB MACOY in Liège oder J. BALMAIN in Gent, die sich intensiv mit der Kultur von Kamelien beschäftigten. 1809 wurden auf den Genter Floralien zwei rot blühende Kamelien, vermutlich *C.-japonica*-Sorten ausgestellt, 1820 schon 44 Sorten. 1848 begann A. VERSCHAFFELT mit der Herausgabe seiner „Nouvelle Iconographie des Camellias", die in sieben Bänden (13 Jahrgänge) neben lebhaften Beschreibungen schließlich auch 623 Farbtafeln enthalten sollte und die als Reprint (mit Farblasern gedruckt) teilweise wieder lieferbar sind. Bei J. BAILMANN erschien 1850 ein Katalog mit über 700 Kamelien, vornehmlich *C.-japonica*-Sorten.

Einige der alten, in Belgien entstandenen oder von dort verbreiteten, heute noch gärtnerisch wichtigen Sorten sind unter anderen 'Masayoshi' (1829 eingeführt und ursprünglich zu Ehren des belgischen Gärtners ANDRÉ DONCKELAER als 'Donckelaeri' bezeichnet), 'Triumphans' (1833), 'Collettii' (1838) 'Noblissima' (1838) und 'Mathotiana' (1847).

Einer der größten Kamelienliebhaber in Belgien war König Leopold I. (1790–1865), ein begeisterter Pflanzenliebhaber, der in seinem Schlosspark in Laeken, heute Vorstadt von Brüssel, neben vielen anderen Pflanzen auch etwa 300 Kameliensorten gepflegt hat. Im Schlosspark von Laeken, dem Sommersitz der königlichen Familie, wurde um 1817 bis 1819 eine Orangerie im klassizistischen Stil erbaut, die zu den größten Orangerien in Europa zählt. In den folgenden Jahrzehnten wurden in Laeken sehr verschiedene Gewächshäuser zu einem riesigen Komplex zusammengefügt. Der Weg vom Palais bis zur „Eisernen Kirche" am äußeren Ende der Anlage ist 700 m lang und verläuft vollständig unter Glas. Die „Königlichen Gewächshäuser", in denen eine der schönsten Pflanzensammlungen der Welt in einer unübertrefflichen Weise präsentiert wird, sind in jedem Frühjahr einige Wochen lang für Besucher zugänglich.

Wann und woher die ersten Kamelien nach **Deutschland** gekommen sind, ist nicht sicher belegt. Mehrere Autoren (KAMMEYER 1953, MAATSCH 1960 und VOGEL 1960) gehen davon aus, dass 1770 beziehungsweise 1771 in den Pflanzensammlungen des Schlossparkes Dresden-Pillnitz eine *C. japonica* vorhanden gewesen ist, der damals bereits ein Alter von 20 bis 30 Jahren nachgesagt wurde. Sicher belegt ist das Vorhandensein der Pillnitzer Kamelie seit 1801. In diesem Jahr hat ADOLF

Camellia japonica im Schlosspark Dresden-Pillnitz, rechts das fahrbare Überwinterungshaus

TERSCHECK, von 1798 bis 1802 als Gärtner im Schlosspark von Pillnitz tätig, die bisher als Kübelpflanze gehaltene Kamelie im Freiland ausgepflanzt.

TERSCHECK war sich bewusst, dass Kamelien unter den in Pillnitz herrschenden Klimabedingungen nicht ohne Winterschutz im Freien würden überleben können. Die Kamelie wurde deshalb so ausgepflanzt, dass sie im Winterhalbjahr mit einem hölzernen, heizbaren „Conservationshaus" überbaut werden konnte. Es war ein Fachwerkhaus mit Fenstern auf der Südseite.

Ein Nachfolgebau des ersten Hauses fiel in der Nacht vom 2. zum 3. Januar 1905 bei Temperaturen um −20 °C einem Brand zum Opfer. Nach den Löscharbeiten war die ganze Pflanze von einem Eispanzer umgeben. Sie verlor zwar ihre Blätter und jüngeren Zweige, regenerierte sich aber aus dem alten Holz und hatte bald wieder ihre frühere Schönheit erreicht.

1951 wurde um die Pflanze ein zwölfeckiges Überwinterungshaus errichtet, dessen tragende Konstruktion mitsamt den Heizungsrohren im Sommer stehen blieb. Von Oktober bis Mai wurden die Dachsegmente und die Seitenteile montiert. 1992 schließlich wurde die Holzkonstruktion durch ein fahrbares Gewächshaus ersetzt, in dem Temperatur, Belüftung, Luftfeuchte und Beschattung durch einen Klimacomputer geregelt werden und in dem über Winter eine Temperatur von 4 bis 6 °C gehalten wird. Das Haus ist 13,2 m hoch und 14,28 m breit, es wiegt 54 t und umfasst einen Luftraum von 1864 m^3. Die Kamelie,

Camellia japonica, Blüten der Pillnitzer Kamelie

eine Wildform der *C. japonica* und wohl die älteste Pflanze in West- und Mitteleuropa, 1983 war sie 9 m hoch und 11 m breit gewachsen, steht nun über Sommer völlig frei da, im Winter füllt sie den Gewächshausraum inzwischen nahezu vollständig aus. Zur Blütezeit, von Februar bis April, trägt der Baum eine Fülle (bis zu 35 000) einfacher, roter Blüten mit einem Durchmesser von 5 bis 6 cm.

Es ist wohl nur eine Legende, dass gleichzeitig mit der Pillnitzer Kamelie je eine Pflanze in den Royal Botanic Gardens in Kew, den Schlossgarten in Wien-Schönbrunn und in die Herrenhäuser Gärten in Hannover-Herrenhausen gekommen sein soll. Die vier Pflanzen sollen durch CARL PETER VON THUNBERG nach Kew gekommen und von dort verteilt worden sein. THUNBERG, einer der bedeutendsten Schüler von CARL VON LINNÉ und einer seiner Nachfolger auf dem Lehrstuhl für Naturgeschichte in Uppsala, war von 1775 bis 1776 als Arzt der holländischen Ostindien-Kompanie auf Deshima tätig. Aber weder in Kew, noch in den anderen Gärten sind für die Einführung und Weitergabe auf Nachfrage von KÜMMEL (1983) Belege gefunden worden.

Im heutigen Freistaat Sachsen, in Roßwein, lebt eine weitere alte Kamelie von kulturhistorischer Bedeutung. Es handelt sich um eine *C. japonica* 'Alba Plena', deren genaues Alter unbekannt ist. 1961 wurde das Kameliengewächshaus rekonstruiert. Bis dahin gab es dort noch drei Kamelien. Durch den Bau sind zwei jüngere Pflanzen eingegangen, an ihnen wurden 100 Jahresringe gezählt. Eine damals deutlich ältere Pflanze hat überlebt und geht wohl auf den Grafen VON EINSIEDEL zurück. Gegenwärtig ist die Kamelie 6,5 m hoch und hat einen Stammumfang von über 70 cm, sie gilt als älteste gefüllt blühende Kamelie nördlich der Alpen.

Alte Kamelien sind auch in der Schlossgärtnerei von Königsbrück, etwa 30 km nordöstlich von Dresden gelegen, zu bewundern. Die drei *C.-japonica*-Pflanzen – 'Alba Plena' und 'Althaeiflora' – haben inzwischen ein Alter von 160 Jahren erreicht. Ihre Blütenpracht hat im Jahr 2000 an einem einzigen Wochenende an die 5000 Besucher angelockt.

Standorte mit alten Kamelien sind aber nicht nur aus Sachsen bekannt. Eine beachtliche Sammlung befindet sich in den Gewächshäusern der Stuttgarter Wilhelma. Der württembergische König Wilhelm I., der von 1816 bis 1864 regierte, ließ sich an seinem Maurischen Landhaus in Bad Cannstatt Gewächshäuser bauen, die er mit exotischen und besonders schönen Pflanzen bestückt sehen wollte. Am 24. Januar 1844 wird durch die königliche Bau- und Gartendirektion die Fertigstellung der Gewächshäuser für den Sommer des Jahres angekündigt. Schon im Jahr zuvor sei begonnen worden, die notwendigen Kamelien, Azaleen und Rhododendren anzukaufen.

Im Schlosspark Kassel-Wilhelmshöhe befindet sich auch ein „Großes Gewächshaus", das Kurfürst Wilhelm II. von Hessen-Kassel 1822 durch seinen Hofbaumeister Johann Conrad Bromeis erbauen ließ, um seine umfangreiche Sammlung tropischer und exotischer Pflanzen standesgemäß repräsentieren zu können. Seine heutige Form, mit seiner Glaskuppel aus gewalztem Stahl und einer verglasten Südseite, erhielt das Gewächshaus in den Jahren 1884 bis 1888. Die kleine Kameliensammlung der Wilhelmshöhe befindet sich im Ostpavillon und in dem sich anschließenden Langhaus, dem eigentlichen Kamelienhaus. Das Alter der größeren Kamelien lässt sich nicht belegen. Man vermutet, dass sie gleich nach dem Umbau ihren festen Platz im Kamelienhaus erhalten haben. Wenn man davon ausgeht, dass sie schon vorher als Kübelpflanzen in der Sammlung des Kurfürsten als repräsentative Pflanzen vorhanden waren, kann man auf ein Alter von etwa 150 Jahren schließen.

Ende des 18. Jahrhunderts werden die sehr seltenen und deshalb kostbaren Kamelien in deutschen Pflanzensammlungen gehalten. 1789 erscheint eine *C. japonica* im Pflanzenverzeichnis des Botanischen Gartens in Halle. J. H. SEIDEL, Hofgärtner im kurfürstlichen Herzogin-Garten in Dresden, erwähnt schon 1792 in seinen regelmäßig veröffentlichten Pflanzenlisten eine blühende Kamelie. Die reichhaltige, von SEIDEL betreute Sammlung umfasste 1794 1800, 1806 schon 4300 Arten und Sorten exotischer Pflanzen.

Der jüngste Sohn des Hofgärtners, FRIEDRICH JACOB SEIDEL, gründete am 24. Juni 1813 in Dresden eine Gärtnerei und leitete damit eine unglaubliche Erfolgsgeschichte ein. Die Gärtnerei entwickelte sich schließlich

Camellia japonica 'Althaeiflora'

zur ersten europäischen Großgärtnerei mit Spezialkulturen. Ob in dem umfangreichen Gemüse- und Blumensortiment schon zu Beginn Kamelien eine Rolle gespielt haben, ist nicht bekannt. Sein älterer Bruder, TRAUTGOTT LEBERECHT SEIDEL, der kurze Zeit mit seinem Bruder zusammenarbeitete, bot im Dezember 1816 neben Rhododendren und blühenden Hyazinthen auch sechs Sorten von *C. japonica* an.

Gärtnerei Seidel, Dresden (um 1860)

Als sich die beiden Brüder wieder trennten, hatten die Kamelien innerhalb des Sortimentes schon einen beträchtlichen Stellenwert. Nach einem Bericht der „Allgemeinen deutschen Garten-Zeitung" (zitiert bei HAIKAL 2000) füllten sie fast ein eigenes Glashaus und seien überhaupt der bislang bedeutendste Zweig des Geschäftes.

SEIDELS Kamelienkulturen nahmen rasch an Umfang zu. Schon 1827 glaubte Carl August, Großherzog von Sachsen-Weimar, bei einem Besuch der SEIDEL'schen Gärtnerei einen „Wald von Camellien" gesehen zu haben. Bald ließen sich die bei SEIDEL herangezogenen Pflanzen nicht mehr allein in Dresden und Umgebung absetzen, er belieferte Pflanzenliebhaber in ganz Europa, vorwiegend adelige und andere gut betuchte Kunden in Moskau, St. Petersburg, Wien und Berlin. Der Kauf von Kamelien blieb tatsächlich gut situierten Kunden vorbehalten, denn 1825 kostete bei SEIDEL eine durchschnittlich große Kamelie etwa 12 Taler. Ein sächsischer Textilarbeiter hätte zu dieser Zeit seinen gesamten Monatslohn für eine Kamelie ausgeben müssen. Später fielen die Preise zwar erheblich, Kamelien blieben aber dennoch etwas Besonderes.

Üblicherweise wurden die Kamelien, mit Moos umwickelt und in Kisten verpackt, mit Planwagen auf dem Landweg, gelegentlich aber auch auf dem Seeweg transportiert. 1842 werden bei SEIDEL jährlich etwa 100 000 Kamelien herangezogen und europaweit vermarktet. Bis 1887 stieg die jährliche Produktion des SEIDEL'schen Betriebes, nun in Dresden-Striesen ansässig und von seinem Sohn Herrmann betrieben, auf etwa 200 000 Kamelien, 175 000 Rhododendren und 150 000 Azaleen. 1893 wachsen in Dresdener Gärtnereien rund 800 000 Kamelien heran, davon bei SEIDEL allein 300 000 Stück. Der Höhepunkt der Dresdener Kamelienkulturen war damit erreicht. In den folgenden Jahren ging die Produktion als Folge der sich wandelnden Mode drastisch zurück.

Obwohl nach 1945 die größeren Kameliengärtnereien um Dresden und Leipzig verstaatlicht und zu Genossenschaften zusammengeschlossen worden waren, wurden auch weiterhin Kamelien kultiviert und exportiert. Die Reste der SEIDEL'schen Sammlung gelangten nach 1989 in den Garten des Landschlosses Pirna-Zuschendorf; sie wird dort gegenwärtig von der TU Dresden als Schutzsammlung betreut. Von den 200 dort gepflegten Kameliensorten stammen 100 aus der SEIDEL'schen Gärtnerei. Die Sammlung ist am 17.09. 1993 als „Bewegliches Kulturgut Kameliensammlung" unter Denkmalschutz gestellt worden.

Wurden zu Anfang nur wenige Sorten kultiviert, enthielt der Katalog der Firma SEIDEL 1846 schon 540 Sorten. 1862 war die Zahl der bei SEIDEL kultivierten Sorten von *C. japonica* auf 1 100 angestiegen. In einem Katalog aus dem Jahr 1894 werden nur noch 95 Sorten beschrieben und empfohlen.

Bei nur wenigen der im Dresdener Raum kultivierten Kamelien handelte es sich um deutsche Züchtungen, die meisten hatten ihren Ursprung in England oder in anderen westeuropäischen Ländern oder waren direkt aus Japan importiert worden. Insgesamt sollen in Deuschland nur acht Sorten entstanden sein, alle in Frankfurt a. M. Von diesen waren die *C.-japonica*-Sorten 'Francofurtensis' und 'Teutonia' weitaus am erfolgreichsten. 'Francofurtensis' wurde von dem Frankfurter Gärtner J. RINZ jun. gezüchtet. Sie blühte 1834 zum ersten Mal und wurde im gleichen Jahr in der Allgemeinen Gartenzeitung (Berlin) vorgestellt. Sie hat große, rote, regelmäßig gefüllte Blüten. Die Sorte 'Teutonia' stammt von dem Frankfurter Gärtner GRÜNEBERG. Sie blühte erstmals 1837 und hat rote, regelmäßig gefüllte Blüten, trägt regelmäßig am gleichen Strauch aber auch weiße Blüten.

Niedergang und Renaissance der Kamelienkultur in Europa

Der Niedergang der Kamelienkulturen, nicht nur im Dresdener Raum, setzte gegen Ende des 19. Jahrhunderts ein, nachdem neue

Eisenbahnlinien die Côte d'Azur und die italienische Riviera mit West-Europa verbunden hatten und der Bau des Gotthardtunnels (1882 eröffnet) die Versandwege verkürzt hatte. Große Mengen billig produzierter, langstieliger Schnittblumen – Rosen, Nelken und Chrysanthemen – überschwemmten im Winter die Märkte Europas. Sie lösten einen neuen Trend in der Blumenmode aus und verdrängten die kurzstielig geschnittenen Kamelien ab etwa 1890 allmählich vom Markt. Nur als Topfpflanze für die seinerzeit weitgehend unbeheizten Wintergärten behielten die Kamelien noch eine gewisse Bedeutung.

Gegenwärtig erlebt die Kamelienkultur wieder eine Renaissance, wenn auch nicht als Schnittblume. Denn langsam hat sich die Erkenntnis durchgesetzt, dass sich Kamelien unter bestimmten Voraussetzungen auch in West-Europa als Freilandpflanzen, mindestens aber als Kübelpflanzen halten lassen.

Kamelien in der Neuen Welt

USA

Etwa 60 Jahre nach der Einführung der Japanischen Kamelie in Europa erreichten diese auch die Vereinigten Staaten von Amerika. Im Jahre 1779 oder 1798 erhielt JOHN STEVENS in Hoboken, New Jersey, eine einfache, rot blühende *C. japonica* aus England. Nur wenige Jahre später, im Juli 1800, brachte ein MICHAEL FLOY die Sorte 'Alba Plena' aus Devonshire in England nach New York mit. FLOY befasste sich intensiv mit dem Anbau und der Züchtung von Kamelien und unterhielt später, zusammen mit seinem Sohn, eine Gärtnerei in Harlem. In einem Katalog aus dem Jahr 1832 werden 41 *C.-japonica*-Sorten beschrieben und angeboten, neun davon waren eigene Züchtungen.

Neben FLOY waren es der aus Schottland nach New York ausgewanderte THOMAS HOGG und sein Sohn, die sich intensiv mit Kamelien beschäftigten und die in ihrem „Catalogue of Ornamental Trees and Shrubs, Herbaceous and Greenhouse Plants Cultivated and For Sale by Thomas Hogg at the New York Botanic Garden in Broadway, 1834" 39 Sorten von *C. japonica* anboten.

Zu den Pionieren der Kamelienzucht gehört auch WILLIAM PRINCE, der in Flushing einen „Linnaean Botanic Garden" gegründet hatte. Er konnte in einem 1822 erschienenen Katalog 21 Sorten von *C. japonica* anbieten, die aus England importiert worden waren.

Anfangs wurden Kamelien vorwiegend in den nördlichen Teilen der Vereinigten Staaten, vorwiegend in Boston und Philadelphia, in zum Teil üppigen privaten Gewächshäusern kultiviert. Durch zahlreiche Publikationen und Ausstellungen bekannt gemacht, wurden Kamelien auch hier zu einer Modeblume.

Aus den Gewächshäusern des Nordens gelangten Kamelien auch in die südöstlichen Staaten Nordamerikas, wo sie im Freien wachsen konnten und bald zur Ausstattung der großen Plantagengärten im Gebiet von Charleston, New Orleans und anderen Städten gehörten. Um 1830 wird von Kamelien in Magnolia Gardens in der Nähe von Charleston berichtet. In Parks, Gärten und auf Friedhöfen dieser Region, wie zum Beispiel in Magnolia Gardens, kann man heute zahlreiche Kamelien bewundern, die über 100 Jahre alt sind. Zwei Kameliengärten im südöstlichen Nordamerika sind im Jahr 2001 von der International Camellia Society mit dem Titel „International Camellia Garden of Exellence" ausgezeichnet worden: Massee Lane Garden, Georgia, und Norfolk Botanic Garden, Virginia.

In das westliche Nordamerika, vorwiegend nach Sacramento und San Francisco in Kalifornien, kamen Kamelien Mitte des 19. Jahrhundert. Um 1850, dem Gründungsjahr des Staates Kalifornien, war JAMES L. L. F. WARREN von Boston nach Sacramento umgezogen. Er ließ sich unter anderem auch Kamelien schicken, die am 3. Februar 1852 an Bord der S. S. Panama in San Francisco eintrafen. Die Stadt Sacramento wurde 1910 als

Camellia 'Winter's Dream'

„Kamelienstadt" ausgezeichnet. Nachdem 1924 dort die erste Kamelienschau abgehalten worden war, wurden in den 30er Jahren in vielen Städten Kamelienausstellungen organisiert.

Obwohl auch in Amerika gegen Ende des 19. Jahrhunderts das Interesse an Kamelien stark nachließ, blieb die Tradition der Kamelienkultur und -züchtung in Nordamerika bis in die Gegenwart erhalten, etwa mit den international bekannten Nuccio's Nurseries in Altadena, die seit 1950 etwa 150 Kameliensorten und -hybriden gezüchtet und eingeführt haben oder mit den Arbeiten von W. L. ACKERMAN und seinen Mitarbeitern in Ashton, Maryland, der uns mit seinen Ackerman-Hybriden wie *C.* 'Winter's Dream' oder *C.* 'Winter's Star' relativ kälteresistente Kamelien beschert hat.

Wie im östlichen Nordamerika sind 2001 auch zwei Gärten im westlichen Nordamerika mit dem Titel „International Camellia Garden of Exellence" ausgezeichnet worden: Descanso Gardens, La Cañada, California und Huntington Botanical Gardens, San Marino, California. In Descano Gardens werden rund 40 000 bis 50 000 Kamelien in 58 Arten und nahezu 800 Taxa gepflegt. Der Huntington Botanical Garden unterhält etwa 1 800 namentlich gekennzeichnete Kamelientaxa.

Australien

Die Ankunft der Kamelien in Australien wurde erstmals schriftlich erwähnt, als ALEXANDER MACLEAY im Januar 1826 in Sydney den Posten des Kolonial-Sekretärs antrat. In seinen Aufzeichnungen erwähnt er die *C.-japonica*-Sorten 'Crassiveris', 'Gloriosa'. 'Grandiflora' und 'Coccinea', die er von Loddige's in London erhalten hatte. Große Verdienste um die Einführung von Kamelien in Australien kommen auch JOHN MCARTHUR und dessen Sohn WILLIAM MCARTHUR in Camden zu. Die Familie MCARTHUR, die unter anderem mit eingeführten Merinoschafen die australische Wollindustrie begründete, erhielt ihre ersten Kamelien – die *C.-japonica*-Sorten 'Anemoniflora', 'Incarnata', 'Alba Plena', 'Myrtifolia', 'Rubra' und 'Weelbankiana' – im Februar 1831. Die Familie betrieb neben ihrer Schaffarm auch eine Baum- und Pflanzenschule, in der unter anderem auch Kamelien gezüchtet wurden. In einem Katalog aus dem Jahre 1857 werden neben zahlreichen Kamelienarten und -sorten auch Orchideen, Kräuter, Zwiebelpflanzen 385 verschiedene Fruchtgehölze und 1100 Ziergehölze aufgelistet.

In Australien hielt die Begeisterung für Kamelien bis zum Ende des 19. Jahrhunderts an, bevor sie, wie überall in der westlichen Welt, wieder zusammenbrach. Trotzdem wurden auch weiterhin Kamelien gezüchtet, etwa von ALEXANDER HUNTER in seiner Ashfield Gärtnerei im 19. Jahrhundert oder von Prof. E. G. WATERHOUSE in Gordon Mitte des 20. Jahrhunderts. Waterhouse verdanken wir die 1962 erfolgte Gründung der International Camellia Society (ISC), deren erster Präsident er war. Das von der International Camellia Society 1993 herausgegebene „International Camellia Register" listet über 30 000 Kamelienarten, -hybriden und -sorten auf und ist ein verlässlicher Wegweiser zur Nomenklatur der Kamelien.

Auch ein Garten in Australien, der Royal Botanic Garden in Melbourne, wurde im Jahr 2001 von der International Camellia Society mit dem Titel „International Camellia Garden of Exellence" ausgezeichnet. Unter den rund 800 Kamelientaxa des Gartens befinden sich auch zahlreiche Sorten, die in Australien ihren Ursprung haben.

Neuseeland

Nach Neuseeland, dessen klimatische und geologische Bedingungen beste Voraussetzungen für eine Freilandkultur von Kamelien bietet, kamen Kamelien Anfang des 19. Jahrhunderts, kaum mehr als zwei Jahrzehnte nachdem die erste Niederlassung von Europäern, die anglikanische Missionsstation in der Bay of Island, gegründet worden war. Auf dem Grundstück des Treaty House in Waitangi – hier wurde am 6. Februar 1840 die britische Souveränität erklärt – stehen vermutlich die ältesten Kamelienbäume Neuseelands. Sie sollen 1833 von James Busby, dem ersten britischen Einwohner, gepflanzt worden sein.

1840 brachten auch französische Einwanderer mit dem Schiff Comte de Paris Kamelien nach Neuseeland. Die meisten der frühen Kamelieneinfuhren stammen aber aus der Baumschule von McArthur im Camden-Park in Australien. In Neuseeland ist das Interesse an Kamelien ungebrochen. Gefördert wird es unter anderem durch die regelmäßige Herausgabe des „New Zealand Camellia Bulletin".

Gegenwärtig gehören die Brüder Les. Jury und Felix Jury in New Plymouth zu den erfolgreichsten Kamelienzüchtern, nicht nur in Neuseeland. Les. Jury besaß Anfang der 60er Jahre des vergangenen Jahrhunderts etwa 100 Hybriden mit bekannten Eltern.

Kamelien, die Blumen einer Epoche

Der Siegeszug der Kamelien als Modeblume des 19. Jahrhundert hat sicher viele Ursachen. Dazu gehören die Schönheit und Vollkommenheit ihrer Blüten, die winterliche Blütezeit, die Schwärmerei für alles Exotische, vor allem Fernöstliche, die sich in der China- und Japanmode der Zeit, den Chinoiserien, widerspiegelt, und nicht zuletzt der steigende Wohlstand des Bürgertums.

Kamelien schmückten als Topfpflanzen die Salons, Wintergärten und eigens für die Kultur exotischer Pflanzen errichteten Glashäuser von Adeligen und Bürgern. Während der Zeit des Biedermeier sollen in und um Wien etwa 2000 Glashäuser bestanden haben. Kamelienliebhaber wetteiferten auf Ausstellungen mit Kamelien und anderen exotischen Pflanzen um die ausgelobten Trophäen. Auf der von Karl von Hügel, einem österreichischen Naturwissenschaftler, Geograph und Staatsmann, 1827 in Wien organisierten Pflanzenschau, die erste in der Geschichte der Stadt, erhielt Trautgott Leberecht Seidel für seine ausgestellten Kamelien und Azaleen mehrere Preise. Zu den 24 Ausstellern der Schau gehörte auch der begeisterte Kameliensammler und österreichische Staatsmann Klemens Wenzel Fürst von Metternich.

Nicht nur zur Anzucht von Topfpflanzen diente die Kamelienkultur, sie hatte zur Gewinnung von Schnittblumen einen mindestens ebenso hohen Stellenwert. In großen Mengen wurden die Pflanzen in den Kameliengärtnereien eigens dafür gezogen und, sorgfältig in Watte verpackt, verschickt.

Kamelienblüten in vielfältigen Farben und Formen – oft sehr kurz geschnitten oder gepflückt und auf Draht gestielt – wurden zu ihrer Blütezeit in der Wintersaison zu allen denkbaren gesellschaftlichen Anlässen verwendet: als Biedermeiersträuße oder in flachen Schalen auf den Blumentischchen in den Salons der guten Gesellschaft, als Dekoration einer festlichen Tafel, als Knopflochblume bei großen Garderoben, als unentbehrliches Kotillonbouquet beim Walzer, als Hutschmuck, an Ballkleidern befestigt oder als kostbares Brautbouquet.

Als Knopflochblume der Viktorianischen Zeit stand vor allem die kleinblumige, gefüllt blühende, muschelrosa gefärbte Sorte 'Otome', oft auch als 'Frau Minna Seidel' oder 'Pink Pearl' bezeichnet, hoch im Kurs. Neben ihrer geringen Größe zeichnet sich 'Otome' auch dadurch aus, dass sich ihre regelmäßig geformten Blüten nur sehr langsam voll öffnen und verblühen.

Die Wirkung von Kamelien im Ballsaal beschreibt der 1837 in Danzig geborene

Camellia japonica 'Otome', in der Kamelien-Sammlung Pirna-Zuschendorf als *Camellia japonica* 'Frau Minna Seidel' bezeichnet

Dichter JOHANNES TROJA: „Prachtvoll bist du zu schauen im Ballsaal, wenn du / in dunklem / Lockig geringelten Haar, weiße Kamelie prangst. / Vornehm bist du und stolz, und jeder, wenn der dich / anschaut, muß dich bewundern…" (zitiert bei HAIKAL 2000).

Trotz eines Preisverfalls blieben Kamelien auch noch Mitte des 19. Jahrhunderts ein teures Vergnügen. Nach HAIKAL (2000) soll 1858 in St. Petersburg ein schönes Bouquet weißer Kamelien bis zu 50 Rubel, die Ausschmückung eines Ballkleides 300 Rubel gekostet haben.

Gefördert wurde das Interesse an Kamelien sicher auch durch frühe, oft schwärmerische Veröffentlichungen über die Schönheit der Kamelien, aber auch durch sachliche Berichte über deren Ansprüche und Kultur in Zeitschriften und Büchern oder durch die 1822 durch „Allerhöchste Kabinettorder" verfügte Gründung des „Vereins zur Beförderung des Gartenbaues in den Königlich Preußischen Staaten". Neben der englischen „Royal Horticultural Society" war der Verein Vorbild für die Gründung ähnlicher Gesellschaften in ganz Deutschland. Die bald darauf durch

Heinrich Gottlieb Ludwig Reichenbach, ab 1820 Direktor des Königlichen Naturalienkabinetts im Zwinger, angeregte Gründung eines Vereins zur „Förderung der Pflanzenkunde und des vaterländischen Gartenbauwesens“ hat durch Vorträge und Ausstellungen der „Flora“ sicher auch zur Verbreitung der Kamelie beigetragen.

Die ungeheure Kamelienbegeisterung des 19. Jahrhunderts fand nahezu zwangsläufig auch in der schöngeistigen Literatur ihren Niederschlag, wie zum Beispiel in dem sehr poetischen Gedicht von Anette von Droste-Hülshoff:

Gar weite Wege hast Du gemacht,
Kamelia staubige Schöne,
In deinem Kelche die Flöte wacht,
Trompeten und Zimbelgetöne;
Wie zittern durch das grüne Revier
Buntfarbige Lampen und Schleier!
Da brach der zierliche Gärtner mir
Den Strauß beim bengalischen Feuer.

Natürlich darf auch in diesem Kamelienbuch und in diesem Zusammenhang nicht der Hinweis auf den berühmten, 1848 ins Deutsche übersetzten Roman von Alexandre Dumas fils „La Dame aux Camélias“ – Die Kameliendame – fehlen. In seinem nahezu biographischen Roman, der erst nach der Bühnenbearbeitung von 1852 richtig wahrgenommen wurde, schildert er die tragische, schließlich tödlich endende Geschichte der Kurtisane Marguerite Gauthier und eines jungen Mannes – Armand Duval – aus wohlhabendem Haus. Schon auf den ersten Seiten des Romans kommen die Kamelien ins Spiel: „Marguerite fehlte bei keiner Premiere. Ihre Abende verbrachte sie entweder im Theater oder auf Bällen. Wurde ein neues Stück gespielt, so konnte man sicher sein, sie anzutreffen, und zwar nie ohne die drei Dinge, die sie stets bei sich hatte und auf die Brüstung der Parkettloge legte: ihr Opernglas, ein Beutelchen mit Näschereien und einen Strauß Kamelien. Fünfundzwanzig Tage nacheinander waren es weiße Kamelien, und fünf Tage lang rote. Niemand verstand, weshalb die Farben auf diese Weise wechselten, wie auch ich nur berichten, aber nicht erklären kann, was den regelmäßigen Besuchern der Theater, in denen sie meistens war, und ihren Freunden ebenso auffiel wie mir. Nie sah man Marguerite mit anderen Blumen. Bei Madame Barjon, ihrer Blumenfrau, wurde sie zuerst Kameliendame genannt und diesen Beinamen

Plakat „Die Kameliendame“ von Alfons Mucha, 1896

Links:
Camellia japonica 'Japonica Variegata' als Beispiel für eine von zahlreichen *Camellia-japonica*-Sorten mit weiß oder gelb panaschierten Blättern.

Unten:
Fahrbares Gewächshaus, das seit 1992 die Pillnitzer Kamelie im Winter vor Frost schützt.

behielt sie bei." Im Wechsel der Farben wurden die Kamelien hier zu einem diskreten Zeichen der Verfügbarkeit.

DUMAS verarbeitet in dem Roman seine rasch gescheiterte Liaison mit Alphonsine Plessis, die schon im Alter von 23 Jahren an Schwindsucht starb und 1847 auf dem Pariser Cimetière de Montmatre begraben wurde.

Die Handlung des populärsten Theaterstückes des 19. Jahrhunderts nutzte Giuseppe Verdi für seine Oper „La Traviata", die 1853 uraufgeführt wurde. Das Interesse an dem Stoff ist ungebrochen, er wurde in unzähligen Theaterfassungen und in mehr als 30 Kinofilmen bearbeitet.

Kultur der Kamelien im Freiland

Nach ihrer Einführung aus Ost-Asien wurden Kamelien jahrzehntelang als Topfpflanzen kultiviert. Sie gelten in weiten Kreisen immer noch als empfindliche Gehölze, die unter mitteleuropäischen Klimabedingungen nicht im Freiland gehalten werden können.

Viele Arten, Hybriden und Sorten stammen aus subtropischen oder warm-gemäßigten, regenreichen und luftfeuchten Klimaregionen mit geringen täglichen Temperaturschwankungen. Nicht wenige Kamelien sind aber trotzdem so anpassungsfähig, dass sie in wintermilden Klimaregionen Deutschlands, etwa im maritim beeinflussten Westen oder in Weinbaugebieten, an geschützten Plätzen im Freiland gepflanzt werden können.

Begrenzende Faktoren für das Wachstum von Pflanzen sind neben einer ausreichenden Belichtung die absoluten Minima der Temperatur und die den Pflanzen zur Verfügung stehende Feuchtigkeit, bei Kamelien zusätzlich der Säuregrad des Bodens.

Klimafaktoren

Besonders Temperatur und Belichtung, aber auch Wasserversorgung und Luftfeuchtigkeit haben bei allen Pflanzen Einfluss auf das vegetative Wachstum und die Bildung von Blütenknospen.

Vegetatives Wachstum

Das vegetative Wachstum der Kamelien vollzieht sich in der Regel in mehreren Schüben. Die erste Wachstumsperiode im Frühjahr dauert etwa sechs Wochen. Nach einer kurzen Pause folgt ein zweiter Wachstumsschub, der bei heimischen Gehölzen oft als Johannistrieb bezeichnet wird. Unter ungünstigen klimatischen Bedingungen kann der Johannistrieb ausbleiben, in sehr sommerwarmen Klimazonen können ein dritter oder mehr Wachstumschübe folgen. Der Vegetationsbeginn ist abhängig von der Kamelienart oder -sorte und der Klimazone, in der die Kamelien kultiviert werden. In Deutschland setzt der „Frühjahrstrieb" oft erst Ende Mai oder gar erst im Juni/Juli ein.

Blütenknospenbildung und Blüte

Bei Kamelien werden Blütenknospen an den vorjährigen Zweigen angelegt, entweder an den Zweigspitzen und/oder in den Blattachseln entlang der Zweige.

Bei herbstblühenden Arten, wie zum Beispiel *C. sasanqua* oder *C. hiemalis*, lassen sich die Blütenknospen erst kurz vor der Blütenentfaltung sicher von den Blattknospen unterscheiden. Bei frühjahrsblühenden Arten sind die Blütenknospen schon im Herbst voll entwickelt, teilweise sehr groß und so leicht von den Blattknospen zu unterscheiden.

Bei blühfähigen Pflanzen setzt die Bildung von Blütenknospen an warmen Sommertagen ein, wenn die Photoperiode länger als 13,5 Stunden beträgt. Ganz allgemein lässt sich wohl sagen, dass für einen reichen Knospenansatz bei Kamelien, vor allem bei zahlreichen Sorten von *C. japonica*, eine mehrwöchige Periode mit Temperaturen über 20 °C notwendig ist. Die besten Resultate werden erzielt, wenn die Sommertemperaturen höher als 25 °C sind. Erfolgt die Blütenknospenbildung unter günstigen klimatischen Bedingungen, kann mit großen, gut entwickelten Blüten gerechnet werden, unter ungünstigen Bedingungen bleiben die Blüten kleiner, und die Kronblätter stehen oft enger beieinander (Trehane 1998).

ZIMMER (1997) zitiert in seinem Beitrag zur „Blütenbildung bei Kamelien“ zunächst Aussagen zu diesem Thema im „Handbook of Flowering“ (RÜNGER und COCKSHULL 1985): „... Die meisten Sorten wachsen aktiv im Langtag und gehen zur Ruhe über oder wachsen langsam im Kurztag – sogar bei höheren Temperaturen. Bezüglich des Einflusses der Tageslänge auf die Blütenbildung gibt es wesentlich mehr Sortenunterschiede. Einige, wie *C. japonica* 'Elegans' und 'Pink Perfektion', bilden Blüten im Kurz- oder Langtag (8 bzw. 20 Stunden), während 'Triumphans' und 'Victor Emanuel' im 8-Stunden-Kurztag keine, jedoch bei einer Tageslänge von 13,5 Stunden (mit schwachem Glühlampenlicht von ca. 390 Lux verlängerter Tag) sehr schnell Blüten bilden. Ganz allgemein erhöht der Langtag die Zahl der Blütenknospen je Pflanze, hemmt jedoch die weitere Entwicklung und fördert den Knospenfall. Die Blütenbildung ist stark temperaturabhängig. Viele Sorten legen keine Blüten an, wenn die Nachttemperaturen unter 16 °C liegen und die meisten Blütenknospen werden angelegt – und wohl auch am schnellsten – wenn die Nachttemperatur zwischen 24 und 27 °C liegt. Obwohl bei 27 °C Nachttemperatur die schnellste Knospenbildung erfolgt, waren die Blütenknospen ziemlich klein und neigten zum Abfallen, ehe sie aufblühten. Bei Temperaturen unter 16 °C brauchten die Blütenknospen länger zur Entwicklung, waren aber von besserer Qualität. Schattierung vermindert die Knospenzahl, während ein hoher Nährstoffgehalt diese erhöht. Es ist besonders auf den Stickstoffgehalt zu achten, da zu hohe N-Gehalte den Blütenknospenfall begünstigen.“

ZIMMER berichtet dann von japanischen Untersuchungen, die die Aussagen bestätigen, „daß die Blütenknospenbildung stärker von der Temperatur abhängig sei: bei 25 °C begann die Blütenknospenbildung am frühesten, während etwas niedrigere Temperaturen die spätere Entwicklung beschleunigten. Am frühesten blühten Pflanzen bei 20 °C (6,5 Monate nach Versuchsbeginn), bei 15 °C nach etwa 7 Monaten. Bei 25 °C starben die Knospen ab. Die Photoperiode hatte kaum einen Einfluß, im Kurztag blühten die Pflanzen 20 Tage früher.“

Seine eigenen Untersuchungen (ZIMMER 1997) bestätigen, dass die Blütenbildung bei Temperaturen unter 16 °C unterbleibt und dass die höchste Temperatur (26 °C bei der Hauptlichtperiode, sonst 24 °C) am schnellsten zur höchsten Anzahl Blüten führt. Insgesamt waren die Untersuchungsergebnisse aber so uneinheitlich, dass keine allgemein gültigen Aussagen über die günstigste Voraussetzung zur Induktion von Blütenknospen bei Kamelien möglich waren.

Eine mehr oder weniger reiche Blüte hängt aber nicht nur von den Witterungsbedingungen zur Zeit der Blütenknospenbildung ab, sondern ganz entscheidend auch von der Wasserversorgung der Pflanzen in dieser Zeit. Werden die Pflanzen zu dieser Zeit nicht regelmäßig und ausreichend mit Wasser versorgt, kommt es zur Blütezeit zu einem vorzeitigen Abfall der Blütenknospen, der dann durch keine Maßnahme mehr verhindert werden kann. Ein Austrocknen des Wurzelballens für zwei bis drei Tage ist ausreichend für einen späteren Knospenfall.

Standort oder Pflanzplatz

In ihren natürlichen Habitaten wachsen Kamelien stets unter dem schützenden Kronendach höherer Bäume auf lockeren, wasserdurchlässigen, humosen Waldböden. Sie benötigen deshalb auch in der Gartenkultur, mindestens hierzulande, unbedingt einen halbschattigen, vor Wind und winterlicher Sonneneinstrahlung geschützen Platz in der Nachbarschaft immergrüner Bäume oder hoher Sträucher, im Schutz von Mauern oder Hauswänden. Optimal ist ein Pflanzplatz, den die Wintersonne nicht erreicht, denn nicht selten sind es nicht die tiefen Temperaturen, die den Pflanzen schaden, sondern der tägliche Wechsel zwischen den Minusgraden der Nacht und der raschen Erwärmung am Tag.

Nach der Erfahrungen von WALDER (2002) trifft dies im Tessin nicht für *C.-reticulata-*

Sorten und -Hybriden zu. Sie gedeihen an Standorten, die sich tagsüber erwärmen, etwa an Südhängen mit Wintersonne, weitaus besser als an Plätzen mit Dauerfrost.

An offenen, voll besonnten Pflanzplätzen – so werden Kamelien nicht selten im Tessin gepflanzt – bekommen die Blütenblätter relativ rasch braune Flecken, die Blüten werden unansehnlich und fallen rascher ab.

Winterhärtezonen

Kamelien gedeihen besonders gut in Regionen, die durch die Winterhärtezone 9 (nach Heinze und Scheiber 1984) gekennzeichnet sind. In dieser Zone liegen die mittleren jährlichen Minimumtemperaturen zwischen –6,6 und –1,2 °C. Indikatorpflanzen für diese Zone sind zum Beispiel *Chamaerops humilis*, *Laurus nobilis*, *Viburnum tinus*, *Olea europaea*, *Pinus pinea* und *Citrus*-Arten. Diese Zone kommt in Deuschland nicht vor, in Europa finden wir sie in den Küstenzonen von England und Irland, im Küstenbereich der französischen Bretagne, in günstigen Lagen der oberitalienischen Seen, wie etwa am Comer See und am Lago Maggiore, im Mittelmeergebiet und in Portugal, dessen unmittelbare Küstenzonen schon in der Winterhärtezone 10 liegen.

Die Winterhärtezone 8 wird in zwei Unterzonen unterteilt. In der Zone 8a liegen die mittleren jährlichen Minimumtemperaturen zwischen –12,2 und –9,5 °C, in der Zone 8b zwischen –9,4 und –6,7 °C. Zonen mit der Winterhärtezone 8b kommen in Deutschland nicht vor, Zonen mit der Winterhärtezone 8a finden sich unter anderem rings um den Bodensee, in der Kölner Bucht, im äußersten Westen und Nordwesten bis einschließlich Hamburg, an der Ostsee im Bereich um Kiel und auf Rügen sowie im Umkreis der Städte Ludwigshafen, Mainz und Koblenz. Indikatorpflanzen für die Winterhärtezone 8 sind unter anderen *Araucaria araucana*, *Cupressus sempervirens* (nur wärmere, insbesondere sommerwarme Teile der Zone), *Magnolia grandiflora*, *Pinus pinaster* und *Quercus ilex*. Die Winterhärtezone 8 bietet zahlreichen Kamelienarten und -sorten noch sehr gute Lebensbedingungen, ohne dass aufwändige Winterschutzmaßnahmen oder besonders geschützte Standorte notwendig wären.

Eine erfolgreiche Kultur von Kamelien ist unter bestimmten Voraussetzungen sogar noch in den Winterhärtezonen 7a und 7b möglich. In der Zone 7a liegen die mittleren jährlichen Minimumtemperaturen zwischen –17,7 und –15 °C, in der Zone 7b zwischen –14,9 und –12,3 °C. Die Winterhärtezone 7b erstreckt sich über den gesamten Westen und Nordwesten Deutschlands, einschließlich der Südküste der Ostsee. Hinzu kommen einige Wärmeinseln wie Berlin und Dresden. Ausgenommen sind einige Kälteinseln wie der Schwarzwald oder die Haardt, die in der Winterhärtezone 7a liegen. Indikatorpflanzen für die Zone 7 sind zum Beispiel *Cedrus atlantica*, *Ilex aquifolium* und *Prunus laurocerasus*.

Für eine Kultur von Kamelien in der Winterhärtezone 7b müssen kleinklimatische Standortvorteile ausgenutzt werden. So sind zum Beispiel die Temperaturen innerhalb einer Stadt stets höher als in der freien Landschaft. Stärker als die Umgebung erwärmen sich auch Gebäudewinkel oder geschützte Plätze vor höheren Bäumen oder Hecken. Im Windschutz von Hecken, Bäumen, Gebäuden oder Bodenwellen gedeihen nicht nur Kamelien, sondern alle Pflanzen besser als in windexponierten Lagen. Eine Hecke kann die Windgeschwindigkeit um 50 bis 80 % mindern. Ihre Wirkung macht sich bis zu einem Abstand bemerkbar, der etwa der fünffachen Höhe der Hecke entspricht. Wichtiger als in günstigeren Klimazonen ist hier die Auswahl an Sorten, deren Winterhärte erprobt ist, und die Wahl eines wind- und sonnengeschützten Pflanzplatzes im Schutz immergrüner Bäume und Sträucher, von Hecken, Mauern und Gebäudewinkeln.

Die für eine bestimmte Region zu erwartenden winterlichen Tiefsttemperaturen sind aber nicht allein für das Gedeihen von Kamelien ausschlaggebend. So ist zum Beispiel in ganz Ost- und Mittel-Deutschland von einem

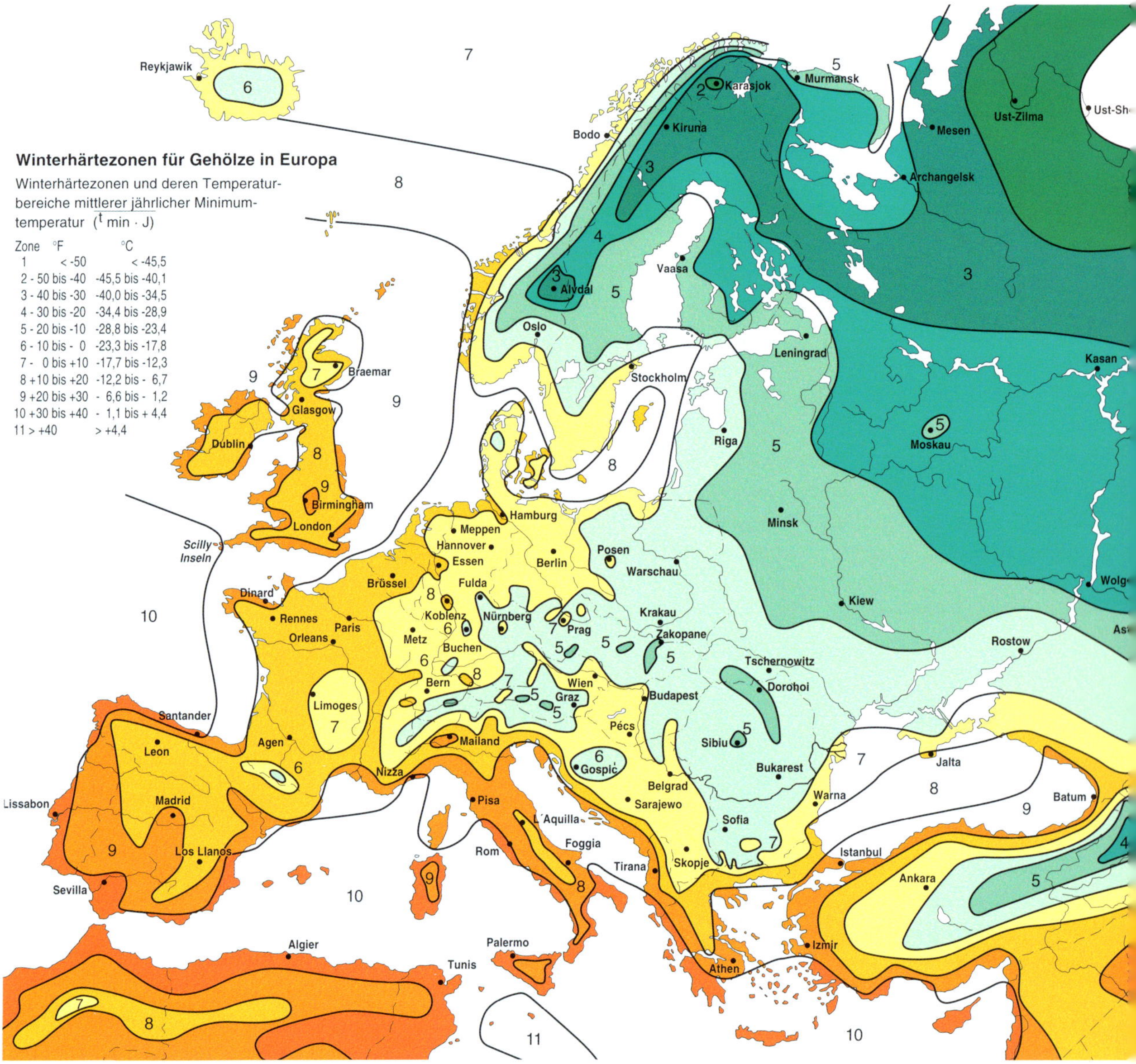

Winterhärtezonen für Gehölze in Europa

Auspflanzen von Kamelien abzuraten, hier fehlt es an der für das Wohlbefinden von Kamelien notwendigen Luftfeuchtigkeit. Selbst in ausreichend günstigen Winterhärtezonen muss in strengen Wintern oder bei einem ungünstigen Witterungsverlauf mit mehr oder weniger großen Schäden an den Pflanzen oder gar mit Totalverlust gerechnet werden.

Bei den Angaben der Winterhärtezonen für die ab Seite 102 beschriebenen Kamelien handelt es sich nicht immer um gesicherte, im Freilandanbau überprüfte Werte. In einigen Fällen dürften die Arten, Sorten und Hybriden winterhärter sein als angegeben.

Die Einschätzungen zur Winterhärte weichen von amerikanischen Angaben zur Winterhärte bei einigen *C.-japonica-* und *C.-sasanqua*-Sorten sowie den von W. A. Ackermann gezüchteten Hybriden ab. Nach Ackermann (2002) haben sich nach einer 40-jährigen Kultur im Gebiet von Washington-Baltimore in der Winterhärtezone 6a und 6b die *C.-japonica*-Sorten 'Berenice Boddy', 'Govenor Mouton', 'Kumasaka', 'Lady Clare', 'Leucanthea', 'Mathotiana', 'Meredith', 'Paulette Goddard' und 'Tricolor' (Siebold) als „sehr frosthart“, die Sorten 'Blood of China', 'C. M. Hovey', 'C. M. Wilson', 'Daikagura', ' Donckelarii', 'Dr Tinsley', 'Lady Vansittart', 'Monjisu', 'Professor Charles Sargent' und 'Reverend John G. Drayton' als „frosthart“ erwiesen. Auch die *C.-japonica*-Sorten der „April-Serie“, die 1995 von Clifford Park eingeführt worden sind, sollen in der Winterhärtezone 6b ausreichend frosthart sein.

Von Ackermann werden auch die *C.-sasanqua*-Sorten 'Agnes O. Salomon' und 'Jean Mary' in den Winterhärtezonen 6a und 6b als „sehr frosthart“, die Sorte 'Kajiro' als „frosthart“ eingestuft.

Zahlreiche, von W. L. Ackermann gezüchtete interspezifische Hybriden, unter anderem die hier beschriebenen C. 'Frost Prince', C. 'Snow Flurry' C. 'Winter's Dream' und C. 'Winter's Star', sind nach Erfahrungen des Autors, ebenfalls in den Winterhärtezonen 6a und 6b ausreichend frosthart.

Obwohl die Temperaturbereiche der amerikanischen Winterhärtezonen (USDA Plant-Hardiness Zone) den in diesem Buch verwendeten europäischen Zonen nach Heinze und Schreiber (1984) gleichen, dürften die oben genannten Sorten und Hybriden in den entsprechenden europäischen Winterhärtezonen nicht dauerhaft frosthart sein.

Winterschutz für Freilandkamelien

In Deutschland ist eine Freilandkultur von Kamelien ohne Winterschutz, mindestens bei jungen Pflanzen, nahezu unmöglich. Das gilt vor allem für Regionen, in denen mit länger andauernden Frostperioden gerechnet werden muss. Unter tiefen Temperaturen, die nur kurzzeitig auftreten, leiden Kamelien weniger als unter längeren Frostperioden mit geringeren Minusgraden. Naturgemäß können auch früh, also im Spätherbst einsetzende Fröste größere Schäden anrichten als Fröste im tiefen Winter.

Winterschutz beginnt schon bei der Wahl möglichst **kälteresistenter** Sorten und Hybriden. Kamelien mit einem dichten Wuchs und derben Blättern, die mit einer glänzenden, stark reflektierenden, die Erwärmung und Verdunstung mindernden Wachsschicht ausgestattet sind, sind in der Regel frosthärter als Arten mit einem üppigen, lockeren Wuchs und großen Blättern mit einer dünneren Textur.

Zum Winterschutz gehört auch die Wahl des **Pflanzplatzes**, der vor allem vor Wind und Wintersonne geschützt sein muss. Eine starke Erwärmung immergrüner Pflanzen führt auch im Winter bei Sonnenschein zu einer Aktivierung der Blätter und damit zu einer Wasserverdunstung. Können dann die Pflanzen aus dem noch gefrorenen Boden kein Wasser nachliefern, vertrocknen die Pflanzen, man spricht dann von Frosttrocknis. Bei sehr trockenem Herbstwetter sollte der Boden vor dem Einsetzen des Frostes gründlich gewässert werden.

Dem Winterschutz dient auch eine dem Boden aufliegende **Mulchdecke**, die bei entsprechender Stärke, bedingt durch die im Substrat eingelagerte Luft, ein Eindringen des Frostes verhindert oder zumindest verzögert und damit die oberflächennahen Wurzeln der flachwurzelnden Kamelien schützt.

Winterschutz im weitesten Sinn ist auch eine ausgewogene, zeitlich gesteuerte **Ernährung**, die den Pflanzen eine rechtzeitige Ausreife von Holz und Blütenknospen ermöglicht.

Die am häufigsten angewandte Methode für einen Winterschutz von Freilandkamelien besteht in einem **Überbauen der Pflanzen** mit einer zeltartigen Konstruktion, die mit verschiedenen Materialien abgedeckt werden kann. Die Dämmwirkung solcher Abdeckungen beruht in erster Linie darauf, dass sich unter der Abdeckung eine große Zelle stehender Luft bildet, die die Pflanze bis zu einem gewissen Grad vor Kälte und Austrockung schützt. Neben Materialien wie Nadelholzreisig, Schilfrohr- und Tonkinmatten, Abdeckvlies und dem dichteren Thermovlies

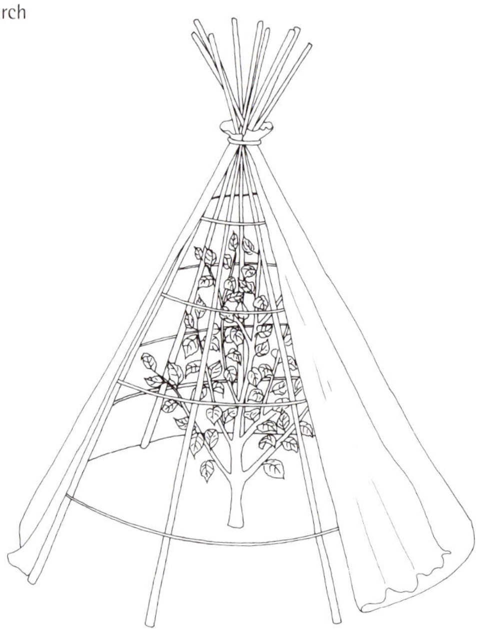

Winterschutz für Kamelien durch Thermovlies

(mechanisch verfestigte Polypropylenfasern) ist für den Frostschutz von Pflanzen ein Material mit der Bezeichnung Thermotex entwickelt worden. Es besteht aus 100 % Acryl und besitzt deshalb eine hohe Lebensdauer. Die weiße Farbe des Materials fördert die Reflexion der Wärmeeinstrahlung. Thermotex lässt ein Maximum an Licht und Luft an die Pflanze, verhindert damit einen Wärmestau, fördert das Abtrocknen der Blätter und beugt damit der Gefahr von Pilzbefall vor.

Neben den beschriebenen Methoden sind zahleiche andere Möglichkeiten des Winterschutzes denkbar, etwa das Ausfüllen des Raumes zwischen der zeltartig gespannten Matte und der Pflanze mit trockenem Stroh oder Laub, das Umhüllen der Pflanzen mit einem korbartig zusammengebundenen, mit trockenem Laub gefüllten Drahtgeflecht oder das Anbringen einer 40-Watt-Glühlampe unter einer Vlies- oder Mattenabdeckung, die dann bei einer Temperatur von etwa –8 °C eingeschaltet wird. Wichtig ist stets, dass sich unter der Abdeckung keine Feuchtigkeit bilden kann, die unter anderem zu Fäulnis an den Blütenknospen führen kann. Aus diesem Grund ist auch das Einhüllen von Kamelien in Kunststofffolien nicht anzuraten, unter der Folie bildet sich immer die unerwünschte Feuchtigkeit.

Alle geschilderten Winterschutzmaßnahmen haben den Nachteil, dass sie im Garten nicht gerade einen ästhetischen Anblick bieten und dass der Blühbeginn verzögert wird.

Boden

Kamelien kommen sehr gut mit verschiedenen Bodenarten zurecht, sofern der Boden ein ausgewogenes Verhältnis zwischen mineralischen Stoffen, organischer Substanz, Bodenwasser und Bodenluft hat und sein pH-Wert im sauren Bereich liegt.

Der **pH-Wert** gibt den Säuregehalt, genauer den Gehalt an Hydronium-Ionen (H_3O^+) einer Lösung an. Die Reaktion eines Bodens kann sauer, alkalisch oder neutral sein und beeinflusst die Bodenstruktur und das Pflanzenwachstum nicht unerheblich.

Kamelien können nur dann die im Boden gelösten Nährstoffe in einem ausgewogenen Verhältnis aufnehmen, wenn der pH-Wert des Bodens zwischen 5,0 und 6,8 liegt. Bei zu hohen und zu niedrigen pH-Werten kommt es nicht selten zu chlorotischen Blattverfärbungen und zu Wachstumsdepressionen. Nur *C. sasanqua* kommt auch in Böden mit einem neutralen bis leicht alkalischen pH-Wert (bis pH 7,5) zurecht. Nach Caesar (in Rehm 1989) ist *C. sinensis* ein Aluminiumspeicher, dessen getrocknete Blätter bis zu 2 % Aluminium enthalten, ebensoviel wie an Mikronährstoffen, wie zum Beispiel Magnesium. Das schlechte Gedeihen von Tee auf Böden mit einem hohen pH-Wert könnte deshalb eher durch einen Mangel an verfügbarem Aluminium bedingt sein als durch die Alkalität des Bodens an sich.

Für ein optimales Gedeihen benötigen Kamelien einen leicht durchwurzelbaren, gut belüfteten Boden mit einem ausgeglichenen Verhältnis zwischen Wasserhaltevermögen und Wasserdurchlässigkeit. Kamelien sind

Rechts: *Camellia japonica* 'Great Eastern'

sehr empfindlich gegen eine zu hohe Bodenfeuchtigkeit, gedeihen aber auch nicht auf Böden mit einem zu geringen Absorptionsvermögen für Wasser und Nährstoffe. Beste Voraussetzungen für die Kultur von Kamelien bieten deshalb **humose Sandböden** und **sandige Lehmböden** mit einem hohen Anteil an organischer Substanz. Je höher die mineralischen Feinanteile (Ton) im Boden sind, desto höher muss der Anteil an organischer Substanz sein, soll der Boden kamelientauglich sein. Ton-, Mergel- und Kalkböden sind für eine Kultur von Kamelien völlig ungeeignet.

Sind Struktur, Humusgehalt und Säuregehalt des Bodens nicht für eine Kultur von Kamelien geeignet, sind Bodenverbesserungen oder gar ein Bodenaustausch notwendig.

Für eine **Bodenverbesserung** haben sich die folgenden Möglichkeiten bewährt. Eine Anhebung des pH-Wertes auf zu sauren Böden lässt sich in der Regel leicht durch Gaben von kohlensaurem Kalk erreichen. Die dazu notwendige Menge sollte durch eine Bodenuntersuchung festgestellt werden. Eine nachhaltige Senkung des pH-Wertes ist nur mit Hilfe von großen Mengen Weißtorf oder durch die Einbringung von Schwefelblume möglich. Ein pH-Wert zwischen 6,0 und 7,0 lässt sich durch das Einbringen von vier Ballen Torf (je 300 l) je 10 m^2 und das Abdecken nach dem Pflanzen mit zwei Ballen Torf je 10 m^2 auf etwa 5,5 absenken.

Für eine pH-Wert-Absenkung hat sich auf kleineren Flächen auch der Einsatz von Schwefelblume bewährt. Schwefel oxidiert im Boden und führt das für säureliebende Pflanzen schädliche Calciumcarbonat in eine neutrale Verbindung (Gips) über. Nach Erfahrungen aus dem Botanischen Garten in Tübingen sind für eine Herabsetzung des pH-Wertes eines sandig-lehmigen Bodens von 6,0 auf 5,0 0,8 kg/m^2 Schwefelblume notwendig, bei der Absenkung von 7,0 auf 5,0 1,4 kg/m^2 und von 8,0 auf 5,0 1,9 kg/m^2. Die Schwefelblume wird gleichmäßig ausgebracht und 15 bis 20 cm tief eingearbeitet. Nach vier Wochen können dann Torf und andere Materialien eingebracht werden.

Zu leichte Sandböden und nicht zu schwere Lehmböden können durch größere Mengen an organischem Material (Weißtorf, Lauberde, Nadelstreu, Rindenkompost, verotteter Kuhmist, bei Lehmböden auch Estrich- oder Spielplatzsand) so verbessert werden, dass sie kamelientauglich werden.

Überall dort, wo der anstehende Boden für die Kultur von Kamelien völlig ungeeignet ist (schwere Lehm- und Tonböden, Kalk- und Mergelböden), bleibt nur ein **Bodenaustausch** als letztes Mittel. Auf der für die Anlage eines Kamelienbeetes vorgesehenen Fläche wird der Boden 30 bis 40 cm tief ausgehoben oder, bei der Anlage von Hoch- oder Terrassenbeeten, der anstehende Boden in gleicher Weise überdeckt. Auf die Sohle wird eine etwa 10 cm starke Schicht aus Fichtenreisig, anderem Buschwerk oder Holzhäcksel aufgebracht. Diese Schicht dient als Dränage und verhindert gleichzeitig das Aufsteigen kalkhaltigen Bodenwassers.

Für die Herstellung der 30 bis 40 cm starken Substratschicht gibt es zahlreiche Rezepte. Für Kamelien geeignete Substrate zeichnen sich durch einen hohen Humusanteil, einen pH-Wert zwischen 5,0 und 6,8 und eine möglichst hohe Strukturstabilität aus, die dauerhaft einen optimalen Wasser- und Lufthaushalt und damit eine gute Dränage garantiert. Grundlage aller Mischungen sind organische Materialien, die häufig bis zu 50 % ausmachen können, und grober Estrichsand. Neben oder anstelle des immer knapper werdenden Weißtorfes können Laub- und Nadelerde, Rindenkompost in nicht zu feiner Körnung, Kiefernrinde oder Rhodhum verwendet werden. Bewährt hat sich auch eine Mischung aus einem hohen Anteil an altem, abgelagertem Rindenmulch in feiner Körnung und scharfem Estrichsand. Ist der pH-Wert einer Substratmischung zu niedrig, kann sie durch Zugaben von Kalkammonsalper aufgekalkt werden. Die Beigabe von natürlichen Materialien wie Agrosil LR, Alginure-Bodengranulat, Bentonit, Bimskies, Hygromull, Lavalit oder Porit verbessert die Struktur sowie den Wasser- und Nährstoffhaushalt des Bodens.

Ein Pflanzsubstrat sollte stets im Herbst hergerichtet und ausgebracht werden, damit es sich vor dem Pflanzen im kommenden Frühjahr setzen kann.

Pflanzung und Pflege

Grundsätzlich sollten Kamelien nur im Frühjahr ins Freiland gepflanzt werden, damit sie bis zum kommenden Winter ausreichend Zeit für die Bildung neuer Wurzeln haben. Nur gut eingewurzelte Pflanzen haben eine Chance, den folgenden Winter zu überstehen. Die Pflanzen sollten vier oder fünf Jahre alt und optimal entwickelt sein. Je jünger die Pflanzen, umso weniger ist ihr Holz ausgereift und umso größer ist die Gefahr von Frostschäden.

Kamelien werden grundsätzlich in Töpfen herangezogen. Stehen sie zu lange im Topf, können sich entlang der Topfwände Ringelwurzeln bilden, die sich auch nach dem Auspflanzen nie wieder auflösen, sich später gegenseitig behindern oder strangulieren, was dann Wachstumsdepressionen zur Folge haben kann.

Vor dem Pflanzen wird die Oberfläche des Wurzelballens vorsichtig gelockert, eventuell vorhandene Ringelwurzeln durchschnitten und der Wurzelballen gründlich durchwässert.

Kamelien dürfen nie zu tief gepflanzt werden, vor allem nicht in künstlich hergestellten Substraten. Kamelien ist ein relativ flach streichendes Wurzelwerk zu eigen. Die Oberfläche des Wurzelballens soll mit der Obefläche des Erdreiches abschließen oder ganz leicht bedeckt sein. Gelangen die Wurzeln in zu tiefe Bodenschichten, werden sie unzureichend belüftet, vor allem in feuchten Böden. Ragt der Topfballen über die Oberfläche des Erdbodens hinaus, besteht die Gefahr, dass der Wurzelballen austrocknet.

Nach dem Pflanzen wird gründlich gewässert und der Boden anschließend mit einer Mulchschicht aus organischem Material abgedeckt. Dazu wird immer wieder gut verrotteter Kuhmist empfohlen, der aber meist schwierig zu beschaffen ist. In der Regel wird man handelsüblichen Rindenmulch verwenden und diesen mindestens handhoch aufbringen. Eine Mulchschicht, die notfalls jährlich zu erneuern ist, reduziert im Sommer die Verdunstung von Bodenwasser und schützt, eine ausreichende Schütthöhe vorausgesetzt, den Boden im Winter vor dem Eindringen des Frostes.

Düngung

Da Kamelien nur vergleichbar geringe Zuwachsraten haben, kommen sie auch mit einer bescheidenen Nährstoffversorgung aus, die naturgemäß ausgewogen sein muss. Über Höhe und Zeitpunkt der Nährstoffaufnahme von Garten- und Parkgehölzen liegen zur Zeit noch keine umfassenden Untersuchungen vor. Wir sind also auf Mess- und Erfahrungswerte aus anderen, vergleichbaren Bereichen angewiesen. Der Nährstoffbedarf von Garten- und Parkgehölzen, einschließlich der Kamelien, dürfte kaum höher sein als der von Waldbeständen, die pro Jahr und Hektar einen Nährstoffbedarf von 40 bis 80 kg Stickstoff, 10 bis 20 kg Phosphor und 30 bis 60 kg Kali haben. (Gossone et al. 1972). Das entspricht einer Menge von 35 bis 70 g/m² Nitrophoska blau. Unter der Berücksichtigung der Nachlieferung von Nährstoffen aus dem Boden und dem Eintrag durch Schwebstoffe in der Luft, sollte die jährliche Stickstoffgabe auf maximal 50 g/m² beschränkt werden. Bei dieser Menge müssen die Gehalte von eventuell verabreichten organischen Düngern und von Stallmist berücksichtigt werden. Wird der Boden regelmäßig gemulcht, müssen zusätzliche Stickstoffgaben, notfalls auch Kalk, verabreicht werden, weil die bodenzersetzenden Bakterien Stickstoff binden. Grundsätzlich gilt, dass niemals mehr als notwendig gedüngt wird. Auf nährstoffreichen, gut mit Humus versorgten Böden kann man im Hausgarten auch jahrelang ohne eine mineralische Düngung auskommen. Wird

Formschnitt bei Kamelien (*C. japonica*-Sorte) an der Freitreppe zur Kirche Bom Jesus do Monte, Portugal

unter Kamlien regelmäßig eine etwa 20 cm starke Schicht Kuhmist ausgebracht, ist eine zusätzliche mineralische Düngung überflüssig.

Bei einer mineralischen Düngung hat sich in der Praxis das Ausbringen von Volldüngern in Form von Langzeitdüngern bewährt. Es handelt sich dabei um gekörnte Düngemittel, deren Körner von einer dünnen, organischen Schicht umgeben sind, durch deren feine Poren die Nährstoffe langsam abgegeben werden. Neben ähnlichen Produkten enthält Osmocote Plus 3–4 M 15-11-13-2 + neben den Spurenelementen Bor, Eisen, Kupfer, Mangan, Molybdän und Zink die Hauptnährstoffe Stickstoff, Phosphor, Kali und Magnesium in einem für Kamelien günstigen Verhältnis (15 % N, 11 % P_2O_5, 13 % K_2O, 2 % MgO). Bei der Kultur von Kamelien hat sich auch der Langzeitdünger Plantosan mit einer ähnlichen Nährstoffzusammensetzung bewährt. Die Nährstoffe werden drei bis vier Monate lang kontinuierlich abgegeben und decken so die relativ kurze Vegetationszeit der Kamelien ab. Die Nährstoffabgabe wird nach einer Düngung im Frühjahr (etwa im März/April, kurz vor dem Austrieb) im Sommer so rechtzeitig abgeschlossen, dass auch das Triebwachstum rechtzeitig beendet wird. Das Holz kann vor Winterbeginn ausreifen und damit seine optimale Frosthärte erreichen.

Schnitt

Notwendige Schnittmaßnahmen an jungen Kamelien werden schon bei der Anzucht durchgeführt. Nach dem ersten Kulturjahr wird der Haupttrieb im Herbst oder zeitigen Frühjahr vor Vegetationsbeginn auf eine Länge von 10 bis 15 cm, eventuell vorhandene Seitentriebe auf etwa drei Augen zurückgeschnitten. In den folgenden Kulturjahren sind notfalls weitere Rückschnitte notwendig, um eine buschige, regelmäßig verzweigte Pflanze zu erhalten. Arten und Sorten, die von Natur aus locker und eher unregelmäßig wachsen, lassen sich naturgemäß auch durch Schnittmaßnahmen nicht dauerhaft in eine kompakte, regelmäßige Form zwingen.

Heckenwände aus Kamelien (*C. japonica*-Sorte) im Garten der Casa do Campo in Celorico de Basto, Portugal

Werden Kamelien als buschige, gut verzweigte, mehrjährige Pflanzen ausgepflanzt, sind Rückschnitte nicht mehr erforderlich. Korrekturschnitte werden nur dann vorgenommen, wenn einzelne Zweige aus der gewünschten regelmäßigen Form ausbrechen und den Betrachter stören. Entfernt werden auch schwache oder quer zur Hauptwuchsrichtung wachsende oder sich gegenseitig reibende Äste. Bei sehr kompakt wachsenden Sorten, vor allem von *C. japonica*, können die Kronen durch die Herausnahme einzelner Zweige oder Äste aufgelichtet und damit durchlüftet werden. Blätter und Blüten trocknen rascher ab und sind so besser vor dem Angriff von pathogenen Pilzsporen geschützt.

Kamelien können ganzjährig beschnitten werden, in der Regel werden Schnittmaßnahmen jedoch unmittelbar nach Beendigung der Blüte durchgeführt. Wunden, die den Pflanzen in der Vegetationszeit zugefügt werden, heilen rascher als Verwundungen in der Ruheperiode, denn nur in der Vegetationszeit entwickelt sich aus dem Kambium an den Wundrändern sofort neues Gewebe, das die Wunden überwallt. Kamelien vertragen nach Havarien oder Frostschäden auch einen Rückschnitt bis in mehrjährige Astpartien, sie regenerieren sich gut aus Adventivknospen. Wunden an stärkeren Zweigen und Ästen sollten, wie bei anderen Gehölzen auch, mit Wundverschlussmitteln behandelt werden.

Formschnitt

Hierzulande werden Kamelien in der Regel als freiwachsende Pflanzen gezogen, in südlichen und westlichen Ländern, wo auch andere immergrüne Gehölze gerne zu den verschiedensten geometrischen Figuren geformt werden, verwendet man dazu auch Kamelien, vorzugsweise Sorten von *C. japonica*. Es gibt viele Beispiele dafür, dass Kamelien Schnittmaßnahmen gut vertragen und sich zu kompakten, dicht verzweigten Figuren oder Hecken aufbauen lassen. Ein Beispiel für buchstäblich haushohe Heckenwände aus Kamelien findet man etwa im Garten der Villa Charlotta am Comer See. Im Garten von Casa do Campo in Portugal wird seit Jahrhunderten demonstriert, was sich mit geschnittenen Kamelien anstellen lässt (siehe Seiten 38, 68 und 69).

Kultur in Töpfen und Kübeln

Kamelien sind keine Zimmerpflanzen, auch wenn sie gelegentlich als solche angeboten oder aus Unkenntnis erworben werden.

Die Kultur der Kamelien in Töpfen und Kübeln war bis zum Ende des 19. Jahrhunderts allgemein üblich. Kamelien gehörten zu den klassischen Pflanzen der Wintergärten wohlhabender Bürger. Mit dem Einzug moderner Heizungen verschwanden bald auch die Kamelien, sie konnten in den nun wesentlich wärmeren und lufttrockeneren Wintergärten nicht mehr gehalten werden.

Heute werden Kamelien als Kübelpflanzen kultiviert, weil etwa eine bestimmte Art oder Sorte nicht ausreichend frosthart ist, kein Garten oder kein ausreichender Platz im Garten vorhanden ist oder Kamelien Teil eines mobilen Gartens auf Terrasse oder Balkon sein sollen.

Bei der Wahl des **Pflanzgefäßes** sollte berücksichtigt werden, dass sich das Wurzelwerk der Kamelien überwiegend in den oberen Bodenschichten ausbreitet. Die Gefäße sollten deshalb eher breit und flach als hoch und schmal sein. Der Kübel muss so beschaffen sein und so aufgestellt werden, dass ein ungehinderter Wasserabzug gewährleistet ist. Das Material der Pflanzgefäße (Keramik, Holz, Kunststoff) hat dagegen keinen Einfluss auf das Wachstum der Kamelien.

Für die **Topferde** gelten die gleichen Kriterien wie im vorigen Kapitel beschrieben.

Von entscheidender Bedeutung bei der Kultur von Kamelien in Kübeln ist die **Bewässerung**. Kamelien benötigen über das ganze Jahr hinweg eine gleichmäßige Feuchtigkeit im Wurzelbereich. Ein trocken gewordener Wurzelballen kann fatale Folgen haben, nämlich den Abwurf der Blütenknospen. Der Wurzelballen darf aber auch weder im Sommer noch im Winter übernässt werden, ein ständig zu nass gehaltener Wurzelballen hat den Tod der Pflanze zur Folge. Der Wasserbedarf ist abhänging von der Größe der Pflanze und von den äußeren Bedingungen des Standortes. Er ist während der Zeit des vegetativen Wachstums bei gleichzeitig hohen Lufttemperaturen naturgemäß höher als während der Vegetationsruhe mit kühleren Lufttemperaturen. Bei der richtigen Dosierung hift ein grüner Daumen meist besser als detaillierte Kulturanleitungen. Gegossen wird am besten mit kalkarmem Wasser (zum Beispiel Regenwasser), das den angestrebten pH-Wert des Bodens nicht verändert.

Camellia japonica 'Elegans champagne'

Kurz vor dem Austrieb und während der Wachstumsphase haben verholzende Pflanzen ihren höchsten **Nährstoffbedarf**. Damit regelmäßige Gaben von Flüssigdüngern überflüssig werden, kann man auch bei Topfkamelien mit Volldüngern in Form von Langzeitdüngern arbeiten (siehe Seite 69). Als Spezialdünger zum Gießen hat sich Alkrisal bewährt, ein Spezialnährsalz für Jungpflanzen, Grünpflanzen und so genannte Moorbeetkulturen mit 20 % N, 5 % P_2O_5, 10 % K_2O, 2 % MgO und zahlreichen Spurenelementen. Gedüngt wird erst im zweiten Jahr nach dem Ein- oder Umpflanzen in einen größeren Topf, vor allen Dingen dann, wenn bei der Herstellung des Topfsubstrates Vorratsdünger eingemischt worden sind. Langzeitdünger kann, wie andere mineralische Düngemittel, auf der Oberfläche des Wurzelballens ausgebracht werden. Flüssigdünger wird höchstens bis Ende Juli gegeben.

Umgetopft werden ältere Pflanzen nur in größeren Abständen, etwa alle drei bis vier Jahre, wenn der Topf vollständig durchwurzelt ist, am besten im Frühjahr, unmittelbar nach Beendigung der Blüte. Der Topf darf nicht zu groß gewählt werden, weil sonst die Durchwurzelung zu lange dauert und das nicht durchwurzelte Substrat zu leicht vernässt.

Über Sommer haben Topfkamelien die gleichen **Standortansprüche** wie Freilandpflanzen. Sie benötigen einen geschützten, beschatteten Standplatz im Freien mit einer möglichst hohen Luftfeuchtigkeit. Diese lässt sich im Freiland leider meist nur in Grenzen oder mit einem hohen technischen Aufwand dauerhaft erhöhen.

Der beste Ort für die **Überwinterung** von Topfkamelien ist ein Gewächshaus oder andere, gut belichtete Räume, die frostfrei gehalten werden können und in denen die Raumtemperatur möglichst nicht über 10 °C ansteigt. Raumtemperaturen von 15 °C werden nur bei einer extrem hohen Luftfeuchtigkeit toleriert. Die ideale Überwinterungstemperatur liegt für die oft auch als „Kühle Schönheiten" bezeichneten Kamelien zwischen 5 und 10 °C. Kühle Temperaturen im Winter sind Voraussetzungen für gut entwickelte Blüten und eine lang anhaltende Blütezeit. Neben der optimalen Temperatur muss im Überwinterungsraum auch eine hohe Luftfeuchtigkeit gehalten werden, etwa durch regelmäßiges Besprühen der Pflanzen, sollen die Blütenknospen nicht eintrocknen oder abgeworfen werden. Es stimmt im Übrigen nicht, dass Kamelien ihre Blütenknospen abwerfen, sobald die Pflanzen gedreht oder umgestellt werden. Ein vorzeitiger Knospenfall setzt vielmehr meist dann ein, wenn die Pflanzen in einen zu warmen, lufttrockenen Raum gestellt werden oder der Wurzelballen austrocknet.

Kamelien werden erst dann eingeräumt, wenn im Herbst die ersten Frostperioden zu erwarten sind. Nach den Eisheiligen nehmen sie wieder ihren Platz im Garten ein.

Steht für die Überwinterung von Topfkamelien kein geeigneter Überwinterungsraum zur Verfügung oder sind Pflanze und Kübel für einen Transport zu schwer oder zu groß, müssen die Pflanzen im Freiland vor Frost geschützt werden. Dabei ist der Schutz der Wurzeln im Pflanzgefäß wichtiger als der Schutz der übrigen Pflanze. Die Töpfe sollten so stark mit Dämmstoffen wie Kokosmatten oder Noppenfolien, notfalls mit zusätzlichem Dämmmaterial zwischen Topf und Außenverkleidung, umgeben werden, dass der Boden nicht durchfriert. Bei Temperaturen unter etwa –10 °C sollte die gesamte Pflanze zusätzlich durch eine Umhüllung mit Thermovlies oder Thermotex geschützt werden. Stets muss darauf geachtet werden, dass der Wurzelballen auch über Winter nicht austrocknet.

Schäden an Kamelien

Wie bei anderen Kulturpflanzen auch, können an Kamelien tierische, pilzliche oder viröse Krankheitserreger mehr oder weniger größere Schäden anrichten. Neben Schäden, die durch biotische Faktoren hervorgerufen werden, können auch abiotische Faktoren Ursache von Schäden sein. Wenn größere Schäden zu befürchten oder gar schon eingetreten sind, können Pflanzenschutzmaßnahmen unerlässlich sein. Im Allgemeinen werden Kamelien aber, eine artgerechte Kultur vorausgesetzt, vergleichsweise selten von pathogenen Insekten und Pilzen befallen.

Es wird hier darauf verzichtet, zur Bekämpfung von Krankheiten und Schädlingen bestimmte Handelspräparate zu empfehlen. Nach dem neuen Pflanzenschutzgesetz, das am 1. Juli 1998 in Kraft getreten ist, sind Pflanzenschutzmittel, im Gegensatz zu früher, grundsätzlich nur in einzelnen Kulturen und gegen einzelne Schädlinge zugelassen. Ihr Einsatz ist nur in den in der Gebrauchsanweisung genannten Anwendungsgebieten und unter den dort genannten Anwendungsbedingungen erlaubt. Nach dem neuen Pflanzenschutzgesetz dürfen Pflanzenschutzmittel im Haus- und Kleingarten nur dann eingesetzt werden, wenn diese dafür besonders geeignet sind und dies ausdrücklich auf der Packung vermerkt ist. Nicht geeignet sind grundsätzlich Präparate, die als sehr giftig (T+) oder ätzend (C) eingestuft sind. Als giftig (T) eingestufte Pflanzenschutzmittel können für den Haus- und Kleingarten geeignet sein, wenn die Einstufung nicht aufgrund krebserregender, erbgutverändernder oder fortpflanzungsgefährdender Eigenschaften erfolgt ist. Vor jeder Anwendung von Pflanzenschutzmitteln im Freiland, in Wohnräumen oder unter Glas ist deshalb sorgfältig die Gebrauchsanleitung des Produktes zu überprüfen, das für eine Anwendung im Haus- und Kleingarten zugelassen ist.

Abiotische Schadursachen

Blatt- und Knospenfall

Schadbild: Die Blütenknospen werden kurz bevor sie sich öffnen, seltener schon im jungen Stadium abgestoßen. Bei ungünstigen Standortbedingungen kann auch vorzeitiger Laubfall eintreten. Ursache des Knospenfalls ist vor allem eine zu geringe Luftfeuchtigkeit (unter 60 % relativer Luftfeuchtigkeit) in Überwinterungsräumen, vor allem bei Temperaturen über 15 °C.

Bei Freilandpflanzen kann ein Abstoßen der Knospen kurz vor ihrer Entfaltung auch dann einsetzen, wenn der Boden zur Zeit der Blütenknospenbildung im Sommer und Herbst zu trocken war. Blattfall kann auch durch ein zu starkes Austrocknen oder durch eine Übernässung des Boden bedingt sein.
Bekämpfung: Vorbeugend durch die Schaffung optimaler Standortbedingungen bei der Überwinterung (Temperaturen zwischen 5 und maximal 12 °C und angemessene Kulturführung im Sommer.

Gelbfleckigkeit der Blätter

Schadbild: Einzelne Blätter oder die Blätter eines Triebes sind unregelmäßig und ± stark punkt- bis fleckenartig gelb panaschiert. Stark betroffene Pflanzen können durch den Mangel an Chlorophyll in ihrer Entwicklung gehemmt sein. Die Erscheinung kann gene-

tisch bedingt sein oder sie ist viröser Natur. Eine sichere Unterscheidung ist an äußerlichen Merkmalen meist nicht möglich. Eine durch Viren bedingte Gelbfleckigkeit kann nur über eine Verwundung, zum Beispiel eine vegetative Vermehrung, oder durch Wurzelkontakte übertragen werden, denn Viren können nicht durch eine intakte Kutikula der Pflanzenoberfläche in die Pflanze eindringen. Tierische Vektoren sind nicht bekannt.
Bekämpfung: Vorbeugend durch Verwendung von virusfreiem Vermehrungsmaterial. Bei nicht wenigen Kameliensorten sind gelb panaschierte Blätter ein Merkmal der betreffenden Sorte.

Aufplatzen der Rinde (Barksplitting)

Schadbild: Bei Freilandpflanzen platzt im Winter oder zeitigen Frühjahr die Stammrinde in Bodennähe als Folge von Frosteinwirkungen vertikal auf, an Stämmen mit einem kleinen Querschnitt löst sich die Rinde großflächig vom Holz. Die Zellen in den Siebröhren, dem Assimilate leitenden Element zerreißen, es kann zu einem starken Bluten kommen, das zur Schwächung der Pflanzen führt oder gar ihr Absterben einleitet. Die Ursachen des Aufplatzens sind nicht allein tiefe Temperaturen, sondern der in Deutschland oft zu beobachtende krasse Wechsel zwischen Frost- und Auftauphasen.
Bekämpfung: Das Auftreten von Rindenrissen kann nicht verhindert werden. Sind die Wunden nicht zu groß, sollten sie nach dem Eintrocknen des Blutungssaftes und nach dem Entfernen der abstehenden Rindenteile mit Lac-Balsam, Lac-Balsam-Vlies (armierte Wundplastik für größere Baumwunden) oder Bayleton-Rindenwundverschluss (kann auf feuchte und trockene Wunden aufgetragen werden) behandelt werden.

Pilzliche Erkrankungen

Kamelien-Blütenfäule, Braunfäule der Kamelien
Ciborinia camelliae

Schadbild: Auf den Blütenblättern erscheinen zunächst unregelmäßige braune Flecken, die sich vergrößern, schließlich die ganze Blüte erfassen und diese zum Verfaulen bringt. Die Infektion der Blüte kann schon einsetzen, wenn zu Beginn der Blütenöffnung die Spitzen der Kronblätter sichtbar werden. Die Pilzhyphen entwickeln sich an der Blütenbasis und bilden einen mausgrauen Kragen. Auf dem befallenen Gewebe sind aber, im Gegensatz zum Befall durch *Botrytis*, keine stäubenden Sporenlager zu sehen. Die Entwicklung des Pilzes, seine Sporenbildung, die Fortpflanzung (Sporulation) und sein Überleben werden durch eine kühlfeuchte Witterung mit Temperaturen zwischen 10 und 18 °C gefördert. Unter lufttrockenen Bedingungen, 10 bis 21 Tage ohne Regen, keimen einige Sklerotien (Dauermyzel der Pilze) und bilden Ascosporen (= Sporen, die zu je 8 im Sporenbehälter von Schlauchpilzen gebildet werden), der Befallsdruck wird gemindert.
Biologie von Ciborinia camelliae: Der sehr wirtsspezifische Pilz befällt nur Arten und Sorten der Gattung *Camellia*. Er wurde erstmals 1919 in Japan entdeckt, 1938 nach Kalifornien eingeschleppt und 1993 auch in Neuseeland gefunden. Inzwischen sind von *Ciborina camelliae* befallene Pflanzen auch in Europa, zum Beispiel im Tessin und in der Bretagne, beobachtet worden.

Der Pilz tritt vor allem in Regionen mit günstigen klimatischen Bedingungen (frostfreie Winter) oder in Unterglaskulturen auf. Besonders gefährdet sind Sorten mit gefüllten Blüten, deren Blüten als Ganzes abfallen.

Die Infektion setzt mit dem Eintreffen einer lebenden Pilzspore auf der Blütenknospe ein. Sie keimt und eine Hyphe (= Zellketten oder Pilzfäden, die das Myzel oder die Fruchtkörper aufbauen) wächst in das Gewebe der

Blüte ein, dehnt sich bis zum Blütengrund aus und bildet ein Paraplectenchym (= Geflecht aus kurzzelligen, dichtgedrängten Hyphen), das unter Umständen harte, schwarze Sklerotien bildet.

Die Sklerotien des Pilzes überdauern den Sommer und Herbst in der obersten Bodenschicht und dem aufliegenden Mulch, keimen gegen Ende des Winters bei feuchter Witterung, wachsen bis zur Erdoberfläche empor und tragen am Ende ein Apothecium (= Fruchtkörper, eine lederbraune, schüsselförmige, 1–2 cm breite Scheibe), von dem aus Tausende von Ascosporen ausgestoßen werden, die die Kamelienblüten infizieren.

Bekämpfung: Die Bekämpfung der gefährlichen Krankheit beginnt mit der Verhinderung ihrer Ausbreitung durch pflanzenbauliche Maßnahmen:

- Ständiges Aufsammeln und Verbrennen befallener und abgefallener Blüten.
- Vermeidung des Transportes von Pflanzen mit Topf- oder Wurzelballen aus infizierten in noch befallsfreie Regionen. Pflanzenteile ohne Blüten (Stecklinge oder Veredlungsreiser) können gefahrlos transportiert werden.
- Importrestriktionen für Schnittkamelien mit Farbe zeigenden Knospen aus infizierten Regionen.

Eine Verhinderung der Blüteninfektion durch den Einsatz von systemischen Fungiziden an Blüten ist bisher nicht möglich, da der Wirkstoff nicht bis in die Blütenblätter gelangt.

Bei Untersuchungen in Neuseeland (Cooper et al. 1997) konnte eine Anwendung von Fungiziden wie Alto® und Folicur® die Entwicklung der Apothecien von *Ciborinia camelliae* massiv stören. Bei den Versuchen wurde die Erdoberfläche während der Wachstumsperiode des Pilzes mehrfach mit den genannten Fungiziden behandelt.

Botrytis-Fäule, Grauschimmel

Botrytis cinerea

Schadbild: Der Pilz befällt, ausgehend vom Rand der Blütenblätter, meist ältere oder bereits abgestorbene oder vertrocknete Blüten, die dann heller braun gefärbt sind als beim Befall von *Ciborinia camelliae*. Bei anhaltend feuchter Witterung können auch gesunde Blüten befallen werden. Auf dem befallenen Gewebe entwickeln sich später Sporenlager, die stäuben können und als graue, rasenähnliche Gebilde (Grauschimmel) sichtbar werden.

Bekämpfung: Für gut belüftete Standorte sorgen, die ein rasches Abtrocknen der Blätter gewährleisten. Notfalls Einsatz von Mitteln mit dem Wirkstoff Fenhexamid.

Blattflecken

Pestalotiopsis guepini, Monochaetica camelliae

Schadbild: Bei Befall von *Pestalotiopsis* treten vor allem auf Blattunterseiten und Trieben braune Flecken, später schwarze, höckerförmige Lager aus Fruchtkörpern mit länglichen, 5-zelligen Konidien (lange Anhängsel) auf. *Monochaetia* verursacht nekrotische Verletzungen mit schwarzen Lagern aus Fruchtkörpern und 4-zelligen Konidien. Auftreten vor allem an stark gedüngten, unter Glas kultivierten Pflanzen.

Bekämpfung: Für optimale Kulturbedingungen sorgen. Notfalls Einsatz fungizider Mittel.

Blattflecken, Kupferbrand

Guinardia camelliae

Schadbild: Im Spätwinter oder im zeitigen Frühjahr sind auf den Blättern chlorotische Flecken oder Ringe, gelegentlich mit purpurnen Rändern, zu sehen, gelegentlich zeigen die Blätter auch einen purpurnen Schimmer. Befallene Blätter fallen zu Beginn des Neutriebes ab. Meist sind die ältesten Blätter am stärksten befallen. Der Pilz gilt in Indien, Sri Lanka, Java und den USA (Kalifornien) als Erreger des „Kupferbrandes" an Tee (*C. sinensis*).

Bekämpfung: Vorbeugend durch den Einsatz von Fungiziden zum Zeitpunkt der Laubentfaltung.

Rußtaupilze (Schwärzepilze)

Schadbild: Auf Blättern, vor allem oberseits, Trieben und Knospen werden graue bis

schwarze Beläge sichtbar, die bei starkem Befall die Photosynthese vermindern oder verhindern. Rußtaupilze siedeln sich auf zuckerhaltigen, klebrigen Ausscheidungen (= Honigtau) an, der von Blattläusen und anderen Phloemsaugern ausgeschieden wird.
Bekämpfung: Vorbeugend durch regelmäßige Kontrolle der Pflanzen auf Befall von Blatt- und Schildläusen. Nach einem Befall vorsichtiges Abwaschen der Blätter mit lauwarmem Wasser, dem je Liter Wasser ein Tropfen Spülmittel zugesetzt worden ist.

Triebsterben

Glomerella cingulata (Colletotrichum gloeosporioides)

Schadbild: Der Pilz befällt die Triebbasis, verstopft die Leitungsbahnen und lässt die Triebe welken. Zunächst tritt ein rascher Blattfall an sehr jungen Trieben auf, an etwas älteren Trieben verbräunen die Blätter und bleiben so noch haften, bevor sie vorzeitig abfallen, schließlich können ganze Astpartien befallen werden. Die Infektion setzt vor allem bei Wunden an, auch an Blattnarben. Der Befall tritt vor allem bei Kultur unter Glas und in feuchtwarmen Klimaregionen auf, weniger stark unter kühleren Klimabedingungen.
Bekämpfung: Verwundungen vermeiden. Bei notwendigen Rückschnitten notfalls zur Vorbeugung Fungizide einsetzen. Abschneiden und Verbrennen befallener Triebe, Äste oder ganzer Pflanzen.

Wurzelfäule

Phytophthora cinnamomi

Schadbild: Gelbfärbung junger Blätter, Welke und Absterben der Pflanzen, Wurzel- und Stammgrundfäule mit Verbräunung von Rinde und Holz.
Bekämpfung: Erkrankte Pflanzen vernichten. Zur Vorbeugung Verbesserung der Bodenstruktur, Vermeiden von stauender Nässe, ausgewogene Düngung, Eintauchen von Topfballen oder Gießen mit einer Fungizidlösung aus Wirkstoffen (z. B. Fosetyl) gegen *Pythium*- und *Phytophthora*-Arten.

Hallimasch

Armillaria-Arten

Schadbild: Die Fäulnis tritt an den Wurzeln und am Wurzelhals auf, zwischen Holz und Rinde bilden sich weißliche Myzellappen. Pflanzen kümmern und sterben ab. Braunschwarze, wurzelähnliche Stränge (Rhizomorphen) des Pilzes breiten sich im Boden aus und infizieren weitere Pflanzen; später werden gelbbraune Fruchtkörper sichtbar. Geschwächte und verletzte Pflanzen sind besonders gefährdet.
Bekämpfung: Vorbeugend für optimale Wachstumsbedingungen sorgen.

Tierische Schaderreger

Blattläuse

Schadbild: Durch die saugende Tätigkeit von Blattläusen kommt es zu Kräuselungen der jungen Blätter und Sprosse. Die Folgen können eine gehemmte Entwicklung der Pflanze und eine mangelhafte Blütenknospenbildung sein. Die Läuse hinterlassen glänzende, melasseartige Ausscheidungen (= Honigtau), auf denen sich nicht selten Rußtaupilze ansiedeln.
Bekämpfung: Befallene Triebspitzen entfernen, notfalls die Läuse absammeln, abstreifen oder mit einem scharfen Wasserstrahl abspritzen. In Gewächshäusern Anbringen von gelben Leimtafeln und als biologische Maßnahme Ausbringen von Gallmücken (*Aphidoletes aphidimyza*) als Raubinsekten. Notfalls Einsatz von Insektiziden gegen saugende Insekten.

Kamelien-Schildlaus

Parlatoria camelliae

Schadbild: Schildläuse sind an kleinen, schild- oder plättchenförmigen Erhebungen zu erkennen, die an Ästen und Zweigen festsitzen. Unter den Schildchen entwickeln sich junge Läuse, die für einen bestimmten Zeitraum frei beweglich sind und so neue Pflanzenteile besiedeln. Auch Schildläuse hinterlassen klebrige Ausscheidungen als Grundlage für eine Rußtaubildung.

Bekämpfung: Bedingt durch den Schutz der Läuse durch ihr Schildchen ist eine direkte Bekämpfung schwierig und mit chemischen Mitteln nur zur Zeit ihrer Wanderung oder durch den Einsatz systemischer Insektizide möglich. Notfalls können die Schildläuse mit einer schwachen Seifenlauge abgewaschen werden.

Spinnmilben

Schadbild: Bei starkem Befall bilden sich feine, netzartige Gespinste vor allem auf der Blattunterseite, hervorgerufen durch weniger als 1 mm große Spinnentiere. Sie saugen Zellen aus, wodurch auf den Blättern eine weißliche Sprenkelung entsteht. Unter Gewächshausbedingungen ist oft eine starke Vermehrung durch sehr kurze Lebenszyklen zu beobachten. Die Gemeine Spinnmilbe, *Tetranychus urticae*, überwintert nicht als Ei, sondern als rot gefärbtes Winterweibchen.
Bekämpfung: Als biologische Maßnahme im Gewächshaus Ausbringen von Raubmilben (*Phytoseiulus persimilis* und *Metaseiulus occidentalis*). Notfalls Einsatz von chemischen Mitteln gegen saugende Insekten.

Rhododendron-Zikade

Graphocephala-Arten

Schadbild: Blattoberseits treten chlorotische Sprenkelungen, unterseits bräunliche Verfärbungen auf, die Blätter sind mit grünen, rot gezeichneten, 9 mm langen Zikaden, gelblichen Larven ab Mai und Häutungsresten besetzt; die Eiablage erfolgt in den Blütenknospen ab September, dabei wird dann *Pynostysanus azalea* übertragen, Blütenknospen bleiben hohl und verbräunen während der Herbst- und Wintermonate, auf den abgestorbenen Knospen bilden sich schwärzliche Pilzsporen.
Bekämpfung: Ausbrechen befallender Knospen. Bei starken Befall chemische Bekämpfung der Larven ab Mai/Juni.

Thripse

Schadbild: Auf den Blättern bilden sich silbrig glänzende Sprenkelungen, bedingt durch das Eindringen von Luft nach der saugenden Tätigkeit der 1 bis 2 mm großen, schlanken Fransenflügler. Sie sind als Larven gelblich, in adultem Alter schwarz, gelblich oder gefleckt und besitzen schmale, am Rand borstenartig behaarte Flügel. An den Befallsstellen sind mit einer Lupe sehr kleine, schwarze, lackglänzende Kottröpfchen zu erkennen. In Gewächshäusern treten jährlich mehrere Generationen auf.
Bekämpfung: In Gewächshäusern Anbringen von blauen Leimtafeln und als biologische Maßnahme Ausbringen von Raubmilben (*Amblyseius*-Arten). Notfalls Einsatz von chemischen Mitteln gegen saugende Insekten.

Gefurchter Dickmaulrüssler

Otiorrhynchus sulcatus

Schadbild: Blattränder sind buchtenförmig von Käfern ausgefressen, am Stammgrund finden sich ringelförmige Fraßspuren. Der 10 bis 14 mm lange Käfer ist schwarz gefärbt, grob gekörnt und besitzt einen gefurchten Rüssel. Die beinlosen Larven sind weißlich gefärbt und mit einer braunen Kopfkapsel versehen.
Bekämpfung: Die Käfer nachts von den Blättern ablesen oder in einem Tontopf fangen. Dazu werden 10er-Töpfe mit Kamelien- oder Rhododendronblättern gefüllt, umgekehrt am Stamm befestigt und regelmäßig auf einen Befall hin überprüft. Zur Bekämpfung der Larven im Boden ist auch der Einsatz von Nematoden (*Steinernema carpocapsae*) möglich. Die Nematoden übertragen dabei ein Bakterium, das zum Tod der Larven führt. Für eine optimale Wirkung muss dabei die Bodentemperatur, je nach Präparat, über 10 bis 13 °C liegen. Meist reicht eine einmalige Behandlung nicht aus. Ein Einsatz chemischer Mittel erreicht die Larven häufig nicht.

Vermehrung der Kamelien

Das Wissen um Vermehrungsmethoden ist Grundlage jeder erfolgreichen Pflanzenkultur. Grundsätzlich wird zwischen einer generativen Vermehrung durch Samen und einer vegetativen Vermehrung unterschieden, bei der von der Mutterpflanze abtrennbare Organe sich nach ihrer Loslösung zu selbstständigen Pflanzen entwickeln.

Eine **generative Vermehrung** ist nur bei Arten oder bei der Züchtung neuer Sorten oder Hybriden sinnvoll. Generativ vermehrte Pflanzen können in ihrem äußeren Erscheinungsbild, dem Phänotypus, und in ihren genetischen Eigenschaften, dem Genotypus, mehr oder weniger stark voneinander abweichen. Die phänotypischen Differenzierungen sind aber nicht immer nur genetisch bedingt, sie können auch von Standortfaktoren geprägt sein.

Obwohl man nicht davon ausgehen kann, dass vegetativ vermehrte Pflanzen „besser" seien als generativ vermehrte, bleibt doch anzumerken, dass durch eine generative Vermehrung die Variationsbreite der Art erhalten bleibt, die Vorraussetzung für die Weiterentwicklung einer Art ist.

Hybriden oder Typen (Selektionen) müssen **vegetativ** vermehrt werden, um eine einheitliche Nachkommenschaft zu erhalten. Sie würden aus einer generativen Vermehrung keine homogenen Nachkommen hervorbringen. Arten werden in der Regel nur dann vegetativ vermehrt, wenn Saatgut nicht oder nur schwierig zu beschaffen ist, nur eine geringe Keimkraft besitzt oder vegetative Vermehrungsmethoden aus wirtschaftlichen Gründen sinnvoller sind. Zur traditionellen vegetativen Vermehrung werden von oberirdischen Pflanzenteilen Zweige, Triebe, Knospen oder Blätter, von unterirdischen Pflanzenteilen Wurzelstücke und Ausläufer verwendet. Seit Beginn der 1980er Jahre wird darüber hinaus die In-vitro-Kultur für die autovegetative Vermehrung von Gehölzen genutzt. Sie kann eine Verkürzung der Anzuchtdauer mit sich bringen, bietet aber vor allem die Möglichkeit, virusfreie Nachkommen zu erziehen. Für die Etablierung in vitro werden bei Gehölzen meist Apikal- oder Axillarknospen benutzt, nur selten echte Meristeme.

Besitzen die Pflanzen eine ausreichend hohe Bewurzelungspotenz, ist eine autovegetative Vermehrung (Bewurzelung von Pflanzenteilen) möglich. Fehlt die Fähigkeit zur Wurzelbildung, sind xenovegetative Vermehrungsmethoden (alle Veredlungsarten) notwendig.

Aussaat

Die Aussaat von Kamelien ist eine übliche Methode zur Vermehrung von Arten. Notwendig ist sie naturgemäß auch bei Züchtungsarbeiten an Kamelien.

Die Fruchtkapseln der Kamelien sollen geerntet werden, bevor die äußere Samenschale voll ausgreift ist und zu platzen beginnt. Die Samen verlieren rasch ihre Keimfähigkeit und werden deshalb sofort ausgesät oder bis zum Frühjahr (Februar/März) bei Temperaturen zwischen 0 und 5 °C solange kühl und feucht gelagert, bis die Keimwurzel gerade sichtbar wird. Die gekeimten Samen werden dann, natürlich mit der Keimwurzel nach unten, die noch nicht gekeimten mit der Samennarbe (Hilum) nach unten, vorsichtig gepflanzt. Bei einer trockenen Lagerung im Kühlschrank oder in Pflanzen-Kühlhäusern, in einem Folienbeutel verpackt, keimen die Samen nicht vorzeitig, der Aussaattermin kann beliebig gewählt werden. Trocken gewordene Samen müssen vor der Aussaat 24 Stunden lang mit warmem Wasser behandelt werden.

Bei der Aussaat von *C. sinensis* werden die Samen in den Anbauländern von Tee vor der Aussaat nach ihrer Dichte sortiert. Auf dem Wasser schwimmende Samen sind untauglich, die sinkenden weisen eine Keimfähigkeit bis zu 70 % auf. Um die Keimung zu beschleunigen, die sonst zwei bis drei Monate dauern kann, werden die Samen vor dem Ausbringen in feuchtem Sand oder zwischen feuchtem Sackleinen vorgekeimt, bis die Samenschale aufplatzt. Nach dem Ausbringen werden die Samen 3 cm dick mit Substrat bedeckt.

Auch bei allen anderen Kamelienarten sollte die Keimfähigkeit der Samen vor der Aussaat durch eine Schwimmprobe überprüft werden.

In Mitteleuropa werden Aussaaten unter Glas vorgenommen, in klimatisch günstigeren Klimaregionen sicher auch im Freiland.

Als Aussaaterde dient ein lockeres, luft- und wasserdurchlässiges Substrat mit einem pH-Wert zwischen 5,5 und 6,5.

Die jungen Pflanzen werden in der Regel nach ein bis zwei Kulturjahren eingetopft oder auf Freilandbeeten weiterkultiviert und nicht vor dem vierten Jahr an ihren endgültigen Standort gebracht. Bis aus Samen gezogene Pflanzen zur Blüte kommen, können vier bis 20 Jahre vergehen.

Kamelien gehören, wie viele andere Arten mit großvolumigen Samen (zum Beispiel Eichen und Rosskastanien), zu den Gehölzarten mit einer hypogäischen Keimung. Man versteht darunter eine Keimungsart, bei der das Hypokotyl (= Keimachse, die durch das obere Ende der Keimwurzel und die Ansatzstelle der Keimblätter begrenzt und auch als Wurzelhals bezeichnet wird), so kurz bleibt, dass der Same den Boden nicht verlässt und die Keimblätter in der Regel in der Erde bleiben. Die Sprossspitze entwickelt sich hingegen frühzeitig und bildet eine Knospe mit sich rasch entwickelnden Primärblättern. Die Reservestoffe wurden schon während der Samenentwicklung in die Keimblätter übergeführt. (Schubert und Wagner 1988).

Luftableger

Die Vermehrung durch Luftableger gehört zu den uralten, wohl in China entwickelten und heute weltweit verbreiteten Vermehrungsmethoden. Sie dient vor allem zur Vermehrung einzelner Pflanzen, ohne dazu aufwändige Kultureinrichtungen schaffen zu müssen und kann auch vom Hobbygärtner erfolgreich durchgeführt werden.

Unter der Luftableger-Vermehrung versteht man die Gewinnung eines Ablegers, also

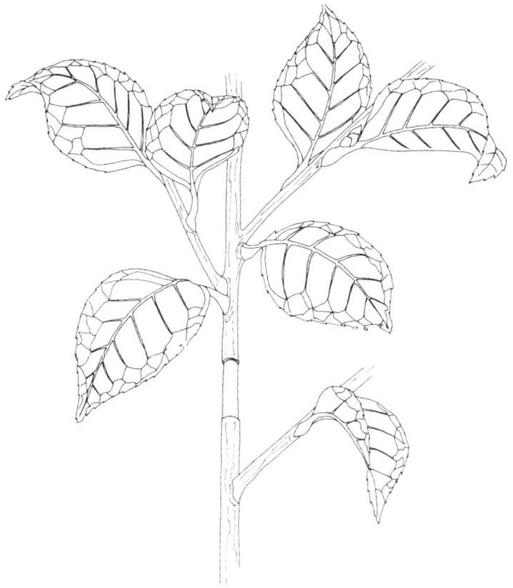

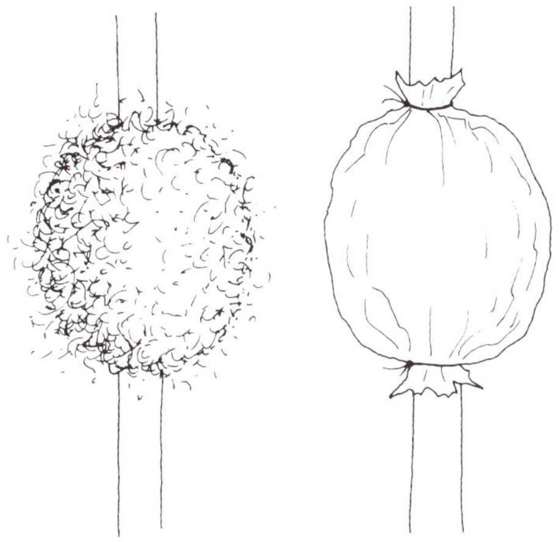

Vermehrung durch Luftableger:
Oben: Entfernen eines Rindenstreifens.
Unten links: Umhüllen der Wunde mit Sphagnum.
Unten rechts: Umhüllen des Moosballens mit schwarzer Kunststofffolie.

einer ungeschlechtlich erzeugten und damit erbgleichen Tochterpflanze, die, wie bei anderen Ablegermethoden, noch an der Mutterpflanze zur Bildung von Sekundärwurzeln gebracht und später abgetrennt wird.

Zur Gewinnung von Luftablegern wird nach erfolgtem Austrieb an einem mehrjährigen Zweig mit einem Doppelmesser rings um den Zweig ein Rindenstück bis auf den Holzteil entfernt. Bei Zweigen bis zu einer Stärke von 1,5 cm soll der entfernte Rindenstreifen mindestens 2 cm, bei dickeren Zweigen höchsten 4 cm lang sein. Die Schnittstelle wird mit einem handelsüblichen Bewurzelungshormon behandelt und mit einer Handvoll frischem, feuchtem *Sphagnum*-Moos umgeben. Die Moospackung wird mit einer Manschette aus lichtundurchlässiger, die Wärmeeinstrahlung abweisender, schwarzer Kunststofffolie umgeben und so dicht verschlossen, dass Regenwasser nicht eindringen kann.

In den folgenden Monaten setzt nun die Wurzelbildung ein, die bis zur Abnahme der Zweige im Frühherbst in der Regel so weit fortgeschritten ist, dass sich die neue Pflanze weiterkultivieren lässt.

Ist die abgeschnittene Pflanze bewurzelt, wird sie mitsamt dem durchwurzelten und notfalls feucht gemachten Moosballen getopft und kann dann nach einigen Monaten ausgepflanzt werden.

Stecklinge

Die Vermehrung der Kamelien durch Stecklinge ist gegenwärtig die am weitesten verbreitete und effektivste Methode. Auch in den Anbauländern von Tee hat als vegetative Vermehrungsmethode ausgesuchter Klone nur die Stecklingsvermehrung eine praktische Bedeutung.

Unter einem Steckling versteht man einen beblätterten, oft noch nicht voll ausgereiften Sprossabschnitt, im Gegensatz zum Steckholz, einem verholzten, blattlosen Sprossabschnitt.

Kopfsteckling mit basaler, seitlicher Verwundung

Bei Kamelien können sowohl die Sprossspitzen als auch Teilstücke eines Sprosses zu Stecklingen verarbeitet werden. Stecklinge dürfen nur von virusfreien Mutterpflanzen gewonnen werden, entweder von Freilandpflanzen oder Pflanzen, die unter Glas gehalten werden. Je jünger die Mutterpflanzen sind, umso besser sind die Bewurzelungsresultate. Deshalb werden Stecklinge nicht selten von unter Glas gehaltenen bewurzelten Stecklingen gewonnen. In den Niederlanden wird diese Methode als „stek van stek“ bezeichnet.

Nach Erfahrungen aus dem Tessin (EISENHUT 2001) erzielt man mit Stecklingen, an denen drei Blätter belassen werden, die besten Erfolge, möglich sind aber auch Stecklinge mit einer geringeren Anzahl von Blättern, bis hin zu Einblatt-Stecklingen, die auch als Augen-Stecklinge bezeichnet werden. Beim Schnitt soll kein Blatt entfernt und die Blattspreite nicht eingekürzt werden, der untere Schnitt wird meist direkt unter einem Nodium (auch als Auge bezeichnet) durchgeführt, gelegentlich aber auch im Internodium (= Sprossabschnitt zwischen den Blättern) angelegt, der obere Schnitt unmittelbar über dem Nodium. Eine Beschädigung der Blätter befördert nach HEES-BOUKEMA (1993) die Ausbreitung von Blattfleckungen, verursacht durch den Pilz *Monochaetia kartenii.*

Die Basis des Stecklings wird gegenüber dem Auge durch einen flachen, tangentialen

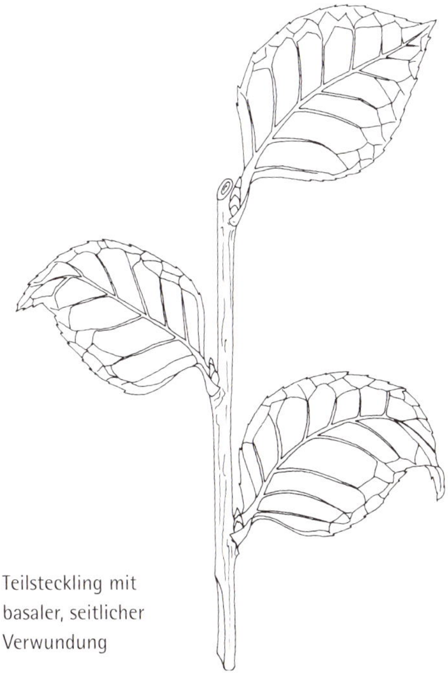

Teilsteckling mit basaler, seitlicher Verwundung

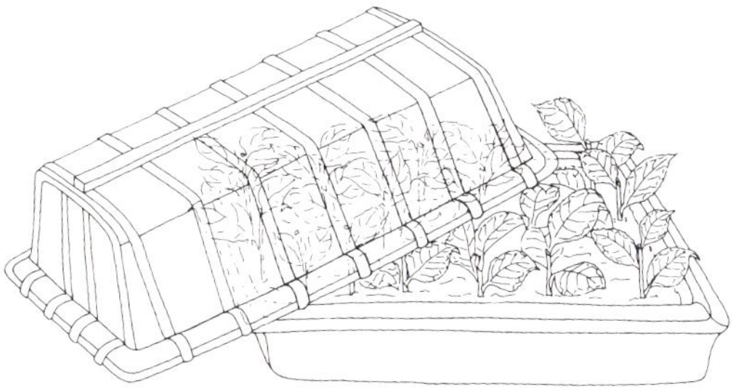

Stecklinge in einer Pikierkiste unter einer Kunststoffhaube

Stecklinge in einem Topf, mit einer Kunststofffolie überspannt

Längschnitt zusätzlich verwundet. So entsteht eine größere Wundfläche, an der sich Kallus und Wurzeln bilden können. Eine Anwendung von handelsüblichen Wuchsstoffen zur Unterstützung der Wurzelbildung ist nach EISENHUT (2001) nicht notwendig. Nach Erfahrungen aus den Niederlanden (HEES-BOUKEMA, 1993) wird, in Abhängigkeit vom Verholzungsgrad der Stecklinge, die Anwendung von 1- bis 2-%iger β-Indolylbuttersäure (IBS), zum Beispiel Rhizopon AA 1 bzw. Rhizopon AA 2, empfohlen.

Gesteckt wird vorwiegend im August/September, von unter Glas gehaltenen Pflanzen früher, zu einem **Zeitpunkt**, zu dem die Triebe weitgehend verholzt sind, gerade noch die Unterschiede zwischen alten und neuen Blättern sichtbar sind und die Triebe sich von grün zu braun verfärben. Eine Stecklingsvermehrung ist aber über einen langen Zeitraum möglich. Im Tessin steckt man im Kalthaus oder in Frühbeetkästen ohne zusätzliche Boden- und Luftheizung. Bei einer Vermehrung im Frühbeetkasten ist im Tessin oder in anderen Regionen mit intensiver Sonneneinstrahlung eine doppelte Schattierung mit Holzmatten und Schattiergewebe notwendig.

Damit die Stecklinge nicht vertrocknen, muss der Luftraum über den Stecklingen eine sehr hohe **Luftfeuchtigkeit** ausweisen. Deshalb wird entweder unter einer automatisch arbeitenden Sprühnebelanlage, vor allem in den strahlungsintensiven Sommermonaten, oder unter einer den Stecklingen unmittelbar aufliegenden oder über flache Bögen gespannte Polyethylenfolie gesteckt.

Die Zusammensetzung des **Stecksubstrates** richtet sich nach der eingesetzten Vermehrungseinrichtung. Wird unter Folie gesteckt, besteht das Substrat aus Weißtorf und Estrichsand im Verhältnis 4 zu 1. Steckt man unter Sprühnebel, muss das Substrat sehr wasserdurchlässig sein, damit sich keine stauende Nässe bildet. Dem Substrat werden deshalb meist ein höherer Anteil an grobem

Estrichsand (Körnung 3 bis 8 mm) beigegeben, gelegentlich auch Mittel wie Perlite (= natürliches, wasserhaltiges Gesteinsglas) oder Vermiculite (= Mineral aus der Gruppe der Hydroglimmer). Perlite ist unter anderem Bestandteil des industriell hergestellen Triohum-Steckmediums. Der optimale **pH-Wert** des Stecksubstrates liegt zwischen 4,5 und 5,5.

Hobbygärtner können für ihre Stecklingsvermehrung unter anderem handelsübliche Pikierkisten mit transparenten Kunststoffhauben verwenden, die am besten in einem Gewächshaus aufgestellt werden. Möglich ist auch die Abdeckung mit über Bügeln gespannter Folie oder das Überstülpen einzelner Stecklinge mit Plastikflaschen, von denen der Boden abgeschnitten worden ist.

Veredlungen

Das Veredeln von Kamelien ist eine klassische Methode der Vermehrung, die in China seit Jahrhunderten praktiziert wird. Gegenwärtig werden in den Kameliengärtnereien aber nur solche Kameliensorten durch Veredlung vermehrt, die sich durch Stecklinge nur schlecht vermehren lassen, weil sich etwa Stecklinge dieser Sorten nur unzureichend bewurzeln oder die stecklingsvermehrten Pflanzen zu schwach wachsen.

Als **Veredlungsunterlagen** werden meist zwei bis drei Jahre alte, in Töpfen kultivierte Sämlingspflanzen von *C. japonica*, *C. sasanqua* oder *C. lutchuensis* oder durch Stecklinge vermehrte, meist einjährige Unterlagen leicht vermehrbarer, wüchsiger Sorten verwendet. Alle Unterlagen müssen natürlich frei von Krankheiten und Schädlingen, vor allem frei von Viren sein. Offenbar lassen sich alle Kamelienarten miteinander veredeln, Unverträglichkeiten zwischen den einzelnen Arten sind nicht bekannt. Deshalb ist die Wahl der Unterlage nicht selten von der Verfügbarkeit bestimmter Arten oder Sorten abhängig. Für die Verwendung von Kamelien in weniger günstigen Klimaregionen ist der Einsatz möglichst frostharter Unterlagen naturgemäß sehr sinnvoll.

Als **Veredlungsreiser** verwendet man beblätterte Teil- oder Endstücke eines einjährigen, verholzten Langtriebes mit etwa zwei bis fünf Nodien, die auch als Augen bezeichnet werden. Alle Kopfveredlungen (Spaltpfropfen, Kopulation, Geißfußveredlungen) werden im ausgehenden Winter, etwa im Januar/Februar, vorgenommen, das seitliche Anplatten auch im Sommer, etwa im August/September, es ist gegenwärtig das am häufigsten praktizierte Veredlungsverfahren bei Kamelien, deshalb wird hier nur dieses Verfahren beschrieben.

In Kameliengärtnereien werden Veredlungen grundsätzlich unter kontrollierten Bedingungen unter Glas, also in Gewächs- oder Folienhäusern durchgeführt. Die fertigen Veredlungen werden Topf an Topf bei einer Lufttemperatur von etwa 20 °C ohne Bodenwärme aufgestellt und luftdicht mit einer dünnen, 0,02 mm starken, lichtdurchlässigen Polyethylenfolie abgedeckt. Nach amerikanischen Angaben (Hume 1946) soll die Lufttemperatur für die ersten drei Wochen bei 7 bis 10 °C liegen, danach bei 15 bis 18°C. Die Folie kann direkt den Veredlungen aufliegen oder sie wird so über flache Bögen gespannt, das der Luftraum zwischen Pflanzen und Folie möglichst gering ist. Da die Pflanzen unter der mit Transpirations- und Verdunstungswasser behafteten Folie oft zu schattig stehen, soll die Folie häufiger für zwei bis drei Stunden von den Veredlungen genommen werden. Die Veredlungen sind innerhalb von vier bis acht Wochen verwachsen. Sie werden langsam abgehärtet, das heißt an Bedingungen außerhalb der Folienabdeckung gewöhnt und an anderer Stelle, bei uns stets unter Glas oder Folie, in günstigeren Klimazonen ab Frühjahr auch im Freiland, weiterkultiviert.

Werden vom Hobby-Gärtner nur einzelne Pflanzen veredelt, können die fertigen Veredlungen mitsamt dem Topf einzeln in dünne, durchsichtige Folien eingehüllt und im Gewächshaus aufgestellt werden.

Seitliches Anplatten

Bei Veredlungsmethoden wie dem Kopulieren, dem Spalt- oder Geißfußpfropfen werden die Unterlagen stark zurückgeschnitten und verlieren dadurch ihr Zweigsystem und ihre Belaubung. Gelingt die Veredlung nicht, sterben die Unterlagen ab oder verlieren mindestens ihren Wert. Deshalb wird gegenwärtig beim Veredeln von Kamelien, wie bei zahlreichen anderen immergrünen Gehölzen auch, die Methode des seitlichen Anplattens bevorzugt. Sie wird, im Gegensatz zu den oben genannten Methoden, außerdem meist im Spätsommer durchgeführt, zu einem Zeitpunkt, der für ein rasches Verwachsen von Reis und Unterlage günstiger ist als Veredlungen zur Zeit der winterlichen Ruheperiode.

Beim seitlichen Anplatten werden die Unterlagen nicht stark zurückgeschnitten, sondern die Zweige höchstens etwas eingekürzt. Am unteren Stammteil der Unterlage wird ein schmaler, möglichst langer Schnitt von oben her so angebracht, dass eine flache Rindenzunge stehenbleibt. Das meist etwas dünnere Edelreis erhält an den beiden gegenüberliegenden Seiten einen flachen Schnitt. Das Edelreis wird dann so zwischen Stamm und Rindenzunge eingesetzt, dass die Kambiumschichten genau aufeinander passen. Nach dem Anwachsen der Veredlung wird die Unterlage stufenweise zurückgenommen und schließlich oberhalb der Veredlungsstelle ganz entfernt.

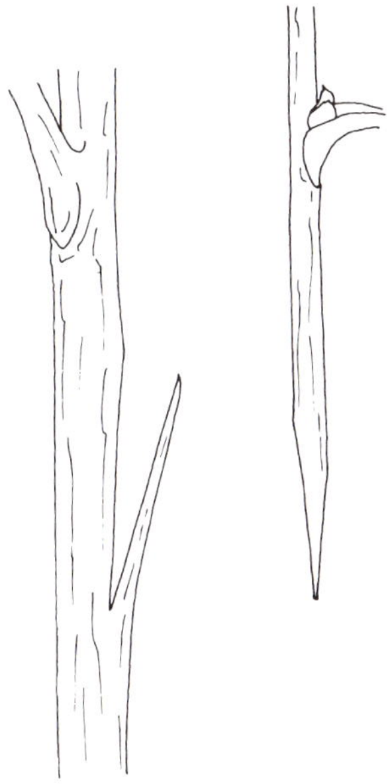

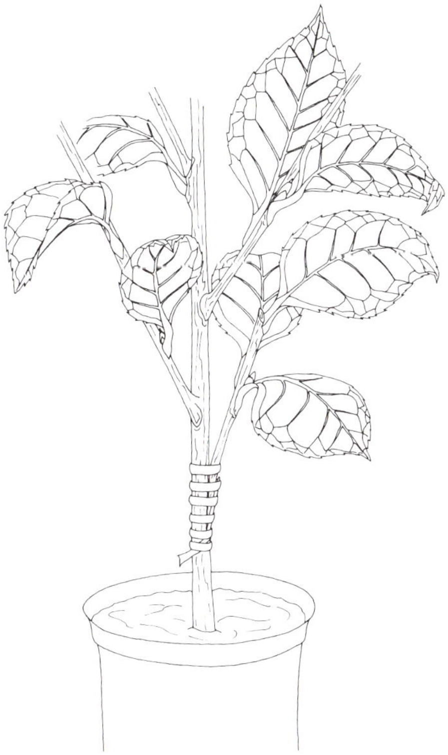

Vermehrung durch Veredlung (seitliches Anplatten)
Links: Unterlage mit flachem seitlichen Einschnitt
Rechts: Veredlungsreis mit beiderseitigem basalen Schnitt
Unten: Fertige Veredlung im Topf

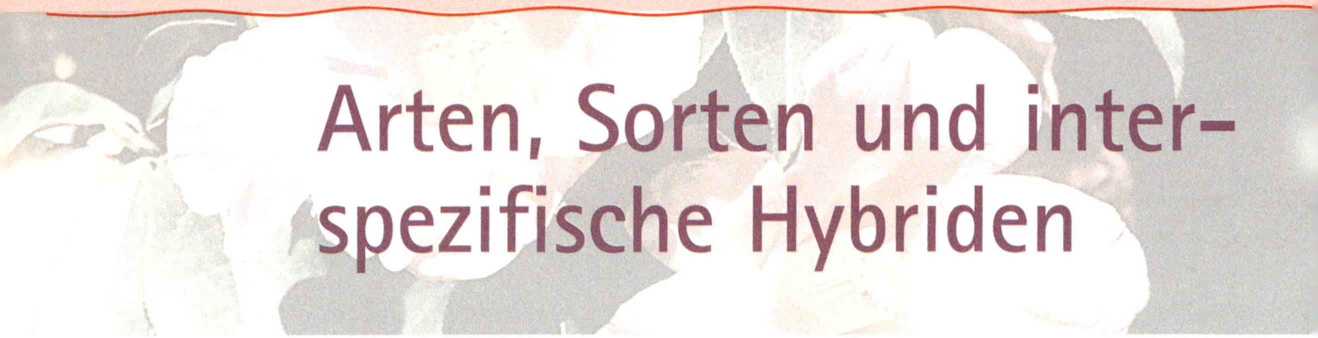

Arten, Sorten und interspezifische Hybriden

Von den etwa 250 Arten der Gattung *Camellia* haben als Ziergehölze nur drei Arten weltweit eine große Bedeutung: *C. japonica*, *C. reticulata* und *C. sasanqua*. Kaum mehr als ein Dutzend weiterer Arten werden von Liebhabern gepflanzt und gepflegt. Hinzu kommen zahlreiche Sorten der oben genannten drei Arten sowie einige interspezifische Hybriden mit deren Sorten.

Allgemeine Anmerkungen zu einigen Arten

Camellia chrysanthoides
Chrysanthemenblütige Kamelie

Von allen gelb blühenden Kamelien ist in der westlichen Welt *C. nitidissima*, oft auch als *C. chrysantha* bezeichnet, die bekannteste Art. *C. chrysanthoides*, heimisch in der chinesischen Provinz Guangxi, wurde erst im September 1958 am Daqing Shan entdeckt. Erste Pflanzen der Art sind inzwischen in Europa, unter anderem im Tessin, in Kultur. Ihre Blüten sind zwar deutlich kleiner als die von *C. nitidissima*, mit ihrer zartgelben Farbe und der feinen, wachsartigen Struktur der Blütenblätter sind sie aber von besonderem Reiz. Im Vergleich zu den kleinen, zarten Blüten sind die Blätter groß und derb, ihre netzartige Nervatur ist oberseits deutlich eingesenkt.

Camellia cuspidata
Stachelspitzige Kamelie

C. cuspidata besiedelt im südlichen China ein ausgedehntes Areal. Sie wurde im Oktober 1900 durch Ernest Henry Wilson mit der Angabe „Veitch Expedition Seed No. 1099" für die Baumschule Veitch & Sons nach England eingeführt. *C. cuspidata* ist mit ihrer Fülle an kleinen weißen Blüten und mit den lang zugespitzten Blättern eine attraktive Gartenpflanze für wintermilde Klimazonen, wie zum Beispiel das südwestliche England. In weniger günstigen Klimaregionen werden die Blätter im Winter oft von der Spitze her schwarz.

Eine größere Bedeutung hat die Art als eine der Elternarten der kleinblütigen Hybride *C.* 'Cornish Snow', die aus einer Kreuzung zwischen *C. cuspidata* × *C. saluenensis* entstanden ist. *C.* 'Cornish Snow', 1948 durch J. C. Williams in Caerhays Castle, Cornwall, entstanden, gilt mit ihrer Fülle an relativ kleinen, einfachen, weißen Blüten als besonders wertvoll. Sie ist frosthärter als *C. cuspidata* und kommt auch mit den Klimabedingungen im nördlichen England zurecht. Ihr Gartenwert wurde in England sehr hoch, mit einem Award of Garden Merit, bewertet.

Eine weitere Hybride mit *C. cuspidata* – *C.* 'Cornish Spring' – 1974 bei Miss Gillian Carylon in Cornwall entstanden, gilt mit ihrer relativ großen Frosthärte und der Fülle an leuchtend rosa Blüten, die den Blüten der *C. cuspidata* sehr ähnlich sind, ebenfalls als sehr wertvoll. Sie benötigt einen beschatteten Standort, weil die Blüten unter starker Sonneneinstrahlung ausbleichen.

C. 'Spring Festival', 1976 in Kalifornien als Zufallssämling von *C. cuspidata* gewonnen (der Pollenspender ist unbekannt), gefällt vor allem durch ihren sehr schmalen, nahezu säulenförmigen Aufbau und den bronzefarbenen Austrieb. Auch sie ist relativ frosthart, ihr Gartenwert wurde in England hoch bewertet.

Oben:
Camellia granthamiana

Unten:
Camellia grijsii

Auch andere, weiter unten beschriebene Hybriden mit *C. cuspidata*, zum Beispiel C. 'Inspiration', gelten als realtiv frosthart und gehören unter anderem deswegen zu den in England hoch dekorierten Hybriden.

Camellia granthamiana
Granthams Kamelie

Von Kamelienliebhabern wird *C. granthamiana* als eine der spektakulärsten Arten der Gattung beschrieben. Sie wurde erst 1955 auf dem Festland von Hong Kong, den New Territories entdeckt und von dem Botaniker J. R. Sealy zu Ehren des damaligen britischen Gouverneurs von Hong Kong, Sir Alexander Grantham, benannt. Die Art besticht durch ihre großen, glänzend dunkelgrünen Blätter mit der stark eingesenkten Nervatur, wodurch sie leicht von anderen Kamelienarten zu unterscheiden ist. Sehr dekorativ sind die bis 17 cm breiten, reinweißen Blüten mit ihren 8 Kronblättern und den goldgelben, zu großen Büscheln zusammengefassten Staubblättern. Die Art beginnt im Tessin Mitte November zu blühen. Ihre dicken Blütenknospen sind auffallend mit silbergraunen, trockenen Schuppen bedeckt. Sie öffnen sich nur solange die Temperatur nicht unter 0 °C absinkt. Bei Frosttemperaturen fallen die Blütenknospen ungeöffnet ab. Die Pflanzen selbst überleben im Tessin kurzzeitig auftretende Temperaturen von etwa –10 °C ohne Probleme.

Camellia grijsii

C. grijsii, auch unter dem Namen *C. yuhsienensis* bekannt, hat im südlichen China eine recht weite Verbreitung. Sie kommt dort in Höhenlagen zwischen 30 und 1100 m vor und blüht dort Mitte des Winters. Die Art baut sich zu locker verzweigten Kleinbäumen oder Sträuchern auf, an denen die matt hellgrünen Blätter deutlich abwärts gerichtet sind. Die größte Attraktion der Art sind ihre kleinen, weißen Blüten, die einen starken, süßlichen Duft verbreiten können, vor allem in warmen Klimazonen oder bei einer Kultur unter Glas. Aus den Samen der Art wird in China ein Öl mit der Bezeichnung „Boakcxiang Teeöl" gewonnen, das eine medizinische Bedeutung hat. Gesammelt wurde *C. grijsii* unter anderem im Herbst 1909 durch Augustine Henry.

Camellia hiemalis
Winter-Kamelie

Obwohl *C. hiemalis*, in Japan als Kan-tsubaki bezeichnet, zur Sektion Reticulata gehört, wird sie der herbstlichen Blütezeit wegen oft zu den Sasanquas gestellt und im Englischen als Cold Sasanqua bezeichnet. In ihrer chinesischen Heimat werden aus ihr häufig Penjings gezogen (= in China seit mehr als 2000 Jahren praktizierte Form der Miniaturisierung von Pflanzen oder Landschaften in Töpfen, die später von den Japanern übernommen und als Bonsai bezeichnet wurde). Als solche soll sie von Shanghai aus für das Weihnachts- und Neujahrsgeschäft nach Japan gekommen sein. Sie unterscheidet sich von *C. sasanqua* unter anderem durch ihren nied-

Camellia hiemalis
'Showa-no sakae'

rigeren, buschigen Wuchs, durch kräftigere Blütenfarben und derbere Blütenblätter.

Eine besonders häufig kultivierte Sorte der Art, 'Shishigashira', beginnt mit ihren kleinen, halbgefüllten, rosaroten Blüten schon im Frühherbst zu blühen. Eine Mutation der Sorte, 'Shishigashira Pink', wächst stärker und hat eine hellere Blütenfarbe. Die in Japan sehr populäre Sorte 'Shôwa-no-sake' ist 1928 in Japan entstanden und wurde zu Ehren des japanischen Kaisers Hirohito, dessen Regierungszeit den Titel Shôwa = „Ära des erleuchtenden Friedens" trug, benannt.

C. hiemalis ist unter anderem an der Entstehung der vergleichsweise jungen Ackerman-Hybriden, auch als „Winter's-Serie" bezeichnet, beteiligt. Dazu gehören etwa 'Winter's Dream' und 'Winter's Star', deren Blütezeit im Herbst beginnt. Die speziell auf Frosttoleranz gezüchteten Sorten sollen in den USA bis –25 °C winterhart sein (siehe auch Anmerkungen unter *C. oleifera*).

Camellia japonica
Japanische Kamelie

C. japonica subsp. *japonica*, in Japan als Yabu-tsubaki bezeichnet, hat eine weite geografische Verbreitung. Sie kommt mit ihren Unterarten und Varietäten in fünf chinesischen Provinzen und in Korea vor. Sie dehnt ihr Vorkommen bis in die Küstenregionen des nördlichen Honshu, der japanischen Hauptinsel, aus und gedeiht hier unter anderem auf windexponierten Standorten. Sie besiedelt sowohl subtropische wie gemäßigte Klimaregionen und ist deshalb die frosthärteste Art der Gattung, die sich unterschiedlichen Klimabedingungen sehr gut anpassen kann. Nicht umsonst werden die zahlreichen Sorten dieser Art von allen Kamelien-Arten weltweit weitaus am häufigsten gepflanzt.

Die Wildformen der Japanischen Kamelie zeigen sich in Bezug auf Kältetoleranz, Wuchsform und -höhe, Blattform und -größe sowie in Form und Farbe der Blüten recht variabel. Wildformen können buschig wachsen, sich aber auch zu Kleinbäumen von etwa 9 m Höhe entwickeln. Die stets einfachen Blüten haben 5 bis 7 Kronblätter, die in der Regel in verschiedenen Schattierungen rot gefärbt sind, es kommen aber auch rosa oder weiße Blütenfarben vor.

Die Art wird in drei Unterarten und Varietäten gegliedert. Neben *C. japonica* subsp. *japonica* var. *japonica* sind die Unterarten *C. japonica* subsp. *japonica* var. *macrocarpa* und *C. japonica* subsp. *rusticana* beschrieben worden.

Während die Hauptart ihre natürliche Verbreitung in China, Korea und Japan hat, ist das natürliche Vorkommen der Großfrüchtigen Kamelie, *C. japonica* subsp. *japonica* var. *macrocarpa*, auf japanisch Yakushima-tsubaki, auf die subtropischen südlichen japanischen Inseln Riukiu, Okinawa und Yakushima begrenzt. Die Schnee-Kamelie (*C. japonica* var. *rusticana*), japanisch Yuki-tsubaki, hat ihr natürliches Areal dagegen in einer gemäßigten Klimaregion, in den Bergwäldern im Nordwesten der japanischen Hauptinsel Honshu.

Die Schnee-Kamelie (*C. japonica* var. *rusticana*) unterscheidet sich von der Japanischen Kamelie, *C. japonica* subsp. *japonica* durch ihren meist vom Grunde an mehrstämmigen Aufbau, größere, dünnere Blätter und behaarte Blattstiele. Die Haupt- und Seitennerven der Blätter sind auffallend durchsichtig. Die Blütenfarbe variiert in verschiedenen Rot- und Rosatönen. Der wichtigste Unterschied aber ist, dass die Pflanzen an ihren natürlichen Standorten im Winter von schützendem Schnee bedeckt sind. Schnee-Kamelien haben im Laufe ihrer Evolution ein sehr flexibles Zweigsytem entwickelt, das dem Schneedruck nachgeben kann. Die unteren, dem Boden aufliegenden und von Laubstreu bedeckten Äste bilden nicht selten Wurzeln und richten Ihre Triebspitzen dann aufwärts. So können sich aus Einzelpflanzen kleine Dickichte entwickeln. Schnee-Kamelien sind nicht so kältetolerant wie ihr deutscher Name vermuten lässt. Sie sind deshalb seltener als Kreuzungspartner verwendet worden als *C. japonica* subsp. *japonica*.

Die Großfrüchtige Kamelie (*C. japonica* subsp. *japonica* var. *macrocarpa*), auch als Apfel-Kamelie bezeichnet, zeichnet sich unter anderem durch ihre großen Früchte aus, die in Größe, Form und Färbung an Äpfel erinnern. Die Früchte können Durchmesser bis 10 cm erreichen, die dicke, rötlich gefärbte Außenschale, das Perikarp, ist 2 bis 4 cm dick. Die Unterart ist auf den der südjapanischen Insel Kyushu vorgelagerten kleinen Inseln Okinawa, Riukiu und Yakushima bis in Höhen von etwa 1000 m heimisch. Sie gedeiht dort unter subtropischen Klimabedingungen. Isoliert von der *C. japonica* subsp. *japonica*, hat sie sich morphologisch anders entwickelt als diese und unter anderem große Früchte und vergleichsweise große Blätter ausgebildet.

In der Gartenkultur spielen die Unterarten und Varietäten von *C. japonica* kaum eine Rolle. In Kultur sind nahezu ausschließlich Sorten, deren Zahl auf etwa 20 000 geschätzt wird. Keine andere Baum- oder Strauchart kann damit konkurrieren. Bei den überaus

Camellia japonica

zahlreichen Sorten handelt es sich entweder um Auslesen aus der Wildpopulation, um Nachkommen von Zweigmutationen, die auch als Sports bezeichnet werden oder aber um Kreuzungen zwischen Sorten der Art. Beschrieben werden hier vor allem solche Sorten, die gegenwärtig von mehreren europäischen Kamelien-Gärtnereien angeboten werden. Für eine Freilandkultur sind vor allem solche Sorten von Bedeutung, deren Kältetoleranz schon erprobt ist.

C.-japonica-Sorten zeigen in Bezug auf ihren Habitus und die Belaubung keine besonders großen Unterschiede. Die meisten Sorten bauen sich zu einstämmigen, aufrechten, reich verzweigten, kompakten, im Umriss mehr oder weniger eiförmigen Großsträuchern oder Kleinbäumen auf. Vergleichsweise selten ist ein schmal aufrechter oder ein ausgebreiteter Wuchs. Ihre Blätter sind naturgemäß verschieden in Form und Größe, überwiegend aber elliptisch bis schmal eiförmig und vorne mehr oder weniger spitz oder zugespitzt, selten ist die Blattspreite mehr oder weniger rundlich. Der Blattrand ist ganzrandig oder gesägt beziehungsweise gezähnt, selten unregelmäßig gelappt oder geteilt, wie zum Beispiel bei der Goldfisch-Kamelie, 'Kingyo-tsubaki', die schon 1798 in Japan entstanden ist und deren Blatt im vorderen

Bereich mehrfach geteilt ist. Die Blätter sind überwiegend mehr oder weniger stark glänzend grün gefärbt.

An nicht wenigen grünlaubigen Sorten von *C. japonica* entwickeln sich nach einiger Zeit Zweige, bei denen die Blätter, meist teilweise, mehr oder weniger intensiv gelb, cremefarben oder weiß gefleckt sind. Es handelt sich dabei meist nicht um eine plötzlich aufgetretene Mutation, eine Veränderung der Erbanlagen, sondern um eine Virusinfektion. Werden die veränderten Zweige vegetativ vermehrt, bleibt die Panaschierung erhalten und man erhält eine neue Sorte, die sich von der Muttersorte nur durch die Blattfärbung unterscheidet.

In Bezug auf Blütengröße, -form und -farbe sind *C.-japonica*-Sorten außerordentlich vielgestaltig. Die Blütengröße reicht von Miniaturformen mit kaum mehr als 4 cm Durchmesser bis zu Blüten, deren Größe an die der *C.-reticulata*-Sorten heranreicht. Neben einfachen Blüten mit 5 bis 7 Kronblättern und deutlich sichtbaren, meist auffällig gefärbten Staubblättern kommen auch Blüten vor, die mehr oder weniger stark gefüllt sind und so an die Blütenformen von Rosen oder Päonien erinnern. Bei ihnen sind die Staubblätter zu Kronblättern umgebildet, die oft vom Rand zum Zentrum der Blüte hin kleiner werden. Bei weniger stark gefüllten Blüten sind nicht selten die noch vorhandenen Staubblätter mit kronblattartigen (petaloiden) Staubblättern gemischt, die als Petaloiden bezeichnet werden. Die Blütenfarben reichen vom reinen Weiß bis zum dunklen Rot. Allein die Farbe Gelb ist anderen Arten und Hybriden vorbehalten, sieht man einmal von dem sehr hellen Gelb bei den Blüten von 'Brushfield's Yellow' oder 'Dahlohnega' ab.

Neben Sorten mit reinfarbigen Blüten kennen wir zahlreiche Sorten, deren Kronblätter mehr oder weniger auffallend ganz oder teilweise gestreift oder gefleckt sind. Gelegentlich sind auch einzelne Blüten an einer Pflanze völlig anderes gefärbt als die meisten anderen Blüten, wie zum Beispiel bei *C. japonica* 'Lady McCulloch', die neben weißen und mehr oder weniger stark karminrot gestreiften auch vollständig karminrot gefärbte Blüten trägt. Die Zeichnung der Blüten ist dabei keineswegs stets konstant, sie kann von Blüte zu Blüte oder von Pflanze zu Pflanze wechseln. Die Ursache dieser Farbabweichungen, die als Mutations-Chimären bezeichnet werden, ist das Auftreten von Mutationen an einer oder mehreren Meristemzellen eines Sprossvegetationspunktes. Treten Farbabweichungen nur an einem Teil der Blüte auf, spricht man von Sektorial-Chimären.

Eine spezielle Gruppe der Japanischen Kamelien stellen die **Higo-Kamelien** dar.

Der Ursprung der Higo-Kamelien liegt in der ehemaligen Provinz Higo (heute Kumamoto) auf der südjapanischen Insel Kyushu. Higo-Kamelien zeichnen sich durch einen meist niedrigen, kompakten Wuchs, robuste, dunkelgrüne Blätter und einfache bis halbgefüllte Blüten mit einem auffallenden Staubblattbündel auf. Die oft schalenförmigen Blüten haben 5 bis 10 Kronblätter von fester, wachsartiger Struktur und oft phosphoreszierende Oberfläche in leuchtenden, weißen, rosa oder roten Farben. Bei zahlreichen Sorten kommen zweifarbige Blüten mit auffällig gefleckten oder gestreiften Kronblättern vor. Wichtigstes Merkmal der Higo-Kamelien ist ihr prominentes Staubblattbündel, in dem bis zu über 200 Staubblätter sich dicht gedrängt zu einer Säule formieren oder in einem breiten, halbkugeligen Bündel zusammenstehen. Gelegentlich sind die weiß, hellgelb oder goldgelb gefärbten Staubblätter mit einigen petaloiden Staubblättern untermischt.

Da Higo-Kamelien ihren Ursprung im südlichen Japan haben, benötigen sie für eine sichere Blüteninduktion in Kultur eher sommerwarme Standorte als andere Japanische Kamelien.

Camellia lutchuensis

C. lutchuensis stammt von den südjapanischen Riukiu-Inseln, die mit einem subtropischen Klima gesegnet sind. Die Art besitzt deshalb nur eine geringe Frostresistenz und kann außerhalb sehr wintermilder, frostfreier Klimazonen nur unter Glas gehalten werden.

Die zierlich aufgebaute, kleinlaubige Art schmückt sich mit wahren Blütenkaskaden aus kleinen, weißen, intensiv und angenehm duftenden Blüten. Sie ist deshalb als Kreuzungspartner für die Gewinnung von Hybriden mit duftenden Blüten verwendet worden.

Eine der gärtnerisch wichtigsten Hybriden mit *C. lutchuensis* ist C. 'Fragrant Pink'. Sie ist vor 1960 in Maryland, USA, entstanden und blühte als siebenjährige Pflanze 1964 zum ersten Mal. 'Fragrant Pink' ist frosthärter als die meisten anderen Hybriden mit *C. lutchuensis*, sie hält unter Klimabedingungen wie im südlichen England gut im Freien aus. Sie wird sehr häufig kultiviert, vor allem wegen der kleinen, rosafarbenen, päonienförmigen Blüten, die angenehm süßlich nach *Osmanthus* duften. C. 'Scented Gem' ist eine weitere, recht winterharte Hybride mit *C. lutchuensis*, die wegen ihrer kleinen, intensiv duftenden Blüten als „Miniatur-Kamelie" bezeichnet wird.

Eine andere *C.-lutchuensis*-Hybride ist C. 'Spring Mist'. Sie ist ebenfalls in Amerika entstanden und blühte als 18 Jahre alte Pflanze 1965 zum ersten Mal. Auch diese Hybride hat kleine, duftende Blüten, die in großer Fülle erscheinen. Sie hat einen ausgebreiteten Wuchs und mittelgrüne Blätter.

C. 'Quintessence' ist in Neuseeland entstanden und wird seit 1985 angeboten. Auch sie hat duftende Blüten im Miniaturformat und einen eher schwachen, ausgebreiteten bis überhängenden Wuchs.

In England wird empfohlen, diese schwach wachsenden Hybriden mit ihrem ausgebreiteten bis überhängenden Wuchs und den flexiblen Zweigen an Wandspalieren zu ziehen oder sie als Ampelpflanze in „hanging baskets" zu verwenden.

Camellia nitidissima
Gelbblühende Kamelie

Gelb blühende Kamelien sind der Traum mancher Kamelienliebhaber. Die in der westlichen Welt wohl bekannteste Art ist die in Vietnam und der südchinesischen Provinz Guangxi heimische *C. nitidissima* var. *nitidissima*, die nicht selten auch als *C. chrysantha* bezeichnet wird. Sie wurde 1964 entdeckt und gedeiht an ihren natürlichen Standorten im Schutz immergrüner Laubwälder unter subtropischen Klimabedingungen. Anfang der 1980er Jahre gelangte sie nach Europa. Sie gedeiht in den wärmeren Regionen von Australien, Neuseeland und Amerika an schattigen Standorten gut und blüht dort reichlich. In England soll sie unter Glas gut gedeihen, aber unbefriedigend blühen. Nach Erfahrungen in Deutschland benötigt sie für eine erfolgreiche Kultur unter Glas Wärme, Luftfeuchtigkeit und leicht beschattete Plätze. Zur Blüte kamen Pflanzen, die im Sommer unter Glas bei 20 bis 25 °C und im Winter bei 8 bis 15 °C gehalten wurden.

Neben *C. nitidissima* sind mehr als 20 gelb blühende Kamelien bekannt. Viele davon sind in Vietnam heimisch. Zu den jüngsten Entdeckungen gehören Arten wie *C. cucphuonaensis*, *C. rosmannii* und *C. vidalii* aus Vietnam. Mit ihren wachsartigen Blüten soll *C. nitidissima* aber die schönste gelb blühende Art der Gattung sein.

Inzwischen ist in China, Japan und den USA *C. nitidissima* mit Arten wie *C. japo-*

Camellia lutchuensis

Links:
Camellia nitidissima subsp. *nitidissima*

Rechts:
Camellia oleifera

nica, *C. reticulata* und *C. pitardii* gekreuzt worden, um winterhärtere Hybriden mit gelben Blüten zu erzielen. Von ersten Sorten wurde unter anderem von SHIGEO MATSUMOTO (1998) aus Japan berichtet. Aus Kreuzungen zwischen *C.-japonica*-Sorten und *C. nitidissima* seien vielversprechende Sorten wie 'Kimboshi' (Blüten rötlich gelb, einfach) und 'Ki-no-senritsu' (Blüten hellgelb, offen päonienförmig) hervorgegangen.

Camellia oleifera
Öl-Kamelie

Die Öl-Kamelie besiedelt im südlichen China ein ausgedehntes Areal. Sie gedeiht dort in Höhen zwischen 300 und 1300 m. In China wird sie seit langer Zeit in zahlreichen selektierten, vegetativ vermehrten Formen der ölhaltigen Samen wegen kultiviert. Das wertvolle, dem Olivenöl ähnliche Öl wird als Speiseöl, für kosmetische Zwecke und als Schmiermittel für Maschinen verwendet. Die Art zeigt sich in ihrem Wuchs sowie in Blatt- und Blütengröße sehr variabel. Sie wächst meist zu einem lockerkronigen Kleinbaum heran und ist mit ihren großen, zarten, flach schüsselförmigen Blüten auch als Zierpflanze sehr attraktiv. Im Tessin entfalten sich die Blüten im November. Die Art kam schon 1818 durch Kapitän Nesbit von der englischen Ostindien-Kompanie nach Europa.

Die verschiedenen Herkünfte aus dem weiten Verbreitungsgebiet der Art besitzen eine unterschiedlich hohe Kältetoleranz. Eine Pflanze im National Arboretum in Washington D.C., USA, 1948 aus Nord-China eingeführt, hat auch sehr kalte Winter mit Temperaturen von –19 °C unbeschadet überstanden und sich so als recht frosthart erwiesen. Sie lieferte das Ausgangsmaterial für ein Kreuzungsprogramm von WILLIAM L. ACKERMAN in den Jahren von 1979 bis 1981. Dabei wurden etwa 2500 Kreuzungen zwischen dem Arboretums-Exemplar und verschiedenen Sorten der im Herbst blühenden *C. hiemalis* und *C. sasanqua* mit dem Ziel vorgenommen, möglichst winterharte Hybriden zu finden, die als Gartenpflanzen besser geeignet sind als *C. oleifera* und die in kühlen Klimazonen besser blühen als *C.-sasanqua*-Sorten. Zwischen 1980 und 1984 entstanden weitere *C.-oleifera*-Hybriden, an deren Zustandekommen frühjahrsblühende Arten wie *C. japonica* und *C.* × *williamsii* beteiligt waren.

Ein Resultat aus Kreuzungen mit *C. oleifera* ist die Hybride *C.* 'Snow Flurry'. Sie entstand 1973 und hat als siebenjährige Pflanze 1980 zum ersten Mal geblüht und in Glen Dale, Maryland, USA, als Freilandpflanze mehrere Winter mit Temperaturen unterhalb –12 °C unbeschadet überlebt. Neben C. 'Snow Flurry' stammen auch Hybriden wie C. 'Pink Icicle', C. 'Polar Ice', C. 'Winter's Charm', C. 'Winter's Dream', C. 'Winter's Inlude', 'C. Winter's Rose' und C. 'Winter's Star' aus Kreuzungen mit *C. oleifera*. Alle sind von W. L. Ackerman, R. Bond, C. R. Parks und J. C. Raulston in Ashton, Maryland, gezüchtet worden. Die meisten sind seit Ende der 1980er Jahre bekannt und werden teilweise als Ackerman-Hybriden bezeichnet. Ihre Blütezeit liegt im Spätherbst und Winter. Sie sollen Temperaturen bis –25 °C ertragen können und sind deshalb in den USA sehr beliebt. Für einige von ihnen sind im „RHS Plant Finder 2001–2002" Bezugsquellen aufgelistet.

Camellia pitardii

Camellia pitardii

C. pitardii und ihre Unterarten haben ihr natürliches Verbreitungsgebiet in mehreren Provinzen des südlichen China, wo sie unter sehr unterschiedlichen Standortbedingungen wachsen. *C. pitardii* var. *yunnanica* kommt in Sichuan bis in Höhen von 3000 m vor. Die Blüten der einzelnen Individuen können sehr verschieden groß und weiß bis rosa gefärbt sein. Auch die Blattgröße variiert stark. Gelegentlich sind die Blätter denen von *C. saluenensis* sehr ähnlich, gelegentlich auch denen von *C. reticulata*. Da sich die Verbreitungsgebiete der drei Arten überschneiden, könnte es sich bei Formen, die vom Typ der Art abweichen, auch um natürliche Hybriden handeln.

Die eigentliche Art, *C. pitardii* var. *pitardii*, ist gelegentlich für Kreuzungszwecke verwendet worden. In Neuseeland ist aus einer Kreuzung mit *C. japonica* die Hybride C. 'Nicky Crisp' entstanden. Sie wächst kompakt, hat eine dunkelgrüne Belaubung und blüht sehr reich mit hellrosa, halbgefüllten Blüten. In Neuseeland ist sie gegenwärtig eine der populärsten Kamelien. In Europa wird sie bisher nur selten kultiviert.

Camellia reticulata

Netznervige Kamelie

Die einfach blühende Form von *C. reticulata*, nomenklatorisch korrekt als *C. reticulata* Lindley fo. *simplex* Sealy bezeichnet, hat ihre natürliche Verbreitung in der chinesischen Provinz Yunnan. Das Vorkommen der einfach blühenden Sippe (fo. *simplex*) ist auf die Longcong-Bergregion im Verwaltungsbezirk Tenchong in Südwest-Yunnan begrenzt. Sie gedeiht dort häufig an Berghängen und in Tälern, unter anderem in lockeren *Pinus-yunnanensis*-Wäldern, bis in Höhen von 1800 bis 2500 m auf gut dränierten Böden. Einfach und gefüllt blühende Formen können sich zu stattlichen, starkstämmigen, breitkronigen, locker verzweigten Bäumen von mehr als 15 m Höhe entwickeln. Neben der einfach blühenden Wildform finden sich aber auch Formen mit ± stark gefüllten Blüten. In Yunnan sind etwa 120 echte *C.-reticulata*-Sorten bekannt. Es handelt sich dabei um Nachkommen von Zweigmutationen oder um Kreuzungen zwischen verschiedenen Sorten der Art.

Während die einfach blühende Form ihrer ölhaltigen Früchte wegen geschätzt wurde, wurden in Yunnan jahrhundertelang Formen mit halb- oder vollständig gefüllten Blüten als Ziergehölze verwendet und bevorzugt in Tempel- oder Klösterngärten gepflanzt. Die Art wird deshalb auch als Tempel-Kamelie bezeichnet. Nicht wenige Bäume haben ein Alter von mehr als 100 Jahren erreicht. In

Camellia reticulata

einem Nonnenkloster der Stadt Guanzhuang, im Verwaltungsbezirk Anning stehen zwei Bäume mit der Sortenbezeichnung 'Shizitou', die nach chinesischer Meinung 600 Jahre alt sind. (FENG GUOMEI, YIA LIFANG und ZHU XINANGHONG 1986). Die alten Sorten werden gegenwärtig am Yunnan Botanical Institute in Kunming gesammelt und gepflegt.

Die netznervig geaderten Blätter der Art waren 1827 für JOHN LINDLAY (1799–1865) der Grund, diese Kamelie mit der Artbezeichnung *reticulata* = netznervig zu belegen. *C.-reticulata*-Sorten bestechen durch ihre enorm großen, weithin leuchtenden Blüten, die Durchmesser von über 20 cm erreichen können. Während die Blüten der fo. *simplex* rosa gefärbt sind, reicht das Farbspektrum der gefüllt blühenden Sorten von Zartrosa bis zu einem tiefen Karminrot. Großsträucher oder Kleinbäume, die im Frühjahr eine Fülle so großer Blüten tragen, sind naturgemäß von einer überwältigenden Wirkung. Die Sorten blühen in der Regel im Anschluss an die *C.-japonica*-Sorten. In zusagenden Klimazonen bilden sie den Höhepunkt in der Frühjahrsblüte der Kamelien. Ihre Kronblätter sind oft gedreht und geriffelt, deshalb sehen die Blüten mehr oder weniger stark gefüllt aus, selten sind sie weit geöffnet.

C.-reticulata-Sorten wachsen meist zu locker aufgebauten Großsträuchern oder Kleinbäumen heran. Trotz ihrer starkwüchsigen Eigenschaft vertragen *C.-reticulata*-Sorten stärkere Rückschnitte, die bei anderen Gehölzen zu einer dichteren Verzweigung führen, nicht gut. Die Belaubung kann vergleichsweise spärlich sein, weil die Blätter, vor allem bei Bodentrockenheit und Nährstoffmangel, oft nur ein Jahr lang leben und im späten Frühjahr nach dem Neuaustrieb sterben und abfallen. Im Austrieb sind die großen, steif-ledrigen Blätter oft rötlich getönt, später oberseits matt oder glänzend dunkelgrün.

C.-reticulata-Sorten stellen höhere klimatische Ansprüche als andere Kamelien. Ihre Kultur ist nur in Klimazonen möglich, in denen die Minimumtemperaturen nicht unter −10 bis −12 °C sinken. Sie vertragen nach Erfahrungen aus dem Tessin (WALDER 2001) auch keinen Dauerfrost, sondern benötigen auch im Winter ein gewisses Maß an Wärme und Sonne. Im Tessin gedeihen sie am besten an Südhängen, möglichst geschützt vor morgendlicher Sonneneinstrahlung. Dort können sie sich tagsüber von der nächtlichen Kälte erholen. Die noch nicht stark verholzten jungen Zweige können bei starker Wärmeeinstrahlung zwar rasch welken, sie erholen sich aber in den kühlen Abendstunden rasch. Ausreichend warme Standorte sind auch die Vorraussetzung für die Induktion von Blütenknospen. Alle Sorten benötigen einen frischen, aber sehr gut dränierten Boden. Für etablierte Pflanzen bereiten aber längere Trockenperioden bei ausreichend tiefgründigen Böden im Tessin keine Probleme. Nicht wenige Sorten benötigen, wenn sie jung gepflanzt worden sind, im Garten einige Standjahre, ehe sie voll zur Blüte kommen.

Eine der schönsten und dankbarsten Sorten der Art ist 'Captain Rawes'. Sie ist vermutlich die erste *C.-reticulata*-Sorte, die Europa erreichte. Sie wurde 1820 durch RICHARD

Rawes, Kapitän der englischen Ostindien-Kompanie, aus China nach England, zu Thomas Carey Palmer in Kent eingeführt und ihm zu Ehren benannt. 1926 blühte die Pflanze zum ersten Mal, ihre großen, halbgefüllten Blüten waren leuchtend karmin- bis rosarot. 'Captain Rawes' ging offenbar in ihrem Heimatland verloren und wurde aus Amerika wieder nach China reimportiert. Eine Pflanze aus der ersten Einführung, etwa 7 m hoch und mit einem Stammdurchmesser von 80 cm, wächst noch am „conservative wall" im Park von Chatswoth House in Derbyshire. Eine weitere Einführung nach England erfolgte 1847 durch den namhaften Pflanzensammler Robert Fortune (1812–1880). Es handelte sich um eine gefüllt blühende Form mit tief karminroten Blüten. Erst durch George Forrest (1873–1932), ebenfalls ein sehr erfolgreicher Pflanzenjäger, kamen in den 1930er Jahren Samen der Art nach Europa. Da die daraus erzogenen Pflanzen einen unbefriedigenden Wuchs und kleine, rosafarbene Blüten hatten, galten sie als wenig attraktiv.

Mit Blüten, deren Durchmesser mehr als 20 cm erreichen, gehört die Sorte 'Dali Cha' zu den spektakulärsten Kamelien überhaupt. Sie ist eine der in der chinesischen Provinz Yunnan seit Jahrhunderten kultivierten Sorten, die noch in alten Exemplaren vorhanden sind.

'Mary Williams' besitzt nach Erfahrungen aus dem Tessin (Walder 2002) eine bessere Frosthärte als andere Sorten von *C. reticulata*. Sie kommt deshalb für eine Kultur in Deutschland am ehesten in Frage.

Nach dem Zweiten Weltkrieg, ab 1948, sind zahlreiche *C.-reticulata*-Sorten aus China nach Australien, Neuseeland, Amerika und England exportiert und mit englischen Namen in den Handel gebracht worden. Sie wurden dort züchterisch bearbeitet und mit sich selbst und Arten wie *C. japonica*, *C. boreali-yunnanica*, *C. saluenensis*, *C. sasanqua und C. granthamiana* gekreuzt. Einige der so entstandenen Hybriden werden weiter unten beschrieben. Die meisten von ihnen sind ausgesprochen großblütig und mit ihrem lockeren Aufbau der *C. reticulata* ähnlich.

Camellia 'Cornish Spring'

C.-reticulata-Hybriden wie zum Beispiel *C.* 'Black Lace', *C.* 'Cornish Spring', *C.* 'Francie L.', *C.* 'Inspiration' oder *C.* 'Leonard Messel' sind deutlich frosthärter als reine *C.-reticulata*-Sorten, sie lassen sich außerdem leichter vermehren und sind deshalb häufiger in Kultur als diese.

Hybriden mit *C.-reticulata*-Blut zeichnen sich durch einen gegenüber *C.-japonica*-Sorten stärkeren Wuchs und einen lockereren Aufbau aus. Sie haben meist ledrige, oberseits matte oder leicht glänzende Blätter, die im Austrieb oft rostbraun gefärbt sind. Wie die Art haben sie große Blüten mit gewellten und gekräuselten Kronblättern.

Camellia rosiflora
Rosenblütige Kamelie

C. rosiflora kommt in vier chinesischen Provinzen vor. Die wüchsige, zierlich aufgebaute, dünnzweigige, oft mit überhängenden Ästen aufgebaute Art erinnert mit ihren kleinen, zierlichen Blätter an *C. sansanqua*. Nur 3,5 cm breit sind die zart lachsrosa gefärbten,

Camellia rosiflora

trichterförmigen Blüten mit den hellgelben Staubblättern. Die Art gilt in Kultur als ziemlich unproblematisch. Ihre Ansprüche entsprechen etwa denen von *C. japonica*.

Camellia saluenensis
Hinterindische Kamelie

C. saluenensis stammt aus den südwestchinesischen Provinzen Sichuan und Yunnan. Sie kommt dort sowohl an wenig bis stark beschatteten Standorten in Kiefernwäldern als auch in offenen, exponierten Hanglagen auf trockenen, nährstoffarmen Böden vor. Wildherkünfte variieren in Bezug auf ihren

Camellia saluensis

Habitus, in der Blattgröße sowie in Größe und Farbe der stets einfachen Blüten mit ihren 6 oder 7 Kronblättern. Das Farbspektrum reicht von einem hellen bis zu einem sehr dunklen Rosa. Die Staubblätter können hell- bis tief buttergelb gefärbt sein. Die Blütezeit der Art reicht vom Spätherbst bis zum zeitigen Frühjahr. Schon relativ junge Pflanzen setzen Blüten an. Ein weiterer Vorteil von *C. saluenensis* ist, dass sie auch an stärker beschatteten Standorten einen reichen Blütenflor entwickelt.

C. saluenensis wurde im Westen durch einen der erfolgreichsten englischen Pflanzenjäger, George Forrest (1873–1932), bekannt. Er schickte von seiner Sammelreise 1917 bis 1919 aus dem Shweli-Salween-Tengyueh-Gebiet in West-China unter der Sammelnummer 17686 und 17726 Samen der Art nach England. 1924 kamen weitere Aufsammlungen unter den Nummern 24090, 25156, 25321 und 26051 nach England. 1925 gelangte mit einer weiteren Saatgutsendung (Nummer 16285) auch Herbarmaterial zu den Königlich Botanischen Gärten in Edinburgh und Kew. Zwar haben auch weitere Sammler Samen der Art eingeführt, die wichtigsten Einfuhren stammen aber von Gerorge Forrest, dessen Sammelreisen vom Königlichen Botanischen Garten in Edinburgh und von privaten Parkbesitzern finanziert wurden.

Neben den Botanischen Gärten wurden John Charles Williams in Caerhays Castle, Cornwall, Col. Stephenson Robert Clarke, Borde Hill, Sussex, Edmund de Rothschild, Exbury, Hampshire, und Georg Johnstone, Trewithen, Cornwall, mit Saatgut bedacht.

Ihrer Herkunft aus warm-temperierten Klimazonen entsprechend, besitzt *C. saluenensis* keine sonderlich hohe Kältetoleranz. Ihre positiven Eigenschaften – attraktive Blüten, Blütenansatz schon in jungen Jahren und auch an schattigen Standorten – waren Grund genug, die Art für Kreuzungen zu verwenden. So entstanden aus einer Verbindung zwischen *C. japonica* und *C. saluenensis* die prachtvollen *C. × williamsii*-Hybriden.

Camellia sasanqua

Camellia sasanqua
Sasanqua-Kamelie

C. sasanqua, in Japan als Sazanka bezeichnet, hat ihre natürliche Verbreitung in China, Japan, den Riukiu-Inseln, in Vietnam und Laos. Im südlichen Japan, vorwiegend auf Kyushu und den Riukiu-Inseln, besiedelt sie vornehmlich küstennahe, leicht beschattete Standorte in sommer- und immergrünen Laubwäldern bis in Höhen von etwa 900 m. Als herbstblühende Art hat sie eine besondere Bedeutung. Im Naturwald kommt sie erst dann richtig zur Geltung, wenn die sommergrünen Bäume und Sträucher gegen Ende Oktober ihr Laub verloren haben.

Ihre Blüten benötigen zur Entfaltung keine hohen Temperaturen, sondern nur eine Besonnung während des Tages. Die Blütezeit der Sazanka fällt in den November und Dezember, ihre letzten Blüten werden durch den einsetzenden Frost zerstört. Mit ihrer frühen Blüte läutet sie die Blühsaison der Kamelien ein.

Die Art kam nicht vor 1896 nach Europa. Bei Pflanzen, die vor dieser Zeit unter dem Namen *C. sasanqua* kultiviert worden waren, handelte es sich um Formen der ähnlichen

C. oleifera, die durch die Kapitäne der englischen Ostindien-Kompanie in den Jahren zwischen 1811 und 1823 aus China eingeführt worden waren.

Der locker aufgebaute, durch seine vergleichsweise kleinen Blätter sehr zierliche Strauch prägt mit seiner weithin sichtbaren Blütenfülle nicht selten den japanischen Herbstgarten. Die Art hat relativ kleine, 5 bis 7 cm breite, weiße oder leicht rosa getönte Blüten. Ähnliche Blütenfarben haben auch die Sorten der Art. Die Blüten von *C. sasanqua* und ihrer Sorten sind überwiegend einfach oder nur halbgefüllt. Alle haben einen deutlichen, einige einen starken, weitstreichenden Duft, wie zum Beispiel die Sorte 'Setsugekka'. Der Duft von *C. sasanqua* wird nicht immer als angenehm, sondern nicht selten als erdig oder gar muffig empfunden. Die Einzelblüten von *C. sasanqua* halten nur einen Tag lang, bevor sie ihre Blütenblätter fallen lassen, sie eignen sich also nicht als Schnittblumen.

Die leuchtend rot blühende Sorte 'Yuletide', gelegentlich zu *C. sasanqua* gestellt, gehört tatsächlich zu *C. × vernalis*, die vermutlich aus einer Kreuzung zwischen *C. japonica × C. sasanqua* entstanden ist und die deshalb oft auch zu den Sasanquas gerechnet wird. Weil *C. × vernalis*-Sorten erst Ausgangs des Winters zu blühen beginnen, werden sie im Englischen als „Spring Sasanqua" bezeichnet.

Sasanquas gedeihen naturgemäß am besten unter Klimabedingungen, die denen ihrer natürlichen Standorte ähnlich sind, das sind vor allem milde Winter, warme Sommer und sonnige Standorte. Sie sind weniger kältetolerant als Sorten von *C. japonica*. Günstige Standorte finden sie in den Ländern rings um das Mittelmeer, im Gebiet der oberitalienischen Seen, den Südstaaten der USA, im nördlichen Neuseeland sowie in Teilen von Australien. Unter Klimabedingungen wie auf den britischen Inseln überstehen sie zwar problemlos die Winter, leiden aber unter einer Schwarzfleckigkeit und dem teilweisen Verlust der Blätter. In Klimaregionen mit einem späten Frühjahrsbeginn und kühlen Sommern lässt außerdem die Bluteninduktion zu wünschen übrig.

Unter zusagenden Klimabedingungen gedeihen Sasanquas, zu denen neben *C. sasanqua* oft auch *C. hiemalis* und *C. × vernalis* gerechnet werden, recht problemlos. Sie gedeihen auch auf Böden mit einem etwas höheren Kalkgehalt (bis etwa pH 7) besser als die meisten anderen Kamelien und sind weniger anspruchsvoll an den Nährstoffgehalt des Bodens. Sie sind auch unter feuchtwarmen Klimabedingungen gegenüber Wurzelfäule resistenter als andere Arten.

Sasanquas erreichen als Großsträucher oder Kleinbäume Wuchshöhen bis 5 m, bei einer etwas geringeren Breite. Ihr eleganter, ausgewogener Habitus macht, wie bei anderen Kamelien auch, Schnittmaßnahmen überflüssig. Als kleinblättrige Kamelie eignet sich die Art und vor allem einige kompakt wachsende Sorten aber gut für den Aufbau von geschnittenen Hecken oder geometrischen Formen. Geschnitten wird dann im Frühjahr unmittelbar nach der Blüte und vor dem Neuaustrieb.

Ein besonders kompakter, reich verzweigter Wuchs ist charakteristisch für die von Bob Cherry in Australien gezüchteten Sorten der Paradise-Gruppe. Sie eignen sich besonders gut als Topfpflanzen, für den Formschnitt und für niedrige Hecken.

C. sasanqua gehört, wie die Öl-Kamlie (*C. oleifera*), zur Sektion Oleifera. Botaniker wie Chang Hu Ta und Bartholomew (1984) vermuten, dass es sich bei *C. sasanqua* möglicherweise nur um eine geografische Varietät von *C. oleifera* handelt. Gegenwärtig wird ihr aber der Status einer eigenen Art zuerkannt. Wie die Öl-Kamelie bildet *C. sasanqua* nach der Blüte große, glänzend schwarze Samen aus, aus denen ein wertvolles, klares, leicht duftendes Speiseöl, als Kamelien- oder Teeöl bezeichnet, gewonnen werden kann.

Camellia sinensis
Chinesische Kamelie, Teestrauch

C. sinensis, der Teestrauch, hat als Zierstrauch weder in seinen Heimatländern noch

Links: *Camellia transnokoensis*

Rechts: *Camellia tsai*

in der westlichen Welt eine Bedeutung, obwohl die zarten, elfenbeinfarbenen Blüten der Art und die deutlich größeren Blüten der var. *assamica* durchaus reizvoll sind. Trotzdem hat die Art von allen Kamelien die größte wirtschaftliche Bedeutung, denn aus ihren Blättern wird der in aller Welt geschätzte Tee bereitet (siehe Seite 19ff.).

Camellia transnokoensis
Taiwan-Kamelie

Die im subtropischen Klima von Taiwan heimische Art ist als Freilandpflanze nur für entsprechende Klimaregionen geeignet. Unter weniger günstigen Klimabedingungen kann sie nur als Kübelpflanze unter Glas gehalten werden. Ihre dekorativen Eigenschaften sind vor allem ihre Fülle an kleinen, weißen, zylindrischen Blüten, die sich im Frühjahr vor der Laubentfaltung öffnen und der anschließend einsetzende rötliche Blattaustrieb. Insgesamt ist die Art der *C. lutchuensis* recht ähnlich. Auch ihre Blüten besitzen einen feinen Duft.

Camellia tsai

Zu *C. tsai* gehören zwei Varietäten, *C. tsai* var. *tsai* und *C. tsai* var. *synaptia*. Während *C. tsai* var. *tsai* von der chinesischen Provinz Yunnan bis nach Myanmar und Nord-Vietnam verbreitet ist, ist das Verbreitungsgebiet von *C. tsai* var. *synaptia* auf die chinesischen Provinzen Yunnan und Huan begrenzt. Die beiden Varietäten unterscheiden sich nur in der Stärke ihrer Zweige, der Konsistenz der Blätter und der Behaarung der Kelchblätter. Die Art entwickelt sich zu attraktiv belaubten Kleinbäumen von 3 bis 10 m Höhe an denen die glänzend grünen Blätter abwärts gerichtet sind. Die sehr kleinen, kaum 2 cm breiten, zylindrischen, sehr stark duftenden Blüten sind überwiegend weiß, bei einigen Herkünften auch leicht rosa getönt. *C. tsai* hält in Australien, Neuseeland und in wärmeren Teilen Süd-Englands im Freien aus. Die Art wurde 1917 bis 1919 und 1924 durch George Forrest nach Europa eingeführt. Ihrem hohen Gartenwert entsprechend ist sie in England 1993 mit einem Award of Garden Merit ausgezeichnet worden.

Camellia × williamsii
Williams-Kamelie

C. × williamsii-Hybriden sind aus Kreuzungen zwischen *C. japonica* oder deren Sorten und *C. saluenensis* oder deren Sorten hervorgegangen. Ihre Geschichte begann mit der Einführung von *C. saluenensis* nach Europa Anfang des vergangenen Jahrhunderts.

Die Hybriden zeichnen sich durch große, attraktive Blüten und eine hohe Blühwilligkeit aus. Sie sind vergleichsweise kältetolerant und setzen auch bei nicht optimalen Sommertemperaturen bereitwillig Blütenknospen an. Sie kommen auch bei kühlen Frühjahrstemperaturen und geringer Lichtin-

Oben:
Camellia × williamsii 'E. G. Waterhouse'

Rechts:
Camellia yunnanensis

tensität zu einer reichen Blüte. Für feuchtwarme Klimaregionen sind sie aber nicht besonders gut geeignet, denn hier leiden sie unter dem Befall von Krebs (*Glomerella cingulata*).

Erste Kreuzungen zwischen *C. japonica* und *C. saluenensis* wurden in Cornwall, England, ab 1940 vorgenommen. In England erhielt die Sorte 'Donation' 1941 ein Award of Merit, die Sorte 'J. C. Williams' 1942 ein First Class Certificate', 'Marx Christian' 1942 ein Award of Merit. 'Donation' gilt in England als eine der populärsten Kamelienhybriden überhaupt. In den 50er und 60er Jahren des vergangenen Jahrhunderts wurden weitere Sorten, auch aus Amerika, Australien und Neuseeland bekannt. Ihr Gartenwert wurde in England zum Teil mit Höchstnoten bewertet. Zahlreiche der frühen Sorten sind auch heute noch in Kultur. Waren die Blüten der ersten Sorten überwiegend einfach oder halbgefüllt, folgten später auch Sorten mit vollständig gefüllten Blüten, wie zum Beispiel die 1955 entstandene Sorte 'E. G. Waterhouse'. Während die Blüten der meisten Sorten in unterschiedlichen Tönungen rosa gefärbt sind, sind die zahlreichen Petaloiden in den Blüten von 'Jury's Yellow' cremegelb gefärbt.

Camellia yunnanensis
Yunnan-Kamelie

Die chinesischen Provinzen Sichuan und Yunnan beherbergen die natürlichen Vorkommen der Art. Sie kann sich zu locker aufgebauten, breitkronigen Kleinbäumen entwickeln, aber auch nur strauchig bleiben. Sehr attraktiv sind die bis etwa 7 cm breiten, weißen Blüten mit den weit abstehenden Kronblättern, dem prominenten, goldgelben Staubblattbündel und dem ausgeprägten, angenehmen Duft. Die Art findet im Bereich der oberitalienischen Seen ausreichend gute Wachstumsbedingungen.

Erläuterungen zu den Art- und Sortenbeschreibungen

Nomenklatur

Die Benennung der Arten, Hybriden und Sorten richtet sich in dieser Monografie nach dem von THOMAS J. SAVIGE und seinen Mitarbeitern zusammengestellten und 1993 von „The International Camellia Society" herausgegebenen zweibändigen „International Camellia Register", dem 1997 ein Supplement folgte. Eine Auflistung synonymer Namen, einschließlich chinesischer Sortenbezeichnungen findet sich auf den Seiten 151–159.

Blütenformen

Die sehr unterschiedlichen Blütenformen der Kamelien werden üblicherweise in folgende Gruppen eingeteilt:

1. Blüten **einfach** (E): Kronblätter in einem Kreis, höchstens 8, regelmäßig, unregelmäßig oder locker angeordnet, mit einem ausgeprägten Bündel von Staubblättern.
2. Blüten **halbgefüllt** (HG): Kronblätter mehr als 8, sich oft überlappend, in 2 oder mehr gleichmäßigen, unregelmäßigen oder lockeren Reihen, mit einem ausgeprägten Bündel von Staubblättern, gelegentlich mit einigen kronblattartigen Staubblättern (= Petaloiden).
3. Blüten **anemonenförmig** (A): Kronblätter zahlreich, in 1 oder mehreren Reihen, groß, flach ausgebreitet oder wellig, in der konvexen Mitte zahlreiche echte und kronblattartige Staubblätter (= Petaloiden).
4. Blüten **päonienförmig** (P): Kronblätter zahlreich, in unterschiedlicher Größe, meist gewellt und gedreht, mischen sich mit kleinen inneren Petaloiden und echten Staubblättern und bilden eine ± stark gewölbte, halbkugelförmige Blüte.
5. Blüten **rosenförmig** (R): Kronblätter zahlreich, dachziegelartig angeordnet, mit einer knospenförmigen Mitte, bei voller Öffnung der Blüten in der konkaven Mitte einige Staubblätter. Die nicht ganz geöffnete Blüte ist kaum von einer vollständig gefüllten zu unterscheiden.
6. Blüten **vollständig gefüllt** (VG): Kronblätter zahlreich, in mehreren Reihen regelmäßig dachziegelig angeordnet, Staubblätter nicht sichtbar.

Die Blüten der Kamelienarten und -sorten sind keineswegs stets einheitlich, ihre Form, Farbe und Größe können variieren und sind unter anderem abhängig vom Alter und Kulturzustand der Pflanzen, vom Standort und von der Bodenart.

Blütengröße

Angaben zur Blütengröße bedeuten:
sehr groß: > 12,5 cm breit
groß: 10–12,5 cm breit
mittel: 7,5–10 cm breit
klein: 5–7 cm breit.

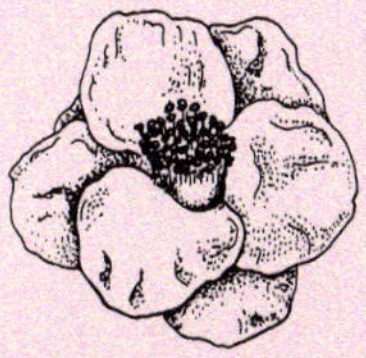

Einfach (E)

Halb gefüllt (HG)

Anemonenförmig (A)

Päonienförmig (P)

Rosenförmig (R)

Vollständig gefüllt (VG)

Blütezeit

Bei der Angabe der Blütezeit von im Freiland kultivierten Kamelien bedeuten:
früh: ab Mitte Februar
mittel: ab März/April
spät: ab Mai
Unter Glas kultiviert, beginnt die Blüte etwa drei Monate früher.

Gartenwert

Bei der Beurteilung des Gartenwertes einer Art, Hybride oder Sorte können Auszeichnungen hilfreich sein. Für Kamelien sind im europäischen Raum nur in England Auszeichnungen vergeben worden. Obwohl sie nur bedingt auf mitteleuropäische Klimabereiche übertragbar sind, können sie bei der Auswahl einer Art oder Sorte Hilfestellung leisten.

AM = Award of Merrit. 1859 in England eingeführt und durch die Royal Horticultural Society (RHS) vergeben, in der Regel auf Ausstellungen anhand lebender Pflanzen oder Zweige.
FCC = First Class Certificate. 1959 in England eingeführt und ebenfalls durch die RHS auf Ausstellungen vergeben.
AMT und FCCT = Ebenfalls von der RHS vergebene Auszeichnung, aber nach einer Freilandprüfung im Versuchsgarten der RHS in Wisley, Surrey.
AGM = Award of Garden Merit. 1992 wieder eingeführt. Gilt in England als wertvollste Auszeichnung und wird nach einer Freilandprüfung nur Pflanzen verliehen, die mehrere Bedingungen zu erfüllen haben: sie sollen ausgezeichnete dekorative Eigenschaften besitzen, von guter Konstitution und Gesundheit sein, keinen hohen Pflegeaufwand erfordern und in ihren morphologischen Merkmalen beständig und am Markt verfügbar sein.

Winterhärte

Die Angaben zur Winterhärte bedeuten: Die Art, Hybride oder Sorte ist in der angegeben Winterhärtezone (WHZ) in Normalwintern ausreichend frosthart. In sehr kalten Wintern, in denen die Temperaturen für längere Zeit den Mittelwert unterschreiten, können natürlich mehr oder weniger starke Frostschäden auftreten. Es ist aber wohl realistisch, wenn man annimmt, dass Kamelien in der angegebenen Zone eine mindestens 80 %ige Überlebenschance haben. Außerdem treten Extremwinter in unterschiedlich großen, nicht vorhersehbaren Zeitabständen auf. Zwischen zwei Extremwintern lassen sich in weniger günstigen Klimazonen durchaus mit gutem Erfolg auch empfindlichere Gehölze kultivieren. Es ist aber möglich, dass diese im nächsten Winter mehr oder weniger große Schäden davontragen können.

Die Skala der Winterhärtezonen reicht von **1** (mittlere jährliche Minimumtemperatur unter –45 °C) bis **11** (mittlere jährliche Minimumtemperatur über +4 °C). Für die Kultur von Kamelien sind in Mitteleuropa nur die Winterhärtezonen von **7a** bis **9** relevant.

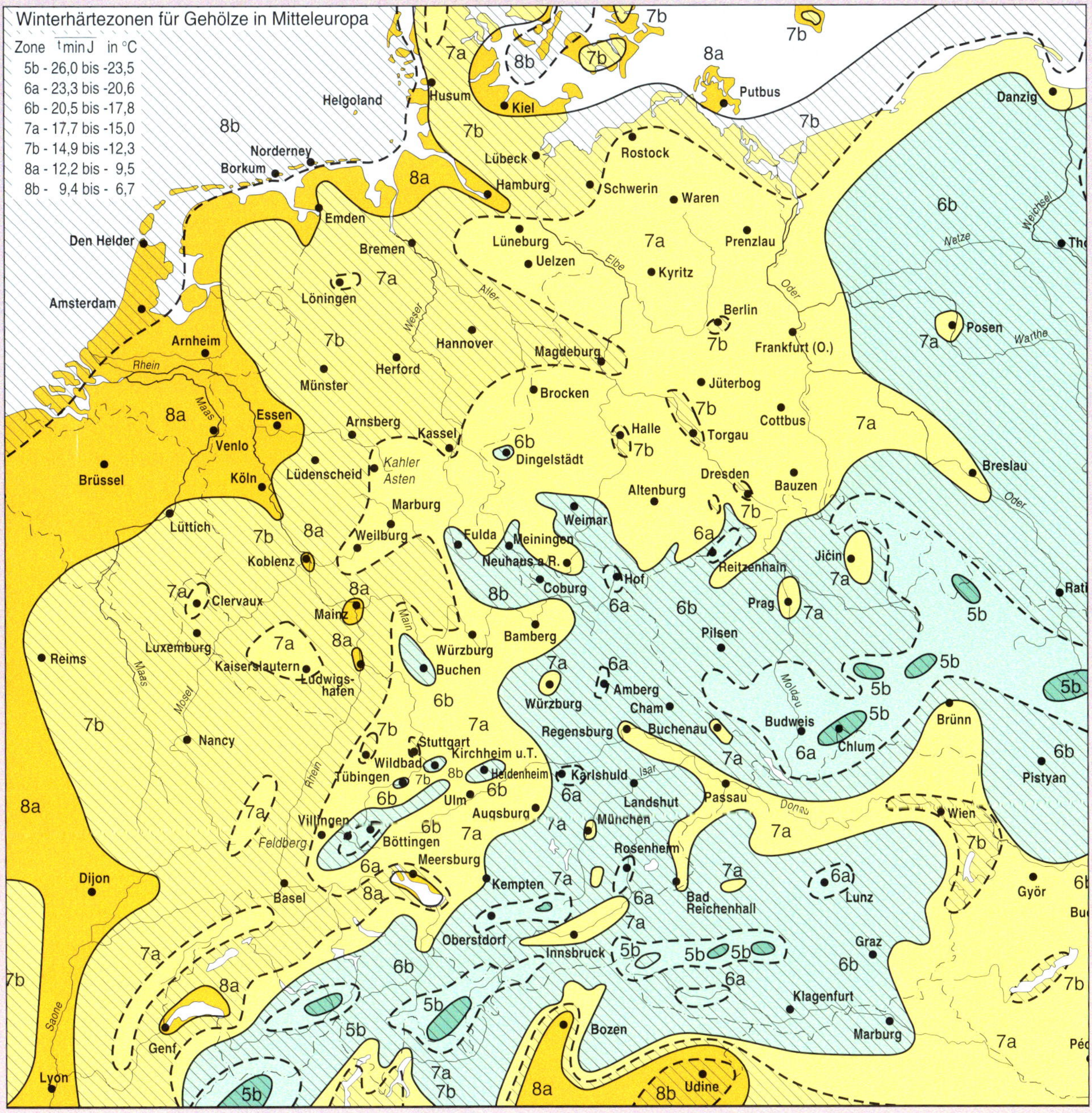
Winterhärtezonen für Gehölze in Mitteleuropa
Zone $t_{min J}$ in °C
5b - 26,0 bis -23,5
6a - 23,3 bis -20,6
6b - 20,5 bis -17,8
7a - 17,7 bis -15,0
7b - 14,9 bis -12,3
8a - 12,2 bis - 9,5
8b - 9,4 bis - 6,7
Helgoland
Norderney
Borkum
Den Helder
Amsterdam
Emden
Bremen
Löningen
Husum
Kiel
Putbus
Danzig
Lübeck
Hamburg
Rostock
Schwerin
Waren
Lüneburg
Uelzen
Kyritz
Prenzlau
Berlin
Frankfurt (O.)
Posen
Arnheim
Rhein
Maas
Hannover
Herford
Münster
Magdeburg
Jüterbog
Brocken
Essen
Venlo
Brüssel
Köln
Arnsberg
Kassel
Lüdenscheid
Kahler Asten
Dingelstädt
Halle
Torgau
Cottbus
Breslau
Marburg
Altenburg
Dresden
Bauzen
Lüttich
Koblenz
Weilburg
Fulda
Weimar
Meiningen
Neuhaus a. R.
Hof
Reitzenhain
Jičin
Clervaux
Mainz
Coburg
Prag
Luxemburg
Bamberg
Pilsen
Reims
Kaiserslautern
Ludwigshafen
Würzburg
Buchen
Amberg
Cham
Regensburg
Buchenau
Budweis
Chlum
Brünn
Nancy
Stuttgart
Wildbad
Tübingen
Kirchheim u.T.
Heidenheim
Karlshuld
Ulm
Augsburg
Landshut
Passau
Wien
Pistyan
Villingen
Feldberg
Böttingen
Meersburg
München
Rosenheim
Kempten
Bad Reichenhall
Lunz
Győr
Dijon
Basel
Oberstdorf
Innsbruck
Graz
Klagenfurt
Marburg
Genf
Bozen
Udine
Lyon
Saone
Mosel
Main
Weser
Aller
Elbe
Oder
Netze
Warthe
Weichsel
Moldau
Donau
Isar

Links:
Camellia 'Barbara Clark'

Rechts:
Camellia 'Black Lace'

Beschreibung der Arten, Sorten und interspezifischen Hybriden

In alphabetischer Reihenfolge werden hier Arten und deren Sorten sowie interspezifischen Hybriden steckbriefartig beschrieben. Während bei den letzteren die Elternarten angegeben werden, unterbleibt dies bei den Sorten, die durch Auslese, Mutation oder Sortenkreuzungen entstanden sein können.

Aus der überaus großen Anzahl an Sorten – vor allem bei *C. japonica* – und interspezifischen Hybriden werden hier überwiegend diejenigen beschrieben, die in Europa von mehreren Kamelien-Gärtnereien angeboten werden.

Synonyme, heute nicht mehr gültige Art- und Sortennamen, einschließlich der chinesischen Sortennamen, werden ab Seite 151 in einer Übersicht zusammengefasst. In der Nomenklatur wird hier dem von Thomas J. Savige 1993 herausgegebenen International Camellia Register gefolgt.

Camellia 'Barbara Clark'

(*C. saluenensis* × *C. reticulata*; Neuseeland, 1958)
Locker aufrechter, reich verzweigter Strauch oder kleiner Baum. Blätter eiförmig, lang zugespitzt. Blüten leuchtend rosa, halbgefüllt, 8–9 cm breit, lange haltbar, Kronblätter etwa 15, Staubblätter gelb. Blütezeit mittel bis spät. WHZ 8b.

Camellia 'Black Lace'

(*C.* × *williamsii* 'Donation' × *C. reticulata* 'Crimson Robe'; L. W. Ruffin, Mississippi, USA, 1971)
Buschig aufrechter, kompakter, reich blühender Strauch oder kleiner Baum. Blätter bis 8 cm lang, breit eiförmig, glänzend dunkelgrün. Blüten dunkelrot, silbrig überhaucht, rosenförmig bis vollständig gefüllt, 11 cm breit, die 130–140 Kronblätter breit eiförmig, regelmäßig dachziegelartig angeordnet, die Spitzen auswärts gekrümmt, mit aufgesetzter, zierlicher, schwärzlich gefärbter Spitze. Blütezeit mittel bis spät. WHZ 8a. 🏆 AGM 2002.

Camellia 'Buddha'

(*C. reticulata* × *C. pitardii* var. *yunnanica*; Prof. Tsai, Kunming, Yunnan, China; als Sämling zum Descanso Garden, California, USA, gelangt, 1954)
Aufrechter, stark wachsender Strauch oder kleiner Baum. Blätter wie bei *C. reticulata*. Blüten leuchtend dunkelrosa, langsam verblassend, unregelmäßig halbgefüllt, sehr groß, Blütenblätter aufrecht, unregelmäßig gewellt, ein Bündel goldgelber Staubblätter umgebend. Blütezeit mittel. WHZ 8b. 🏆 AM 1962.

Camellia caudata Wall.

(Subgenus Metacamellia, Sektion Eriandra)
2–7 m hoher, aufrechter Strauch oder kleiner

Links:
Camellia 'Buddha'

Rechts:
Camellia chrysanthoides

Baum. Zweige dünn, kahl. Blätter ledrig, 5–13 cm lang, schmal länglich bis breit elliptisch, geschwänzt zugespitzt, Basis keilförmig, fein gezähnt, Seitennerven 8–9, beiderseits kahl. Blüten weiß, trichterförmig, 1–1,5 cm breit, 3–4 mm lang gestielt, Hochblätter 3–5, Kelchblätter 2 mm lang, länglich-eiförmig, frei, Kronblätter 5, auf dem Rücken anliegend behaart, Staubblattröhre lang, zu 2/3 röhrenförmig verwachsen, Staubblätter und Fruchtknoten behaart. Früchte 4 cm lang, länglich, geschnäbelt, kahl, einsamig. Verbreitung: Bhutan, Assam, Burma, Vietnam, Taiwan und China (Yunnan, Guangdong, Guangxi, Hainan, Zhejiang). WHZ 9.

Camellia 'China Lady'

(*C. reticulata* 'Buddha' × *C. granthamiana*; Nuccio's Nurseries, Altadena, California, USA, 1968)
Großer, stark und aufrecht wachsender, locker aufgebauter Strauch. Blätter bis 10 cm lang, mittelgrün, Nervatur tief eingesenkt. Blüten leuchtend orchideenrosa, zur Basis hin heller, halbgefüllt, 12,5 cm breit, weit geöffnet, Kronblätter locker stehend, unregelmäßig gewellt, Staubblätter in einem breiten, lockeren Bündel. Blütezeit früh bis spät. WHZ 8b.

Camellia chrysanthoides Chang

(Subgenus Thea, Sektion Chrysantha)
Bis 2,5 m hoher Strauch. Blätter dünnhäutig, länglich oder verkehrt-lanzettlich, 10–15 cm lang, zugespitzt bis plötzlich zugespitzt, an der Basis keilförmig bis stumpf, gesägt, Nervatur eingesenkt, kahl. Blüten hellgelb, 4–4,5 cm breit, achselständig, Tragblätter 4–6, Kelchblätter 5, nahezu rundlich, Kronblätter 8–9, an der Basis leicht verbunden, Staubblätter 1,3–1,5 cm lang, Fruchtknoten kahl, Griffel 3-teilig. Blütezeit November–Dezember, Fruchtkapsel 4,5 cm breit, 3-fächrig, je Fach 1–2 kugelige oder halbkugelige, braune Samen, Perikarp weniger als 1 mm dick. Verbreitung: China (Provinz Guangxi); 1958 entdeckt. WHZ 9. (Siehe auch Seite 84).

Camellia 'Cinnamon Cindy'

(*C. japonica* × *C. lutchuensis*; Dr. W. Ackerman, Glendale, Maryland, USA, 1975)
Mittelgroßer, buschig aufrechter, kompakter Strauch. Blätter bis 5 cm lang, hellgrün. Blüten fleischrosa, in der Mitte weiß, päonienförmig, etwa 5,3 cm breit, stark duftend, Kronblätter 17, Petaloiden 22, Filamente weiß, Staubblätter orange. Blütezeit früh bis spät. WHZ 8a.

Camellia 'Confucius'

(*C. reticulata* × *C. boreali-yunnanica*; Botanischer Garten Kunming, China, 1954)
Locker aufrechter, mittelstark wachsender Strauch oder kleiner Baum. Blätter schmal eiförmig, oberseits matt mittelgrün. Blüten orchideenrosa, am Saum heller, halbgefüllt, groß, Kronblätter stark gewellt, die wenigen Staubblätter mit einigen Petaloiden gemischt. Blütezeit mittel. WHZ 8b.

Camellia 'Cornish Snow'

(*C. cuspidata* × *C. saluenensis*; Mr. Williams, Caerhays Castle, Cornwall, England, 1948)
Zierlicher, locker und breit verzweigter, sehr reich und lange blühender Strauch. Blätter 5,5 cm lang, schmal eiförmig, lang zugespitzt, im Austrieb bronzefarben. Blüten weiß, gelegentlich zartrosa schattiert, einfach, etwa 5 cm breit, Kronblätter 8, unregelmäßig ausgebreitet bis zurückgeschlagen, Staubblätter in einem schmalen Bündel, Filamente weiß, Antheren anfangs goldgelb, später rötlich braun. Blütezeit mittel. WHZ 7b. 🏆 AM 1948, AGM 1993.

Links:
Camellia 'Confuzius'

Rechts oben:
Camellia 'Cornish Snow'

Rechts unten:
Camellia 'Dr. Clifford Parks'

Camellia 'Cornish Spring'

(*C. cuspidata* × *C. japonica* 'Rosea Simplex'; Miss Gillian Carylon, Tregrehan, Cornwall, England, 1973)

Mäßig stark wachsender, buschig aufrechter, reich blühender Strauch. Blätter schmal eiförmig, lang zugespitzt, matt dunkelgrün, im Austrieb bronzefarben. Blüten leuchtend rosa, dunkler geadert, an sonnigen Standorten rasch verblassend, einfach, breit trichterförmig, bis 4 cm breit, Staubblätter in einem schmalen Bündel, Antheren goldgelb. Blütezeit früh bis mittel. WHZ 8a. 🏆 AGM 1993. Abb. s. S. 84.

Camellia cuspidata var. cuspidata (Kochs) hort. ex Bean

(Subgenus Metacamellia, Sektion Theopsis)

Bis 3 m hoher, locker aufrechter, zierlicher Strauch. Zweige dünn, kahl. Blätter steif ledrig, 5–9 cm lang, schmal elliptisch bis lanzettlich-elliptisch, zugespitzt bis geschwänzt, Basis keilförmig, Rand entfernt gesägt, gewellt, oberseits dunkelgrün, unterseits hellgrün, beiderseits kahl. Blüten weiß, 2–2,5 cm breit, zahlreich, achsel- oder endständig an Kurztrieben, 3–4 mm lang gestielt, Tragblätter 4, Kelchblätter 5, eiförmig, 4–5,5 mm lang, ledrig, Kronblätter 6–7, die äußeren 2–3 1,5 cm lang, die inneren bis 3 cm lang, verkehrt-eiförmig, Staubblätter zahlreich, in einem dichten Bündel, kahl, die äußeren mit den Kronblättern verwachsen, die übrigen frei, Fruchtknoten kahl, 3-fächrig, nur 1 Fach fertil. Blütezeit März/April. Früchte kugelig, 11–12 mm dick, hellbraun. Verbreitung: China (Shaanxi, Sichuan, Yunnan, Guangxi, Guangdong, Fujiian, Jianxi). WHZ 8b. (Siehe auch Seite 84).

Camellia 'Dr Clifford Parks'

(*C. reticulata* 'Crimson Robe' × *C. japonica* 'Kramer's Supreme'; Dr. Clifford Parks, North Carolina, USA, 1972)

Aufrechter, stark wachsender Strauch oder kleiner Baum. Blätter bis 15 cm lang, breit eiförmig, kurz zugespitzt, dunkelgrün. Blüten rot, orangefarben schattiert, halbgefüllt bis päonien- oder anemonenförmig, sehr groß, 14–15 cm breit, Kronblätter stark gewellt, Staubblätter gelb, kaum sichtbar. Blütezeit mittel. WHZ 8b. 🏆 AGM 1993.

Camellia 'Dream Girl'

(*C. sasanqua* 'Narumigata' × *C. reticulata*-Hybride 'Buddha'; Howard Asper, Escondido, California, USA, 1966)

Links:
Camellia 'Dream Girl'

Rechts:
Camellia 'Forty Niner'

Straff aufrechter, stark wachsender Strauch oder kleiner Baum. Blätter wie bei *C.* 'Buddha'. Blüten hell satinrosa, halbgefüllt, bis 15 cm breit, 10 cm tief, leicht duftend, Kronblätter aufrecht, unregelmäßig, gewellt. Staubblätter goldgelb. Blütezeit früh. WHZ 8b.

Camellia 'Duftglöckchen'

(*C. japonica* 'Bohukan' × *C. lutchuensis*; P. Fischer, 1990)
Breit aufrechter, kräftig wachsender, locker aufgebauter Strauch. Blätter schmal lanzettlich, 2–3,5 cm lang, matt hellgrün. Blüten lachsrosa, einfach, glockig, etwa 2 cm breit, nach Honig duftend. Blütezeit mittel. WHZ 8b.

Camellia 'El Dorado'

(*C. pitardii* × *C. japonica* 'Tiffany'; Howard Asper, Escondido, California, USA, 1968)
Buschig aufrechter, stark wachsender Strauch oder kleiner Baum. Blätter mittelgrün. Blüten rosa, offen päonienförmig, 12,5 cm breit, Kronblätter gekräuselt und ausgerandet, die mittleren, aufrechten Petaloiden mit Gruppen von Staubblättern gemischt. Blütezeit mittel. WHZ 8b.

Camellia forrestii var. forrestii (Diels) Cohen-Stuart

(Subgenus Metacamellia, Sektion Theopsis)
1–5 m hoher Strauch oder kleiner Baum, nahe verwandt mit *C. cuspidata*. Triebe behaart. Blätter 2,2–3 cm lang, elliptisch, eiförmig-elliptisch oder eiförmig. Blüten weiß, bis 2 cm breit, angenehm duftend, zu 1–3 achsel- oder endständig an Kurztrieben, kurz gestielt, Tragblätter 3–4, Kelchblätter 5 mm lang, rundlich, bewimpert, Kronblätter 5–6, Staublätter in einer kurzen Röhre, Fruchtknoten kahl, 3-fächrig, nur 1 Fach fertil. Früchte klein, Perikarp dünn. Samen ölhaltig, wirtschaftlich nutzbar. Verbreitung: China (Yunnan), Vietnam. WHZ 9.

Camellia 'Forty-niner'

(*C. reticulata* 'Butterfly Wings' × *C. japonica* 'Indian Summer'; Howard Asper, Escondido, California, USA, 1971)
Buschig aufrechter, reich verzweigter, stark wachsender Strauch oder kleiner Baum. Blätter breit eiförmig, zugespitzt, glänzend dunkelgrün, gelegentlich weiß gefleckt. Blüten leuchtend rot, päonienförmig, 12–15 cm breit, Kronblätter leicht gewellt, in der Mitte Petaloiden mit den gelben Staubblättern gemischt. Blütezeit früh bis mittel. WHZ 8b.

Camellia 'Fragrant Pink'

(*C. japonica* var. *rusticana* 'Yoshida' × *C. lutchuensis*; Ackerman, Genn Dale, Maryland, USA, 1970)
Aufrechter, locker und breit verzweigter, mittelstark wachsender Strauch. Blätter bis 6 cm lang, im Austrieb bronzefarben, später hellgrün. Blüten dunkelrosa, päonienförmig, 5,5 cm breit, angenehm süßlich nach *Osmanthus* duftend, Kronblätter 10, Petaloiden 12, Filamente hellgelb, Antheren orangegelb. Blütezeit früh bis spät. WHZ 8b.
🏆 AM 1982.

Camellia 'Francie L.'

(*C. saluenensis* 'Apple Blossom' × *C. reticulata*-Hybride 'Buddha'; Ed Marshall, Huntington Gardens, San Marino, California, USA, 1964)
4–6 m hoher Baum oder Strauch. Wuchs stark, sparrig aufrecht. Blätter groß, lanzettlich. Blüten

Links:
Camellia 'Fragrant Pink'

Rechts:
Camellia 'Francie L.'

rosarot, halbgefüllt, etwa 13 cm breit, Kronblätter ± aufrecht, unregelmäßig gewellt und ausgerandet, Filamente gelblich, Antheren braun. Blütezeit früh bis mittel. WHZ 8a. 🏆 AM 1972, AGM 2002.

Camellia fraterna Hance

(Subgenus Metacamellia, Sektion Theopsis)
1–5 m hoher Strauch oder kleiner Baum, nahe verwandt mit *C. cuspidata*. Triebe behaart. Blätter ledrig, 4–8 cm lang, elliptisch bis breit elliptisch, lang zugespitzt, gesägt, oberseits graugrün, unterseits, wie der Blattstiel, dicht samtig behaart. Blüten weiß oder weißlich lila, 2,2–2,7 cm breit, leicht duftend, kurz gestielt, oft zu 2–3 oder mehr endständig an vorjährigen oder achselständig an diesjährigen Trieben. Kelchblätter dicht samtig behaart, Kronblätter 5–6, Staubblattröhre länger als die freien Staubblätter, Fruchtknoten kahl, 3-fächrig, nur 1 Fach fertil. Früchte klein, Perikarp dünn. Verbreitung: China (Fujian, Zhejiang, Jiangsu, Anhui). WHZ 9.

Camellia 'Freedom Bell'

(Abstammung unbekannt; Nuccio's Nurseries Katalog, 1965.)
Aufrechter, schwach wachsender, dicht verzweigter und dicht belaubter, reich blühender Strauch oder kleiner Baum. Blätter bis 5 cm lang, schmal eiförmig, lang zugespitzt, dunkelgrün. Blüten lebhaft rot, breit glockig, halbgefüllt, bis 8 cm breit, Kronblätter aufrecht bis abstehend, leicht gewellt und ausgerandet, Staubblätter in einem schmalen Bündel, Antheren goldgelb. Blütezeit früh bis mittel. WHZ 7b. 🏆 AGM 1996.

Camellia 'Frost Prince'

(*C. hiemalis* 'Shishigashira' × *C. oleifera*; Dr. William L. Ackerman, Washington, DC., USA, 1981)
Aufrechter, locker verzweigter, mittelstark wachsender Strauch oder kleiner Baum. Blätter 6 cm lang, dunkelgrün. Blüten dunkelrosa, einfach, bis 10 cm breit, Kronblätter 6–8, Filamente cremegelb, Staubblätter tiefgelb. Blütezeit früh, oft schon im Herbst. WH 7b.

Camellia granthamiana Sealy

(Subgenus Protocamellia, Sektion Archecamellia)
Bis 5 m hoher Strauch oder kleiner Baum. Blätter ledrig, 8–10 cm lang, länglich-elliptisch bis breit elliptisch, zugespitzt, Basis abgerundet oder stumpf, flach und stumpf gesägt, im Austrieb bronzefarben, später oberseits glänzend dunkelgrün, Nervatur auffallend tief eingesenkt, unterseits hellgrün. Blüten weiß, 10–17 cm breit, duftend, einzeln endständig an Kurztrieben, Trag- und Kelchblätter 12, bis 5 cm lang, nicht differenziert, bleibend, Kronblätter 8, weit ausgebreitet, vorne tief ausgerandet, Staubblätter auf einer Länge von 5–6 mm verbunden, Antheren lebhaft gelb, Fruchtknoten 5-fächrig, Griffel 5-teilig. Blütezeit November–Dezember. Früchte sich 5-klappig öffnend. Samen ölhaltig, wirtschaftlich nutzbar. Verbreitung: China (Hongkong, Guangdong). WHZ 8b. 🏆 AM 1974. (Siehe auch Seite 85).

Links:
Camellia fraternata

Rechts:
Camellia 'Freedom Bell'

Camellia grijsii Hance
(Subgenus Camellia, Sektion Paracamellia)
1–3 m hoher, kompakt aufgebauter Strauch oder kleiner Baum. Triebe und Blattstiele kahl. Blätter ledrig, 4,5–8,3 cm lang, elliptisch bis breit elliptisch oder eiförmig, schwanzartig zugespitzt, scharf gesägt, kahl. Blüten weiß, 4–5 cm breit, duftend oder nichtduftend, sitzend zu 1–2 endständig, aufrecht stehend, Trag- und Kelchblätter 9–10 cm, nicht differenziert, Kronblätter 5–6, ver kehrt-herzförmig, bis 3,5 cm lang, teilweise tief eingeschnitten, am Grund nahezu frei, Staubblätter kurz, nur wenig mit den Kronblättern verwachsen, Fruchtknoten dicht behaart, 3-fächrig, Griffel 2–7 mm lang, 3-teilig. Blütezeit Februar–März. Früchte kugelig, 2 cm dick, 1- bis 3-fächrig, Perikarp dünn, außen feinwollig behaart. Verbreitung: China (Fujian, Hunan, Jiangxi, Guangxi, Yunnan). WHZ 8b. (Siehe auch Seite 85).

Camellia hiemalis Nakai
(Subgenus Camellia, Sektion Reticulata)
Aufrechter Strauch oder kleiner Baum, sehr ähnlich *C. japonica*. Blätter ledrig, 6–9 cm lang, elliptisch oder länglich, stumpf gesägt, Nervenpaare 7. Blüten rosa oder weiß, 5 cm breit, Trag- und Kelchblätter nicht differenziert, 5–9, breit eiförmig, 4–15 mm lang, schwach flaumig behaart, Kronblätter 7, 3–3,5 cm lang. Staubblattröhre kürzer als die Staubblätter, diese in 3–4 Reihen, die äußeren eine kurze Röhre formend, kahl, Fruchtknoten behaart, 3-fächrig, Griffel 3 cm lang. Blütezeit Herbst und Winter. Verbreitung: China (Zhejiang); aus Shanghai nach Japan eingeführt. WHZ 8b.
'Chansonette'. (Marjorie Washburne, Port Arthur, Texas, USA, 1958). Wuchs stark, locker, ausgebreitet. Blätter 7,5 cm lang, schmal eiförmig, lang zugespitzt, grob gezähnt, oberseits glänzend dunkelgrün. Blüten leuchtend rosa, mit etwa 46 Kronblättern vollständig gefüllt, 7,5 cm breit, die Kronblätter gegen Ende der Blütezeit gekräuselt. Blütezeit früh. WHZ 8b. (Siehe auch Seite 85).
'Dazzler'. (Nuccio's Nurseries, Altadena, California, USA, 1960). Wuchs stark, locker aufrecht. Blätter schmal eiförmig, grob gezähnt, oberseits dunkelgrün. Blüten rosarot, halbgefüllt, 8 cm breit. Blütezeit früh. WHZ 8b.
'Kanjiro'. Wuchs locker aufrecht. Blätter eiförmig, stumpf zugespitzt, oberseits matt glänzend dunkelgrün. Blüten rosa, zu den Rändern hin rot, mittelgroß, halbgefüllt, Staubblätter goldgelb, mit Petaloiden gemischt. Blütezeit früh. Verbreitung: Japan; 1954 eingeführt. WHZ 8b.
'Shishigashira'. (Japan, 1894). Wuchs schwach, ausgebreitet. Blätter länglich, stumpf zugespitzt, gob gesägt, oberseits matt glänzend dunkelgrün.

Links:
Camellia hiemalis 'Chansonette'

Rechts oben:
Camellia hiemalis 'Dazzler'

Rechts unten:
Camellia 'Howard Asper'

Blüten leuchtend rosarot, halbgefüllt bis gefüllt, klein, zahlreich. Blütezeit früh bis mittel. WHZ 8b.
'Shôwa-no-sakae'. (Japan, etwa 1928). Wuchs stark, meist breiter als hoch. Blätter 5,5 cm lang, entfernt gesägt, oberseits dunkel olivgrün. Blüten hellrosa, Kronblätter an der Basis dunkler, unvollkommen bis unregelmäßig gefüllt, 6,5–7,5 cm breit, nach Moschus duftend, Kronblätter etwa 24. Blütezeit früh. WHZ 8b. Abb. s. S. 86.
'Sparkling Burgundy'. (Rene Casadaban, Abita Springs, Louisiana, USA, 1957). Wuchs stark, aufrecht, kompakt. Blüten rosa, päonienförmig, 8–10 cm breit, Kronblätter etwa 39, vermischt mit Staubblättern und kronblattartigen Staubblättern. Blütezeit früh. WHZ 8b. 🏆 AGM 2002.

Camellia 'Howard Asper'

(*C. reticulata* 'Damano' × *C. japonica* 'Coronation'; Howard Asper, Escondido, California, USA, 1965)
Aufrechter bis ausgebreiteter, sehr stark wachsender, vitaler, gegen starke Sonneneinstrahlung resistenter Strauch. Blätter bis 15 cm lang und 6,5 cm breit, dunkelgrün. Blüten rosa, päonienförmig, bis 18,5 cm breit, Filamente grün, Antheren gelb. Blütezeit mittel. WHZ 8a.

Camellia 'Inspiration'

(*C. reticulata* × *C. saluenensis*; Exbury Gardens, England, 1954)
Buschig aufrechter, mittelstark wachsender, reich verzweigter, sehr reich blühender Strauch oder kleiner Baum. Blätter 7,5 cm lang, schmal eiförmig, spitz, glänzend dunkelgrün. Blüten karminrosa, halbgefüllt, 8,5 cm breit, glockig, Kronblätter etwa 20, am Saum leicht gewellt, Staubblätter meist zahlreich, in einem ziemlich breiten Bündel, Antheren goldgelb. Blütezeit früh bis mittel. WHZ 8a. 🏆 AM 1954, FCCT 1979, AGM 1993.

Camellia 'Interval'

(*C.-reticulata*-Hybride; David Feathers, Lafayette, California, USA, 1970 von 'Interlude' in 'Interval' umbenannt)
Buschig aufrechter, dicht verzweigter Strauch. Blätter schmal eiförmig, lang zugespitzt, matt glänzend dunkelgrün. Blüten rosa, Nervatur dunkler, halbgefüllt, flach schalenförmig, geöffnet bis 17 cm breit, Staubblätter zahlreich, in einem schmalen Bündel, Antheren buttergelb. Blütezeit mittel. WHZ 8b.

Camellia japonica L.

(Subgenus Camellia, Sektion Camellia)
subsp. *japonica* var. *japonica*, Japanische Kamelie
Bis 15 m hoher Baum oder Strauch. Blätter ledrig, 7–10 cm lang, breit elliptisch bis elliptisch-länglich, kurz und stumpf zugespitzt, Basis keilförmig, Rand gesägt, Nervenpaare 6–8, oberseits glänzend dunkelgrün, unterseits heller, mit verstreuten, braunen Korkwarzen. Trag- und Kelchblättern becherförmig, 2–3 cm lang, dicht grau behaart.

Links:
Camellia japonica susp. *rusticana*

Blüten der Wildform hellrosa, 3–4,5 cm breit, zu 1–2, endständig an Kurztrieben, Trag- und Kelchblätter 7–10, nicht differenziert, Kronblätter 5–7, abgerundet, an der Spitze tief ausgerandet, Staubblätter zahlreich, zu einer kurzen Röhre verwachsen, Fruchtknoten kahl, 3-fächrig. Blütezeit März–Mai. Früchte 3–4 cm dick, je Fach 1–3 Samen, Perikarp verholzend. Verbreitung: China (Shandong, Jiangxi, Guangdong, Guanxi, Fujian), Japan (Riukiu-Inseln, Yakushima, Kyushu, Shikoku und Süd-Honshu), Korea, Formosa. WHZ 8b.

subsp. *japonica* var. *macrocarpa* Masamume, Großfrüchtige Kamelie
Wuchs baumartig. Blätter schmal elliptisch, zugespitzt, 5,5–7,8 cm lang. Blüten rot, 4–5 cm breit. Fruchtkapsel 5–7 cm dick, Perikarp 1,5–2 cm dick. Verbreitung: Japan (Riukiu-Inseln, Okinawa, Yakushima).

subsp. *rusticana* (Honda) Kitam., Schnee-Kamelie
Wuchs buschig, Zweige biegsam. Blätter dünn. Blattstiele kürzer als bei der Art, oft bis zur Mittelrippe behaart. Hülle aus Trag- und Kelchblättern ebenfalls kürzer. Blüten rot, einfach, 4–5 cm breit, Kronblätter miteinander verbunden, relativ dünn, Verbreitung: Japan (Honshu).
WHZ: Bei den meisten Sorten von *C. japonica* wird (vorsichtshalber) die Winterhärte 8b angegeben. Nur Sorten, deren Frosthärte in Deutschland erprobt ist, werden hier anderen Winterhärtezonen zugeordnet. Vermutlich sind nicht wenige Sorten tatsächlich frosthärter als sie hier eingestuft werden.
'Acroneana'. (Vor 1872 in Portugal entstanden). Wuchs buschig aufrecht. Blätter eiförmig-elliptisch. Blüten reinweiß, gefüllt, Kronblätter dachziegelförmig und spiralig stehend. Blütezeit mittel. WHZ 8b.
'Adelina Patti'. (Japan, 1888 von G. Waller importiert). Wuchs aufrecht, Zweige übergeneigt. Blätter 7,5–8 cm lang, elliptisch, zugespitzt, grob gesägt, glänzend dunkelgrün. Blüten intensiv rosa, dunkler geadert, zur Basis hin karminrot überhaucht, mit einem breiten weißen Saum, leicht schalenförmig, 7–8 cm breit, Kronblätter rundlich, Staubblätter zahlreich, in einem breit gespreizten Bündel, Antheren goldgelb, Filamente heller. Blütezeit mittel. WHZ 8b. 🏆 AGM 2002.
'Adolphe Audusson'. (Benannt nach M. Adolphe Audusson, Angers, Frankreich, um 1877). Wuchs stark, kompakt. Blätter bis 12 cm lang, grob gesägt, glänzend dunkelgrün. Blüten blutrot, halbgefüllt, bis 11 cm breit, die 12 rundlichen, bis 5 cm breiten Kronblätter in 2 Reihen, Staubblätter in einem schmalen, zylindrischen Bündel, Antheren goldgelb. Blütezeit früh. Besonders schön und leicht zu kultivieren. WHZ 7a. 🏆 AM 1934, FCC 1956, AGM 1993. Abb. s. S. 47.
'Akashigata'. (Japan, Kanto Distrikt, 1859 oder früher). Wuchs stark, buschig. Blätter groß, elliptisch, an der Spitze geschwänzt, an der Basis stumpf, dunkelgrün. Blüten tiefrosa, halbgefüllt, 12–14 cm breit, Kronblätter leicht gekreppt. Staubblätter in einem schmalen, zylindrischen Bündel. Blütezeit früh bis mittel. WHZ 8a. 🏆 AM 1927, AGM 1993 (als 'Lady Clare').
'Akebono'. (Japan, Kyoto Präfektur, 1931). Wuchs schwach, etwas unregelmäßig. Blätter elliptisch, dunkelgrün. Blüten sehr hell fleischrosa, einfach, breit schalenförmig, groß, Kronblätter 6–8, Staubblätter in einem großen, leicht gespreizten Bündel, Antheren hellgelb. Blütezeit früh bis mittel. WHZ 8b.
'Alba Plena'. (1792 aus China nach England importiert). Wuchs schwach bis mittelstark, buschig aufrecht. Blätter eiförmig, gelegentlich gedreht und an der Spitze zurückgebogen, hellgrün. Blüten porzellanweiß, vollständig gefüllt, bis 10 cm breit. Blütezeit früh. WHZ 8b. 🏆 AM 1948, AGM 2002.
'Alba Simplex'. (Tooting Nursery, 1813). Wuchs stark, locker. Zweige dünn. Blätter bis 12 cm lang, elliptisch, lang zugespitzt, glänzend dunkelgrün. Blüten weiß, gelegentlich leicht rosa gefleckt, einfach, bis 8,5 cm breit, Kronblätter 6–7, breit eiförmig, an der Spitze zurückgeschlagen, Staubblätter bis zu 1/3 ihrer Länge miteinander verbunden. Blütezeit spät. WHZ 7b. 🏆 AGM 1984.

Links:
Camellia japonica
'Alba simplex'

Rechts:
Camellia japonica
'Anemoniflora Rosea'

'Alexander Hunter'. (Camellia Grove, Ashfield, Neusüdwales, Australien, 1941). Wuchs stark aufrecht, buschig. Blätter eiförmig, spitz bis zugespitzt, glänzend dunkelgrün. Blüten dunkel karmesinrot, einfach bis halbgefüllt, mittelgroß, gelegentlich mit Petaloiden, Staubblätter in einem zylindrischen Bündel, Antheren goldgelb. Blütezeit mittel bis spät. WHZ 8b. 🏆 AGM 1993.

'Althaeiflora'. (Chandler, Vauxhall Nursery, England, 1819). Wuchs stark, steif aufrecht, zuletzt breit buschig. Blätter 10 cm lang, elliptisch, dunkel- bis mittelgrün. Blüten karminrot, in der Mitte dunkler und dunkler geadert, päonienförmig, 10–12 cm breit, äußere Kronblätter 12–18, in 2 Reihen, verkehrt-eiförmig, am Saum eingeschnitten, innere Kronblätter und die Petaloiden kleiner und unregelmäßig stehend. Blütezeit mittel. WHZ 8b. 🏆 AM 1950.

'Anemoniflora'. (China, 1806 nach England eingeführt). Wuchs stark, locker aufrecht. Zweige ausgebreitet. Blätter breit elliptisch bis sehr breit eiförmig, kurz zugespitzt, glänzend dunkelgrün. Blüten sehr dunkelrot, anemonenförmig, 7,5–8 cm breit, die 5–6 äußeren Kronblätter breit eiförmig, ausgerandet, innen zahlreiche, dicht gedrängt stehende, zungenförmige Petaloiden. Blütezeit mittel. WHZ 8b.

'Anemoniflora Rosea'. (Low, England, 1830). In Wuchs und Belaubung wie 'Anemoniflora'. Blüten hellrosa bis rot, anemonenförmig, mittelgroß. Blütezeit früh. WHZ 8b.

'Angela Cocchi'. (1856). Wuchs aufrecht, kompakt. Blätter 11 cm lang, eiförmig, der Rand gesägt und gewellt. Blüten weiß, rot gestreift und gepunktet, gelegentlich ganz reinrot oder dunkelrot, vollständig gefüllt bis rosenförmig, mittelgroß. Blütezeit mittel. WHZ 8b.

'Angel'. (Mrs. Elizabeth Councilman, El Monte, California, USA, 1955). Wuchs mittelstark, kompakt bis überhängend. Blätter eiförmig, stachelspitzig, mittelgrün. Blüten reinweiß, schalenförmig, halbgefüllt, 10–11 cm breit, die 28 Kronblätter gewellt, Staubblätter in einem lockeren Bündel, Antheren goldgelb. Blütezeit mittel bis spät. WHZ 8a.

'Apollo' (Pauls). (Um 1900 von William Paul nach England eingeführt). Wuchs stark, locker aufrecht. Blätter 10 cm lang, elliptisch, zugespitzt bis lang zugespitzt, von der Mitte an gesägt, glänzend dunkelgrün. Blüten türkischrot, gelegentlich weiß gefleckt, halbgefüllt, mittelgroß, die 15 Kronblätter 5 cm breit, rundlich, innere Kronblätter kleiner, Staubblattbündel unregelmäßig und mit einigen Petaloiden. Blütezeit mittel. WHZ 8a. 🏆 AM 1956.

'Apple Blossom'. (Etwa 1915 durch die Baumschule Sander, Brügge, Belgien importiert). Wuchs aufrecht, kompakt. Blätter bis 8 cm lang, breit elliptisch, kurz zugespitzt, flach kerbig gesägt. Blüten weiß, opalrosa getuscht, zum Rand hin tiefer rosa, einfach, etwa 6,5 cm breit, die 7 Kronblätter verkehrt-eiförmig, Staubblätter in einem zylindrischen Bündel, Antheren goldgelb. Blütezeit früh bis mittel. WHZ 8b. 🏆 AM 1933, AGM 1993.

'April Blush'. (Dr. Clifford Parks, 1995). Wuchs schwach, kompakt. Blüten muschelrosa, halbgefüllt. Blütezeit mittel. WHZ 7a.

'April Dawn'. (Dr. Clifford Parks, 1995). Wuchs stark, aufrecht. Blätter eiförmig-elliptisch. Blüten rot, rosa und weiß gescheckt, vollständig gefüllt. Blütezeit früh bis spät. Pflanze lange Zeit blühend. WHZ 7a.

'April Kiss'. (Dr. Clifford Parks, 1995). Wuchs mittelstark, kompakt. Blätter eiförmig-elliptisch. Blüten mittelrot, vollständig gefüllt, klein. Blütezeit früh. WHZ 7a.

Links:
Camellia japonica
'Apollo'

Rechts:
Camellia japonica
'Ave Maria'

'April Rose'. (Dr. Clifford Parks, 1995). Wuchs ziemlich schwach, kompakt. is spät. WHZ 7a.
'April Snow'. (Dr. Clifford Parks, 1995). Wuchs schwach, kompakt. Blätter eiförmig-elliptisch. Blüten weiß, rosenförmig. Blütezeit spät. WHZ 7a.
'Arajishi' (zu subsp. *rusticana*). (In Japan seit 1877 in Kultur, 1981 nach Europa eingeführt). Wuchs stark, locker aufrecht, Zweige lang. Blätter schmal elliptisch, lang zugespitzt, tief und grob gesägt, glänzend dunkelgrün. Blüten johannisbeerrot, zuweilen weiß gefleckt, päonienförmig, 8–9 cm breit, äußere Kronblätter verkehrt-eiförmig, ausgerandet, innere Kronblätter und Petaloiden zahlreich, klein, unregelmäßig und gedreht, dazwischen einige goldgelbe Staubblätter. Blütezeit früh. WHZ 8b.
'Asahi-no-mai' (Higo-Kamelie). (Japan, Kumamato Präfektur, 1912). Wuchs stark, breit aufrecht. Blätter derb, 8,5 cm lang, schmal elliptisch, spitz. Blüten karmin- bis scharlachrot, einfach, flach schalenförmig, etwa 10 cm breit, Kronblätter 6–8, Staubblätter 150–180, in einem breiten, kranzförmigen Bündel, Filmente rötlich gelb, Staubblätter goldgelb, einwärts gebogen. Blütezeit mittel. WHZ 7b.
'Ascona'. (Schweiz, 1985). Wuchs stark, locker aufrecht. Blätter schmal eiförmig, leicht gedreht, lang zugespitzt, glänzend dunkelgrün. Blüten leuchtend rot, halbgefüllt, zahlreich, mittelgroß, Staublätter in einem schmalen Bündel, Antheren goldgelb. Blütezeit früh, gelegentlich schon im frühen Winter. WHZ 8a.
'Ave Maria'. (Caesar Breschine, San Jose, California, USA, 1955). Wuchs kompakt. Blätter eiförmig, sehr dunkel grün, glänzend. Blüten zartrosa, mit 45–50 Kronblättern vollständig gefüllt und ohne Staubblätter bis päonienförmig mit einigen Staubblättern zwischen den mittleren Petaloiden, Blütezeit mittel. WHZ 8b. 🏆 AGM 2002.
'Ballet Dancer'. (Nuccio's Nurseries Katalog, 1960). Wuchs buschig aufrecht, kompakt. Blätter eiförmig, lang zugespitzt, glänzend dunkelgrün. Blüten cremefarben, am Saum korallenrosa, locker päonienförmig, mittelgroß, Kronblätter leicht gewellt, in der Mitte Petaloiden und Staubblätter gemischt. Blütezeit mittel. WHZ 8a. 🏆 AM 1976. AGM 1993.
'Barbara Mary'. (E. G. Waterhouse, Gordon, Neusüdwales, Australien, 1965). Blüten rötlich rosa, päonienförmig, 12,5 cm breit, delikat duftend. Blütezeit früh bis mittel. WHZ 8b.
'Barbara Woodroof' (Sport von 'Elegans'). (W. E. Woodroof, Sherman Oaks, California, USA, 1956). Wuchs breit aufrecht, locker. Blätter dunkelgrün. Blüten perlmuttrosa, die inneren Petaloiden cremeweiß, gelegentlich dunkelrosa, anemonenförmig, 12,5 cm breit. Blütezeit früh bis mittel. WHZ 8a.
'Bella Lambertii'. (Italien, 1851). Wuchs buschig aufrecht. Blätter breit eiförmig, matt dunkelgrün. Blüten dunkelrot, vollständig gefüllt, groß, Kronblätter dachziegelartig angeordnet. Blütezeit mittel bis spät. WHZ 8b.
'Bella Romana'. (Delgrande, Rom, 1856). Wuchs buschig aufrecht. Blätter breit eiförmig, zugespitzt. Blüten hellrosa, mit zahlreichen feinen, karminroten Streifen, mittelgroß, rosenförmig. Blütezeit mittel. WHZ 8b.
'Benten-tsubaki'. (Japan, 1859). Wuchs buschig aufrecht. Blätter mit einem breiten, cremegelben

Oben:
Camellia japonica
'Bob Hope'

Rechts:
Camellia japonica
'Bob's Tinsie'

bis cremeweißen oder hellgrünen Rand, ganzrandig, teilweise deformiert. Blüten rot, einfach, klein, duftend. Blütezeit mittel. WHZ 8b.

'Berenice Boddy'. (Jones, Sierra Madre, California, USA, 1947). Wuchs stark, locker aufrecht, Zweige locker überhängend. Blätter etwas ledrig, lanzettlich, dunkelgrün. Blüten hellrosa, sehr zahlreich, äußere Kronblätter dunkler rosa, einfach bis halbgefüllt, etwa 5 cm breit, schalenförmig, Filamente weißlich, Antheren hellgelb. Blütezeit mittel. WHZ 7a. 🏆 AGM 1993.

'Betty Sheffield'. (Thomasville Bursery Katalog, 1951). Wuchs buschig, dicht verzweigt. Blätter 10,5 cm lang, eiförmig, auffällig zugespitzt, glänzend mittelgrün. Blüten weiß, mit wenigen roten oder rosa Flecken und Streifen, locker päonienförmig, 10–11 cm breit, in der Mitte zahlreiche aufrechte Petaloiden mit Staubblättern gemischt. Blütezeit mittel. WHZ 8b.

'Betty Sheffield Supreme'. (Mrs. Green Alday, Georgia, USA, 1957). Wuchs buschig aufrecht. Blätter breit eiförmig. Blüten weiß, die Kronblätter mit einem breiten rosaroten Rand, halbgefüllt bis päonienförmig. Blütezeit mittel. Gilt als eine der schönsten unter den zahlreichen Mutanten von 'Betty Sheffield'. WHZ 8a.

'Betty Sheffield Variegated'. (Thomasville Nursery, Georgia, USA, 1965). Blüten tiefrosa, mit einigen weißen Flecken, sonst wie bei 'Betty Sheffield'. WHZ 8b.

'Blood of China'. (Stoutz Garden, Mobile Alabama, USA, 1938). Wuchs stark, buschig, kompakt. Blätter glänzend dunkelgrün. Blüten lebhaft tief lachsrosa, dunkler geadert, halbgefüllt bis locker päonienförmig, 10–12 cm breit, leicht duftend, Kronblätter zahlreich, unregelmäßig angeordnet, gedreht und gekräuselt, Staubblätter in einem kurzen, breiten Bündel, nur bei voll geöffneter Blüte sichtbar, Antheren goldgelb. Blütezeit mittel bis spät. WHZ 7b.

'Bob Hope'. (Nuccio's Nurseries, Altadena, California, USA, 1972). Wuchs mittelstark, aufrecht, reich verzweigt, kompakt. Blätter 6 cm lang, glänzend dunkelgrün. Blüten dunkelrot, auffallend schwarzrot geadert, unregelmäßig halbgefüllt bis päonienförmig, 11 cm breit, duftend, Staubblätter in einem zylindrischen Bündel, Antheren goldgelb. Blütezeit mittel bis spät. WHZ 7b. 🏆 AGM 1993.

'Bob's Tinsie'. (Nuccio's Nurseries, Altadena, California, USA 1962). Wuchs buschig aufrecht, kompakt. Blätter elliptisch. Blüten leuchtend rot, anemonenförmig, klein, äußere Kronblätter ausgebreitet, die inneren Petaloiden mit einigen weißen Streifen, Antheren gelb. Blütezeit mittel. WHZ 8b. 🏆 AGM 1993.

'Bohukan'. (Japan, Kanto Distrikt, 1719). Wuchs kräftig, aufrecht. Blätter groß, eiförmig, zugespitzt, fein gesägt, kräftig grün. Blüten anemonenförmig, 5–6 cm breit, die äußeren Kronblätter rot, in der Mitte dicht gedrängt zahlreiche weiße Petaloiden. Blütezeit mittel. WHZ 8b. 🏆 AGM 2002.

Links:
Camellia japonica
'Brushfield's Yellow'

'Broceliande'. (Claude Thoby, Nantes, Frankreich, 1993). Wuchs buschig aufrecht. Blätter lanzettlich, zugespitzt, glänzend dunkelgrün. Blüten blutrot, einfach, mittelgroß, trichterförmig, Kronblätter 5–6, Staubblätter in einem schmalen, zylindrischen Bündel, Filamente malvenrosa, Antheren goldgelb. Blütezeit früh bis mittel. WHZ 8b.

'Brushfield's Yellow'. (Keith Brushfield, Somersby, Neusüdwales, Australien, 1970). Wuchs schmal aufrecht. Blätter elliptisch, spitz bis zugespitzt, matt mittelgrün. Blüten cremeweiß mit blassgelber, dicht gefüllter Mitte aus großen, hell primelgelben, gekräuselten Petaloiden, anemonenförmig, mittelgroß. Blütezeit mittel. WHZ 8a. 🏆 AGM 2002.

'Buddy'. (H. L. Windbigler, Azalea Glen Nursery, USA, 1964). Wuchs schwach, buschig. Blätter elliptisch. Blüten rosa, purpurn getönt, halbgefüllt, 7,5 cm breit, stark duftend, die Kronblätter abgerundet und gewellt, die inneren 4 aufrecht, die wenigen Staubblätter kragenartig umgebend. Blütezeit mittel. WHZ 8b. Abb. s. S. 28.

'C. M. Hovey'. (Massachusetts Horticultural Society, 1853). Wuchs stark, robust, aufrecht, dicht verzweigt. Blätter 12,5 cm lang, eiförmig, zugespitzt, grob gezähnt, glänzend dunkelgrün. Blüten lebhaft scharlachrot, vollständig gefüllt, 11 cm breit, zahlreich, duftend. Blütezeit mittel bis spät. WHZ 8a. 🏆 FCC 1879, AGM 1993.

'C. M. Wilson'. (Mrs. Ada E. Wilson, Florida, USA, 1948). Wuchs buschig, Zweige leicht überhängend. Blätter 9 cm lang, eiförmig, dunkelgrün, oft gedreht. Blüten anemonenförmig, 10–12,5 cm breit, die äußeren Kronblätter silbrig rosa, Basis der Kronblätter und die inneren Petaloiden kräftiger rosa, mit den goldgelben Staubblättern gemischt. Blütezeit früh bis mittel. WHZ 8a. 🏆 AM 1956, AGM 1993.

'Can Can'. (Camellia Grove Nursery, St. Ives, Neusüdwales, Australien, 1961). Wuchs stark, aufrecht. Blätter elliptisch. Blüten silbrig rosa, Nervatur dunkler, päonienförmig, mittelgroß, Kronblätter an der Basis hellrosa gestreift, am Saum ein schmaler, leuchtend rosafarbene Streifen, in der Mitte neben gekräuselten und gedrehten Kronblättern rosafarbene Petaloiden. Blütezeit mittel. WHZ 8b.

'Cara Mia'. (Nuccio's Nurseries, Altadena, California, USA, 1960). Wuchs stark aufrecht. Blätter breit eiförmig. Blüten zartrosa, duftend, halbgefüllt, bis 12,5 cm breit, die Petaloiden gewellt, mit Staubblättern gemischt, Antheren goldgelb. Blütezeit früh bis mittel. WHZ 8b.

'Carter's Sunburst'. (E. H. Carter, California, USA, 1959). Wuchs locker aufrecht. Blätter sehr groß, mittelgrün. Blüten zartrosa mit kirschroten Flecken und Streifen, päonienförmig bis vollständig gefüllt, bis 13,5 cm breit, duftend, haltbar. Blütezeit mittel bis spät. WHZ 8b. 🏆 AM 1977, AGM 1993.

'Carter's Sunburst Blush'. (Otto Lochen, San Gabriel, California, USA, 1965). Wuchs mittelstark, dicht verzweigt. Blätter 11 cm lang, mittelgrün. Blüten hellrosa, dunkelrosa gestreift, am Saum ein 4 mm breiter, weißer Streifen, halbgefüllt, bis päonienförmig, 13,5 cm breit. Blütezeit mittel bis spät. WHZ 8b.

'Chandleri'. (Chandler's Nursery, Vauxhall, England, 1825). Wuchs langsam, breit aufrecht. Blätter eiförmig, glänzend dunkelgrün. Blüten tief karminrot, dunkler geadert, gelegentlich mit weißen Markierungen, halbgefüllt bis anemonenförmig, 8,5 cm breit. Blütezeit mittel. WHZ 8b.

'Cheryll Lynn'. (Howard Collier, Chowchilla, California, USA, 1967). Wuchs breit, aufrecht, etwas sparrig. Blätter elliptisch. Blüten silbrig rosa, vollständig gefüllt, 10–11 cm breit. Blütezeit mittel. In der Jugend nur wenig blühend. WHZ 8b.

'Chitosegiku'. (Japan, 1858). Wuchs stark, aufrecht. Blätter länglich-eiförmig bis verkehrt-eiförmig, zugespitzt, flach gesägt, dunkelgrün, mit auffallender Nervatur. Blüten karminrot, weiß gestreift und gefleckt, vollständig gefüllt, mittelgroß. Blütezeit mittel. WHZ 8b.

'Chosho' (Higo-Kamelie). (Japan, Kumamoto Präfektur, 1968). Wuchs aufrecht. Blätter etwa 8,5 cm lang, länglich-elliptisch. Blüten weiß, rot gefleckt

Links:
Camellia japonica
'Coquettina'

Rechts:
Camellia japonica
'Coronation'

und gestreift, einfach, mittelgroß, Staubblätter abstehend, Filamente weiß, Antheren hellgrün. Blütezeit früh. WHZ 7b.

'Collettii'. (Jakob Makoy, Liège, Belgien, 1838). Wuchs langsam, buschig, kompakt. Blätter 7,5 cm lang, breit eiförmig, scharf gesägt, dunkelgrün. Blüten intensiv tiefrot, mit großen, reinweißen Flecken, päonienförmig, 9 cm breit, die äußeren Kronblätter groß und dachziegelartig stehend, die inneren kleiner. Blütezeit mittel. WHZ 7b.

'Colonial Lady'. (Vern O. McCaskill, Pasadena, California, USA, 1938). Wuchs buschig aufrecht. Blätter 8 cm lang, elliptisch, zugespitzt, flach gesägt, glänzend mittelgrün. Blüten reinweiß, unregelmäßig rosarot gestreift und gefleckt, halb- bis vollständig gefüllt, etwa 10 cm breit, leicht duftend, Kronblätter rundlich, am Saum gewellt, Staubblätter in einem breiten Bündel, dazwischen einige Petaloiden, Filamente hellgelb, Antheren dunkelgelb. Blütezeit mittel. WHZ 8b.

'Commensa'. (Entstanden bei Mr. Donckelaer, 1844 durch J. Makoy, Liège, Belgien, eingeführt). Wuchs buschig aufrecht. Blätter 7–9 cm lang, elliptisch bis schmal elliptisch, zugespitzt, scharf gesägt. Blüten dunkelrosa, gelegentlich weiß gefleckt oder mit einem weißen Band im Zentrum der Kronblätter, vollständig gefüllt, etwa 9 cm breit. Blütezeit mittel. WHZ 8b.

'Comte de Gomer'. (Count Bernadino Lechi, Brescia, Italien, 1869). Wuchs buschig aufrecht. Blätter breit elliptisch, 8 cm lang, kurz zugespitzt, gesägt, mittelgrün. Blüten rosa, mit zahlreichen karminroten Streifen und Bändern, vollständig gefüllt, sehr groß. Blütezeit mittel. WHZ 8b.

'Coquettii'. (M. Tourres, Macheteau, Frankreich, 1839). Wuchs langsam, kompakt, aufrecht. Blätter 8 cm lang, schmal eiförmig bis elliptisch, zugespitzt, Spitze zurückgebogen, gesägt, glänzend dunkelgrün. Blüten tiefrot, nicht verblassend, vollständig gefüllt, 10–11 cm breit, sehr zahlreich, Kronblätter zahlreich, breit eiförmig, ausgerandet, 5,5 cm lang, zur Mitte hin kleiner. Blütezeit mittel bis spät. WHZ 8a. 🏆 AM 1956, AGM 1993.

'Coquettina'. (F. Grilli, Italien, 1853). Wuchs langsam, kompakt, aufrecht. Blätter eiförmig, glänzend dunkelgrün. Blüten lebhaft kirschrot, mit einigen weißen Streifen, rosenförmig, 7 cm breit, Kronblätter sehr zahlreich, klein, dicht stehend, die äußeren rundlich, die inneren eiförmig. Blütezeit mittel. WHZ 8b.

'Coronation'. (McCaskill Gardens, Pasadena, California, USA, 1954). Wuchs stark, locker aufrecht. Blätter groß, oft hängend. Blüten weiß, halbgefüllt, sehr groß. Staubgefäße in einem breiten Bündel, Filamente hell zitronengelb, Antheren goldgelb. Blütezeit mittel. WHZ 8b.

'Cover Girl'. (Nuccio's Nurseries, Altadena, California, USA, 1964). Wuchs mitttelstark, aufrecht, kompakt. Blätter eiförmig, grob gekerbt, glänzend mittelgrün. Blüten reinrosa, vollständig gefüllt, mittelgroß. Blütezeit mittel bis spät. WHZ 8b.

'Covina'. (Dr. Burdick, Glendora, California, USA, 1888). Wuchs stark, buschig aufrecht. Blätter eiförmig, grob gekerbt, glänzend dunkelgrün. Blüten rosarot, halbgefüllt bis rosenförmig, klein bis mittelgroß. Blütezeit mittel. WHZ 8b.

'Daikagura'. (Japan, 1778). Wuchs aufrecht, buschig. Blätter dick ledrig, elliptisch bis breit elliptisch, plötzlich zugespitzt, grob gesägt, mit auffallender Nervatur. Blüten in Form und Farbe sehr variabel, meist kardinalrot, mit einzelnen weißen Flecken, gelegentlich auch weiß mit roten Fle-

Links:
Camellia japonica
'Cover Girl'

Rechts:
Camellia japonica
'Dear Jenny'

cken, anemonenförmig, 9–11 cm breit, die zahlreichen, unterschiedlich großen Petaloiden mit 4–5 Gruppen von Staublättern gemischt. Blütezeit früh bis mittel. WHZ 7b.

'Dainty' (California). (E. H. Carter, Manterey Park, California, USA, 1945). Wuchs stark, aufrecht. Blätter eiförmig. Blüten weiß, mit einzelnen rosaroten Streifen, halbgefüllt, mittelgroß, Kronblätter gekräuselt und gefranst. Blütezeit mittel. WHZ 8a.

'Dahlonega'. (W. F. Homeyer Jr., Macon, Georgia, USA, 1986). Wuchs kräftig aber langsam, aufrecht, offen. Blätter 10,5 cm lang, dunkelgrün. Blüten cremegelb bis gelb, vollständig gefüllt, 7,5 cm breit, äußere Kronblätter 85, in der Mitte weitere 21 kleinere Kronblätter. Blütezeit sehr spät. WHZ 8a.

'Dear Jenny'. (C. W. Hand, Pelham, Georgia, USA, 1957). Wuchs stark, aufrecht, dicht verzweigt. Blätter 7 cm lang. Blüten weiß, halbgefüllt, 11–12,5 cm breit, Kronblätter 15, Petaloiden 15 oder mehr. Blütezeit früh bis spät. WHZ 8b.

'Debutante'. (Magnolia Gardens, USA, 1930). Wuchs stark, buschig aufrecht. Blätter hellgrün. Blüten hellrosa, päonienförmig, 8–10 cm breit, sehr zahlreich. Erst als ältere Pflanze reich blühend. Blütezeit früh bis mittel. WHZ 8a.

'Demi-Tasse'. (McCaskill, Gardens, Pasadena, California, USA, 1962). Wuchs stark, aufrecht, kompakt. Blätter breit eiförmig, zugespitzt, grob gesägt, glänzend dunkelgrün. Blüten pfirsichrosa, halbgefüllt, schalenförmig, 5–6 cm breit, Staubblätter in einem breiten Bündel, mit einigen Petaloiden, Filamente gelb, Antheren goldgelb. Blütezeit mittel. WHZ 8b.

'Desire'. (David Feathers, Lafayette, California, USA, 1977). Wuchs stark, aufrecht, dicht verzweigt. Blätter 8,5 cm lang, dunkelgrün. Blüten hellrosa, zum Saum hin dunkler, vollständig gefüllt, 10–15 cm breit, sehr haltbar, Kronblätter etwa 60. Blütezeit früh bis mittel. WHZ 8a. 🏆 AGM 2002.

'Diddy's Pink Organdie'. (Dr. H. G. Mealing, Augusta, Georgia, USA, 1953). Wuchs aufrecht, Zweige leicht überhängend. Blüten rosa, zum Saum hin hellrosa, am Saum weiß, dunkler geadert, rosenförmig, mittelgroß, Kronblätter leicht gewellt. Blütezeit mittel. WHZ 8b.

'Dixie Knight'. (Central Georgia Nurseries, Macon, Georgia, USA, 1955). Wuchs kräftig, aufrecht, kompakt. Blätter 10 cm lang, eiförmig, an der Basis herzförmig, vorne kurz zgespitzt, mittelgrün. Blüten sehr dunkelrot, halbgefüllt, 10–12,5 cm breit, Blütenknospen groß eiförmig, bronzegrün, Staubblätter in 5 Gruppen. Blütezeit mittel bis spät. WHZ 7a.

'Dr Burnside'. (Dr. A. F. Burnside, Columbia, South Carolina, USA, 1962). Wuchs mittelstark, aufrecht, dicht verzweigt. Blätter derb, 10 cm lang, breit eiförmig, dunkelgrün. Blüten reinrot, halbgefüllt bis päonienförmig, 16 cm breit, Kronblätter 25–35, Staubblätter mit einigen Petaloiden gemischt, Antheren gelb. Blütezeit mittel. WHZ 8a.

'Dr Tinsley'. (Heymann's Nursery, Lafayette, Louisiana, USA, 1940). Wuchs aufrecht, kompakt. Blätter hellgrün. Blüten in der Knospe leuchtend rosa, aufgeblüht hellrosa, zum Saum hin dunkelrosa, halbgefüllt, Staubblätter zahlreich, Antheren gelb. Blütezeit mittel. Erst als ältere Pflanze reich blühend. WHZ 8a. 🏆 AGM 1993.

'Drama Girl'. (1951). Wuchs stark, aufrecht, etwas sparrig. Blätter 16 cm lang, dunkelgrün. Blüten dunkel lachsrosa, halbgefüllt, 13–18 cm breit, die 20–30 Kronblätter von fester Textur, deshalb sehr

Links:
Camellia japonica
'Dr Burnside'

Rechts:
Camellia japonica
'Dr Tinsley'

haltbar, in der Mitte Petaloiden mit Staubblättern gemischt, Antheren gelb. Blütezeit mittel. WHZ 8a. 🏆 AM 1966, FCC 1969, AGM 1993.

'Duchesse Descaces'. (1846). Wuchs stark, aufrecht, kompakt. Blüten rosa, weiß geadert und gerandet, päonienförmig, mittelgroß. Blütezeit mittel. WHZ 8b.

'Easter Morn'. (Dr. Carleton C. Wright, Sacramento, California, USA, 1966). Wuchs stark, breit aufrecht bis überhängend. Blätter 11 cm lang, dunkelgrün. Blüten zart pfirsichrosa, halbgefüllt bis päonienförmig, bis etwa 13 cm breit, die 40–50 Kronblätter von wachsartiger Textur, Staubblätter mit Petaloiden gemischt, Antheren goldgelb. Blütezeit mittel bis spät. WHZ 8a.

'Elegans'. (1823). Wuchs stark, breit aufrecht bis ausladend, locker verzweigt. Blätter breit elliptisch, kurz zugespitzt, Spitze zurückgebogen, glänzend dunkelgrün. Blüten dunkelrosa, innere Kronblätter gelegentlich mit weißen Flecken, anemonenförmig, bis 12,5 cm breit. Blütezeit mittel bis früh. WHZ 8a. 🏆 AM 1953, FCC 1958, AGM 1993. Abb. s. S. 44.

'Elegans Champagne'. (Nuccio's Nurseries, Altadena, California, USA, 1977). Wuchs niedrig, ausladend. Blätter groß, gedreht, lang zugespitzt, doppelt gesägt, dunkelgrün. Blüten weiß, anemonenförmig, 11,5 cm breit, Kronblätter gewellt, die inneren cremefarbenen Petaloiden mit zahlreichen Staubblättern gemischt. Blütezeit früh bis mittel. WHZ 7b.

'Elegans Splendor'. (Nuccio's Nurseries, Altadena, California, USA, 1871). In Wuchs und Belaubung wie 'Elegans Supreme'. Blüten in der Mitte leuchtend rosa, zum Saum hin weiß, anemonenförmig, sehr groß, Kronblätter gewellt und tief gesägt, Petaloiden zahlreich. Blütezeit früh bis mittel. WHZ 8b.

'Elegans Supreme'. (W. F. Bray, Pensacola, Florida, USA, 1960). Wuchs breit aufrecht, dicht verzweigt. Blätter bis 9,5 cm lang, dunkelgrün. Blüten weinrot, anemonenförmig, 12–15 cm breit, die 21 Kronblätter gewellt und gekräuselt, Petaloiden 20–30, teilweise weiß gefärbt. Blütezeit mittel bis spät. WHZ 7b.

'Etherington White'. (Japan, 1938–1939). Wuchs stark. Blätter dunkelgrün. Blüten reinweiß, anemonenförmig, 8–10 cm breit, die inneren Petalen groß oder klein, gekräuselt und von dünner Textur, Staubblätter mit den Petaloiden gemischt, Filamente cremefarben, Antheren goldgelb. Blütezeit mittel. WHZ 8b.

'Eximia'. (Chandler, Vauxhall, England, 1819). Wuchs stark, aufrecht. Blätter dunkelgrün. Blüten dunkelrosa bis rot, vollständig gefüllt, etwa 10 cm breit, die äußeren Kronblätter groß, rundlich, abstehend, leicht eingeschnitten, zur Mitte hin kleiner werdend und etwas heller gefärbt. Blütezeit mittel. WHZ 7b.

'Extravaganza'. (Harvey Short, California, USA, 1960). Wuchs locker aufrecht. Blätter glänzend dunkelgrün. Blüten weiß, lebhaft hellrot gefleckt und gestreift, anemonenförmig, groß bis sehr groß, die äußeren Kronblätter groß, abstehend, die inneren deutlich kleiner und domförmig gewölbt. Blütezeit mittel. WHZ 8b.

Links:
Camellia japonica
'Drama Girl'

Rechts:
Camellia japonica
'Fire Dance'

'Fashionata'. (Fred Everette, Mobile, Alabama, USA, 1964). Wuchs stark, locker aufrecht. Blätter eiförmig, lang zugespitzt, 10 cm lang, dunkelgrün. Blüten rosa, halbgefüllt, 13 cm breit, Kronblätter 20, die äußeren gedreht und gekreppt, Petaloiden 8 oder mehr, Antheren goldgelb. Blütezeit mittel. WHZ 8b.

'Fimbriata' (China, 1816 nach England eingeführt). Wuchs buschig aufrecht. Blätter breit eiförmig, zugespitzt, dunkelgrün. Blüten reinweiß, vollständig gefüllt, mittelgroß, Kronblätter am Saum fein gefranst. Blütezeit früh. WHZ 8b.

'Fire Dance'. (Nuccio's Nurseries, Altadena, California, USA, 1980). Wuchs mittelstark, dicht verzweigt. Blätter bis 8,5 cm lang, eiförmig, lang zugespitzt, hellgrün. Blüten leuchtend dunkelrot, halbgefüllt, 10 cm breit, Staubblätter in einem schmalen Bündel, Filamente rot, Antheren gelb. Blütezeit mittel. WHZ 8b.

'Fleur Dipater'. (Bahuaud-Litou Nursery Catalogue, 1914–1920). Wuchs schwach, locker überhängend, im Alter ausladend. Blätter ledrig, 9 cm lang, schmal eiförmig, lang zugespitzt, fein gesägt, zum Teil gedreht. Blüten zartrosa, zur Mitte hin dunkler, halbgefüllt, becherförmig, 7–9 cm breit, die 15–20 Kronblätter verkehrt-eiförmig, am Saum leicht eingeschnitten, Staubblätter unterschiedlich lang, mit Petaloiden gemischt. Blütezeit mittel. WHZ 8b.

'Flame'. (Japan, etwa 1917 von Domoto, Hayward, California, USA, eingeführt). Wuchs stark, aufrecht, reich blühend. Blätter groß, eiförmig, lang zugespitzt, fein gesägt, dunkelgrün. Blüten feuerrot, halbgefüllt, 12,5 cm breit, die 11 Kronblätter in 2 Reihen, 6 cm lang, Staubblätter zahlreich, in einem schmalen Bündel, Filamente hellgelb, Antheren goldgelb. Blütezeit mittel. WHZ 8a.

'Floradora Girl'. (J. M. Hull, Mobile, Alabama, USA, 1961). Wuchs stark, locker aufrecht. Blätter 10,5 cm lang, dunkelgrün. Blüten hell rosarot, halbgefüllt, 13 cm breit, die 12 gewellten Kronblätter in zwei Reihen, Staubblätter in einem 5 cm breiten Bündel, dazwischen 4–5 kleine Petaloiden, Filamente weiß, Antheren gelb. Blütezeit mittel. WHZ 8b.

'Frans van Damme'. (Belgien, 1878). Wuchs aufrecht. Blätter eiförmig bis verkehrt-eiförmig, scharf gesägt, glänzend dunkelgrün. Blüten dunkelrosa, weiß gestreift, vollständig gefüllt, groß. Blütezeit mittel. WHZ 8b.

'Fred Sander'. (Sander Ltd Nursery, Brügge, Belgien, 1913). Wuchs langsam, aufrecht, kompakt. Blätter elliptisch, 9 cm lang, gewellt und gedreht, zugespitzt, fein gesägt. Blüten leuchtend scharlachrot, halbgefüllt, 12–14 cm breit, Kronblätter am Saum gekräuselt und gekerbt, Staubblätter in einem schmalen Bündel, Filamente cremeweiß, Antheren goldgellb. Blütezeit mittel. WHZ 8b. Der Sport von 'Lady de Saumarez' hat eine starke Tendenz zu Rückmutationen.

'Frost Queen'. („Crop Resarch Division", USDA., Glen Dale, Maryland, USA, 1973). Wuchs langsam, aufrecht, dicht verzweigt. Blätter 8–10 cm lang, dunkelgrün. Blüten weiß, halbgefüllt, 11–12,5 cm breit, Kronblätter 12–14. Filamente cremeweiß, Antheren goldgelb. Blütezeit spät. WHZ 7b.

'Fuji' (Higo-Kamelie). (Japan, 1960). Wuchs kräftig, aufrecht. Blätter 10,5 cm lang, breit eiförmig,

Links:
Camellia japonica
'Flame'

Rechts:
Camellia japonica
'Fred Sander'

scharf gesägt, mittelgrün, gelegentlich gelb panaschiert. Blüten schneeweiß, in der Knospe hellrosa überhaucht, einfach, flach schalenförmig, 10–11 cm breit, Kronblätter 5–6, am Saum leicht gewellt, Staubblätter zu 160–200 in breitem, kranzförmigen Bündel, Filamente hellgelb, Antheren goldgelb. Blütezeit mittel bis spät. WHZ 7b.

'Fukurin-ikkyu' (zu var. *rusticana*). (Japan, 1859). Wuchs zierlich, locker aufrecht. Blätter klein, lanzettlich, zugespitzt, Nervatur eingesenkt, olivgrün, in der Mitte dunkelgrün. Blüten weiß oder hellrosa oder mit dunkelrosa Nervatur und weißem Rand, halb- bis unregelmäßig gefüllt, trichterförmig, klein. Blütezeit früh bis spät. WHZ 8b.

'Furo-an'. (Waterer Nursery 1954). Wuchs aufrecht, dünnzweigig. Blätter elliptisch bis länglich-eiförmig, Spitze stumpf und zurückgebogen, scharf gesägt. Blüten rosa, einfach, becherförmig, mittelgroß. Kronblätter 5–6, am Saum gekerbt und gekräuselt. Staubblätter in einem unregelmäßigen Bündel. Blütezeit mittel. WHZ 8b.

'General George Patton'. (Coolidge Rare Plant Gardens, Pasadena, California, USA, 1946). Wuchs stark, locker aufrecht. Blätter derb, 8,5 cm lang, eiförmig, kurz zugespitzt, fein gesägt, glänzend dunkelgrün. Blüten korallenrosa, vollständig gefüllt bis päonienförmig, 9–10 cm breit, Blütenmitte gelegentlich mit Petaloiden gefüllt. Blütezeit mittel. WHZ 8b.

'General Leclerc'. (Comerais, Nantes, Frankreich, etwa 1920). Wuchs stark, breit aufrecht, locker. Blätter schmal eiförmig, glänzend dunkelgrün. Blüten dunkelrot, Kronblätter unregelmäßig, halbgefüllt bis locker päonienförmig, groß, zahlreich. Blütezeit mittel. WHZ 8a.

'Giardino Schmitz'. (Schmitz, Florenz, Italien, 1864). Wuchs aufrecht. Blätter schmal eiförmig, lang zugespitzt, regelmäßig gesägt, glänzend dunkelgrün. Blüten zartrosa, gelegentlich weiß gerandet, rosenförmig, mittelgroß, Kronblätter am Saum ausgerandet. Blütezeit mittel. WHZ 8b.

'Gigantea'. (Züchter unbekannt, England, 1830). Wuchs stark, breit und locker aufrecht, Zweige überhängend. Blätter derb, 11 cm lang, eiförmig-lanzettlich, tief gesägt, dunkelgrün. Blüten himbeerrot, unregelmäßig weiß gefleckt, halbgefüllt bis rosen- oder päonienförmig, groß bis sehr groß, in der Mitte Petaloiden mit wenigen Staubblättern gemischt, Antheren goldgelb. Blütezeit mittel. WHZ 8a.

'Gloire de Nantes'. (Guichard, Frankreich, 1894). Wuchs aufrecht, mittelstark, kompakt. Blüten rosa, groß, halbgefüllt. Blütezeit früh. WHZ 8a. 🏆 AM 1956, AGM 1993.

'Grace Albritton'. (A. A. Albritton, Tallahassee, Florida, USA, 1983). Wuchs mittelstark. Blätter 7,5 cm lang, schmal eiförmig, glänzend dunkelgrün. Blüten sehr hellrosa, am Saum etwas dunk-

Camellia japonica
'Guilio Nuccio'

ler, rosenförmig, 7 cm breit, Kronblätter 50–60. Blütezeit mittel. WHZ 8b.

'Granada'. (Monique I. Peer, Los Angeles, California, USA, 1969). Wuchs stark, aufrecht. Blätter 8,5 cm lang, dunkelgrün. Blüten lebhaft rot, päonienförmig, 12–13 cm breit. Blütezeit mittel. WHZ 8b.

'Grand Prix'. (Nuccio's Nurseries, Altadena, California, USA, 1968). Wuchs sehr stark, breit aufrecht, Zweige lang, ausgebreitet. Blätter elliptisch, lang zugespitzt, glänzend dunkelgrün. Blüten leuchtend rot, halbgefüllt, sehr groß, Kronblätter unregelmäßig, Antheren gelb. Blütezeit mittel. WHZ 8a. 🏆 AGM 1993.

'Grand Slam'. (Nuccio's Nurseries, Altadena, California, USA, 1962). Wuchs stark, locker aufrecht. Blätter glänzend dunkelgrün. Blüten leuchtend dunkelrot, halbgefüllt bis anemonenförmig, bis 13 cm breit. Blütezeit mittel. WHZ 8b. 🏆 AM 1975, AGM 1993.

'Great Eastern'. (Japan, vor 1872 durch J. Harris nach Australien eingeführt). Wuchs breit aufrecht, kompakt, robust, reichblühend. Blätter eiförmig-ellipitisch, kurz zugespitzt, glänzend dunkelgrün. Blüten groß, halbgefüllt, leuchtend karminrot, zwischen den Staubblättern oft einige kleine, heller gefärbte und gelegentlich weiß panaschierte Petaloiden. WHZ 8a.

'Guilio Nuccio'. (Nuccio's Nurseries, Altadena, California, USA, 1955). Wuchs stark, locker aufrecht, etwas sparrig. Blätter groß, leicht hängend. Blüten leuchtend korallenrosa, zum Saum hin etwas heller, halbgefüllt, 13–15 cm breit, Kronblätter leicht gewellt, Staubblätter in einem lockeren, leicht gespreizten Bündel, umgeben von einigen kleinen Petaloiden, Antheren goldgelb. Blütezeit mittel. WHZ 8a. 🏆 AM 1962, AGM 1993.

'Gwenneth Morey'. (Dr. R. B. Morex, Neusüdwales, Australien, 1963). Wuchs mittelstark, aufrecht. Blätter 7,5 cm lang, eiförmig, glänzend dunkelgrün. Blüten anemonenförmig, 8 cm breit, die äußeren 10 Kronblätter weiß, die inneren Petaloiden hell primelgelb. Blütezeit mittel bis spät. WHZ 8b.

'Hagoromo'. (Japan, 1886 in Italien eingeführt). Wuchs langsam, schlank aufrecht, kompakt. Blätter schmal elliptisch bis schmal eiförmig-elliptisch, gewellt, lang zugespitzt, kerbig gesägt, Nervatur leicht eingesenkt, mittelgrün. Blüten in der Knospe rosa, aufgeblüht zartrosa bis fast weiß, halbgefüllt, becherförmig, mittelgroß, Staubblätter in einem schmalen, zylindrischen Bündel, Filamente cremeweiß, Antheren gelb. Blütezeit mittel. WHZ 7b. 🏆 AM 1953, AGM 1993 (als 'Magnoliiflora').

'Hakuhan-kujaku'. (Mikawa, Japan, 1966). Wuchs aufrecht bis überhängend. Blätter derb, linealisch,

Links:
Camellia japonica 'Hagoromo'

Rechts:
Camellia japonica 'Hikarugenji'

die Spitze zurückgebogen, unregelmäßig gekerbt. Blüten karminrot, weiß gefleckt, lilienförmig, sich nie ganz öffnend, mittelgroß, Kronblätter 12–22, Staubblätter wenig zahlreich, unregelmäßig. Blütezeit mittel. WHZ 8b.

'Hakurakuten'. (Japan, 1934). Wuchs stark, locker aufrecht. Blätter an beiden Enden spitz, mittelgrün. Blüten weiß, halbgefüllt bis päonienförmig, 8,5 cm breit, Kronblätter lang, schmal, sich überlappend, von satinartiger Textur, die auffälligen Staubblätter mit Petaloiden gemischt. Blütezeit mittel. WHZ 8a. 🏆 AM 1977, AGM 1993.

'Hakutaka' (Higo-Kamelie). (Japan, etwa 1800). Wuchs stark, aufrecht, dicht verzweigt. Blätter derb, eiförmig bis breit elliptisch, dunkelgrün, Nervatur eingesenkt. Blüten schneeweiß, einfach, schalenförmig, 10 cm breit, Kronblätter 5–6, weit abstehend und am zurückgeschlagenen Saum gewellt, Staubblätter etwa 140, in einem breiten, kranzförmigen Bündel, Filamente weißlich, Antheren dunkelgelb. Blütezeit mittel. WHZ 8a.

'Happy Holidays'. (Nuccio's Nurseries, Altadena, California, USA, 1984). Wuchs mittelstark, aufrecht, dicht verzweigt. Blätter eiförmig, zugespitzt, regelmäßig gesägt, glänzend dunkelgrün. Blüten hellrosa, vollständig gefüllt, 10 cm breit. Blütezeit früh bis mittel. WHZ 8b.

'Hatsuwarai' (Higo-Kamelie). (Japan, 1956). Wuchs locker aufrecht, etwas unregelmäßig. Blätter mittelgroß, eiförmig-elliptisch, mit eingesenkter Nervatur. Blüten rosa, einfach, 10 cm breit, Kronblätter 6–7, Staubblätter zahlreich, in einem breiten Bündel, Filamente hellgelb, Antheren goldgelb. Blütezeit spät. WHZ 7b.

'Hawaii'. (Hamilton & Clark Nursery, Upland, California, USA, 1961). Wuchs mittelstark, aufrecht. Blätter 11 cm lang, dunkelgrün. Blüten hellrosa, päonienförmig, 12,5 cm breit, Kronblätter zahlreich, gewellt, am Saum befranst. Blütezeit mittel. WHZ 8b.

'Helen Bower'. (T. W. Bower, Mobile, Alabama USA, 1963). Wuchs aufrecht, dicht verzweigt. Blätter 7,5 cm lang, auffallend gesägt, hellgrün. Blüten rosarot, purpurn schattiert, rosenförmig, 12–13 cm breit, Filamente und Antheren gelb. Blütezeit mittel bis spät. WHZ 8b.

'Hiiragi-tsubaki'. (Japan, vor 1700). Wuchs locker aufrecht. Blätter schmal lanzettlich, zugespitzt, scharf gesägt. Blüten rot, einfach, klein, röhrenförmig bis glockig, nickend, Staubgefäße in einem schmalen Bündel, Filamente cremeweiß, Antheren goldgelb. Blütezeit mittel. WHZ 8b.

'Hikarugenji'. (Japan, 1859). Wuchs aufrecht. Blätter schmal lanzettlich bis elliptisch, lang zugespitzt, unregelmäßig gekerbt. Blüten dunkel lachsrosa, unregelmäßig breit weiß gerandet und scharlachrot gestreift, päonienförmig, mittelgroß, duftend, Kronblätter oft zahlreich, Petaloiden und Staubblätter gemischt, Antheren goldgelb. Blütezeit mittel. WHZ 8a.

'Hinomaru' (Higo-Kamelie). (Japan, 1912). Wuchs stark, aufrecht, etwas unregelmäßig und ausladend. Blätter ledrig, 4 cm lang, eiförmig bis breit elliptisch, scharf zugespitzt. Blüten zinnoberrot, einfach, 7–10 cm breit, die 6 Kronblätter leicht gewellt, Staubblätter zu 120–150, in einem breiten, kranzförmigen Bündel, Filamente hellrot, Antheren goldgelb. Blütezeit spät. WHZ 7b.

Links:
Camellia japonica 'Jennifer Turnbull'

Rechts:
Camellia japonica 'Jupiter'

'Hiodoshi' (Higo-Kamelie). (Japan, vor 1700). Wuchs aufrecht, kegelförmig. Blätter 8 cm lang, breit eiförmig, zugespitzt, dunkelgrün. Blüten scharlachrot, einfach, Kronblätter 5–7, Staubblätter zu 120–140, in einem kompakten Bündel, Filamente weiß, Antheren gelb. Blütezeit mittel. WHZ 7b.

'Hishikaraito'. (Japan, 1844). Wuchs kompakt. Blätter schmal elliptisch bis schmal verkehrt-eiförmig, dunkelgrün, Nervatur gelblich. Blüten tiefrosa, halbgefüllt, klein, Staubblätter meist zu kleinen, weißen, Petaloiden umgewandelt. Blütezeit mittel bis spät. WHZ 8b.

'Imbricata'. (China, 1824 in England eingeführt) Wuchs aufrecht, kompakt. Blätter breit elliptisch bis eiförmig-elliptisch, lang zugespitzt, Spitze zurückgeschlagen, glänzend dunkelgrün. Blüten karminrosa, vollständig gefüllt bis rosenförmig, 8–9,5 cm breit, Kronblätter etwa 70, die äußeren 4,5 cm lang und breit, die inneren oft weiß gestreift. Blütezeit mittel. WHZ 8b.

'Imbricata Alba'. (England, etwa 1833). Wuchs aufrecht, kompakt. Blätter 10–12,5 cm lang, eiförmig oder elliptisch, die Spitze zurückgeschlagen. Blüten weiß, vollständig gefüllt, kugelig, 8 cm breit. Blütezeit mittel. WHZ 8b.

'Imperator'. (Delgarde, Rom, Italien, 1858). Blüten leuchtend rot, fleischrosa gefleckt, päonienförmig, sehr groß. Blütezeit früh. WHZ 8b.

'Janet Waterhouse'. (E. G. Waterhouse, Neusüdwales, Australien, 1952). Wuchs stark. Blätter dunkelgrün. Blüten reinweiß, halbgefüllt, 10 cm breit, Kronblätter in 5–6 Reihen, Staubblätter in einem dichten Bündel, Antheren goldgelb. Blütezeit mittel bis spät. WHZ 8b.

'Jennifer Turnbull'. (Mrs. Hume Turnbull, Malvern, Victoria, Australien, 1959). Wuchs buschig, breit aufrecht. Blätter 8 cm lang, eiförmig, zugespitzt, glänzend dunkelgrün. Blüten hellrosa, einfach, 10 cm breit, Staubblätter in einem dichten, zylindrischen Bündel, Filamente cremeweiß, Antheren goldgelb. Blütezeit früh. WHZ 8b.

'Jitsugetsu'. (Japan, 1933). Wuchs aufrecht. Blätter elliptisch bis schmal eiförmig-elliptisch, regelmäßig gesägt, glänzend dunkelgrün. Blüten reinweiß oder rot, selten zweifarbig, halbgefüllt, Staubblätter zahlreich, in einem breiten Bündel, Filamente hellgelb, Antheren goldgelb. Blütezeit spät. WHZ 8b.

'Joshua E. Youtz'. (William & Thompson 1950). Wuchs schwach, buschig. Blätter mittelgrün, die auffallenden Nerven hellgrün, Rand grob gesagt. Blüten weiß, halbgefüllt, 10–12 cm breit, die äußeren Petalen bis 5 cm lang, am Saum eingeschnitten, die zahlreichen, unregelmäßig stehenden Petaloiden mit Staubblättern gemischt. Blütezeit mittel. WHZ 8b.

'Jupiter' (Paul). (1904). Wuchs stark aufrecht. Blätter 9 cm lang, eiförmig-elliptisch bis eiförmig, kurz zugespitzt, scharf gesägt, glänzend dunkelgrün. Blüten karminrot, einfach bis halbgefüllt, 8,5–9 cm breit, zahlreich, die 8–9 Kronblätter breit verkehrt-eiförmig, leicht ausgerandet, Staubblätter in einem schmalen, zylindrischen Bündel, Filamente weiß, Antheren dunkelgelb. Blütezeit mittel. WHZ 8b. 🏆 AM 1953, AGM 1993.

'K. Sawada'. (Overlook Nursery, Mobile, Alabama, USA, 1940). Wuchs schmal aufrecht. Blätter ledrig, mittelgroß, elliptisch bis lanzettlich, gesägt, matt dunkelgrün. Blüten reinweiß, vollständig gefüllt, 10–12 cm breit, oft größer, Kronblätter 50–70, am Saum einwärts gebogen und sich überlappend, wenn ganz geöffnet, gelegentlich einige Staubblätter und Petaloiden sichtbar. Blütezeit mittel. WHZ 7b.

Links:
Camellia japonica
'Konronkoku'

Rechts:
Camellia japonica
'Kon-wabisuke'

'Katie'. (Nuccio's Nurseries, Altadena, California, USA, 1979). Wuchs stark, buschig aufrecht, dicht verzweigt. Blätter 10 cm lang, dunkelgrün. Blüten lachsrosa, halbgefüllt, 13–15 cm breit. Blütezeit früh bis spät. WHZ 8b.

'Kazue-no-tsuki' (Higo-Kamelie). (Japan, Niigata Präfektur, 1977). Wuchs schwach, kompakt. Blätter 10 cm lang, breit eiförmig, glänzend dunkelgrün. Blüten lachsrosa, einfach, flach schalenförmig, etwa 10 cm breit, Kronblätter 7–8, Staubblätter etwa 140, in einem breiten Büschel, Filamente cremeweiß, Antheren hell goldgelb. Blütezeit mittel. WHZ 7b.

'Kenny'. (Cachet Katalog 1840–41). Wuchs mittelstark, ausgebreitet. Blätter eiförmig, 8 cm breit, grob gesägt, dunkelgrün, mit auffallender Nervatur. Blüten karminrot, weiß gefleckt, päonienförmig, 11 cm breit, die äußeren Kronblätter in 2 Kreisen, die inneren aufrecht, gewellt und mit Staubblättern gemischt. Blütezeit mittel. WHZ 8b.

'Kick-Off'. (Nuccio's Nurseries, Altadena, California, USA, 1962). Wuchs stark, buschig aufrecht, kompakt. Blätter breit eiförmig. Blüten hellrosa, dunkler gestreift, päonienförmig, 12,5–13 cm breit, Kronblätter gewellt, Staubblätter zahlreich, mit Petaloiden gemischt, Filamente weißlich, Antheren goldgelb. Blütezeit früh bis mittel. WHZ 8a.

'Kimberley'. (Sander, Belgien, etwa 1900 vermutlich aus Japan importiert). Wuchs stark, aufrecht. Blätter steif, flach, 8–11 cm lang, zugespitzt, glänzend tiefgrün. Blüten lebhaft scharlachrot, einfach, 6–7 cm breit, Kronblätter 5–6, verkehrt-eiförmig, Staubblätter in einem 2 cm breiten, halbkugeligen Bündel, Antheren gelb. Blütezeit früh. WHZ 8b.

'King's Ramson'. (Magnolia Gardens, John's Island, South Carolina, USA, 1942). Wuchs stark, aufrecht, kompakt. Blüten rosa, im Verblühen dunkler, locker päonienförmig, 11 cm breit, Kronblätter gewellt. Blütezeit mittel. WHZ 8b.

'Kingyo-tsubaki'. (Japan, 1789). Wuchs locker aufrecht. Blätter derb, länglich, vorne in 3–5 Spitzen geteilt, glänzend dunkelgrün. Blüten hellrot, dunkler geadert, einfach, weit geöffnet, süß duftend, Kronblätter 7, Staubblätter zahlreich, in einem lockeren Bündel, Antheren hellgelb. Blütezeit früh bis mittel. WHZ 8b.

'Konronkoku'. (Japan, 1925). Wuchs buschig, reich verzweigt. Blätter schmal eiförmig-elliptisch, lang zugespitzt, entfernt gekerbt. Blüten samtig dunkelrot, päonien- bis rosenförmig, 9–10 cm breit, zahlreich, die 12–25 Kronblätter rundlich. Blütezeit mittel bis spät. WHZ 8a. 🏆 AM 1960, AGM 1993.

'Kon-wabisuke'. (Hyôgo Präfektur, Japan). Wuchs locker aufrecht, reichblühend. Blätter lanzettlich bis schmal elliptisch, lang zugespitzt, dunkelgrün. Blüten dunkel kardinalrot, einfach, schalenförmig, sich nie ganz öffnend. Blütezeit mittel bis spät. WHZ 8b.

'Kramer's Beauty'. (Kramer Bros. Nursery, Upland, California, USA, 1981). Wuchs stark, aufrecht, kompakt. Blätter eiförmig-elliptisch, glänzend dunkelgrün. Blüten leuchtend rot, päonienförmig, mittelgroß bis groß, duftend. Blütezeit mittel bis spät. WHZ 8a.

'Kramer's Supreme'. (Kramer Bros. Nurseries, Upland, California, USA, 1957). Wuchs stark aufrecht, kompakt, regelmäßig verzweigt. Blätter eiförmig, glänzend dunkelgrün. Blüten leuchtend rot, angenehm duftend, päonienförmig, sehr goß. Blütezeit mittel. WHZ 8a.

'Kumagai' (Higo-Kamelie). (Japan, 1830). Wuchs stark, locker aufrecht. Blätter sehr groß, eiförmig-

Links:
Camellia japonica
'Lady de Saumerez'

elliptisch, matt dunkelgrün. Blüten dunkelrot, anemonenförmig, 13 cm breit, Kronblätter 5–7, Staubblätter zahlreich, in einem breiten Bündel, Antheren anfangs gelb, voll geöffnet weißlich rosa. Blütezeit mittel. WHZ 7b.

'Kumasaka'. (Japan 1695). Wuchs stark, kompakt. Blätter elliptisch bis schmal eiförmig-elliptisch, scharf zugespitzt, glänzend dunkelgrün. Blüten tiefrosa, päonienförmig, gelegentlich auch halbgefüllt bis rosenförmig, 10,5 cm breit, die äußeren 2 Reihen von Kronblättern abstehend, breit und flach, ausgerandet, die inneren kleiner und unregelmäßig, dazwischen einige Staubblätter in Gruppen. Blütezeit mittel bis spät. WHZ 7a.

'Lady Campbell'. (Bolen, USA, 1934). Wuchs stark, aufrecht, kompakt. Blätter eiförmig, dunkelgrün. Blüten rot, rosenförmig, mittelgroß. Blütezeit mittel. WHZ 8b.

'Lady de Saumerez'. (Caledonia Nursery, Guernsey, Channel Islands, etwa 1920). Wuchs stark, kompakt. Blätter eiförmig-elliptisch, lang zugespitzt, glänzend dunkelgrün. Blüten hellrot, halbgefüllt, mittelgroß, zahlreich. Blütezeit mittel. WHZ 8b. 🏆 AGM 1993.

'Lady Loch'. (Australien, 1898). Wuchs locker aufrecht, Äste ausgebreitet. Blätter eiförmig, regelmäßig gesägt, glänzend dunkelgrün. Blüten hellrosa, weiß gerandet, päonienförmig, groß, nickend, im Innern zahlreiche Petaloiden mit Staubblättern gemischt, Antheren goldgelb. Blütezeit mittel bis spät. WHZ 8b.

'Lady McCulloch'. (Japan, 1889). Wuchs breit buschig. Blätter elliptisch, 8 cm lang, lang zugespitzt, ziemlich grob gesägt, glänzend dunkelgrün. Blüten weiß, leicht karminrot gestreift oder gefleckt, teilweise auch ganz karminrot, halbgefüllt glockig, 8–10 cm breit, Kronblätter 15–18, mit mittleren kleiner und breit eiförmig. Blütezeit mittel. WHZ 8b.

'Lady Vansittart'. (Japan, 1877 durch L. van Houtte, Belgien, importiert.) Wuchs langsam, dicht, kompakt. Blätter 10 cm lang, schmal elliptisch bis elliptisch, lang zugespitzt, fein und scharf gesägt, glänzend dunkelgrün. Blüten weiß mit karminrosa Streifen oder Markierungen, halbgefüllt, 6–9 cm breit, die 18–19 Kronblätter verkehrteiförmig bis rundlich. Blütezeit mittel bis spät. WHZ 8a.

'Lalla Rookh'. (Italien, 1854). Wuchs langsam, kompakt. Blätter groß, schmal eiförmig, regelmäßig entfernt gesägt, glänzend dunkelgrün. Blüten rosa, weiß gefleckt, vollständig gefüllt, mittelgroß bis groß. Blütezeit mittel. WHZ 8b. Abb. s. S. 46

'Latifolia'. (1834). Wuchs stark, breit aufrecht. Blätter 11,5 cm lang, sehr breit elliptisch, kurz zugespitzt, entfernt gesägt, glänzend dunkelgrün. Blüten karminrot, weiß gestreift, halbgefüllt, 8–10 cm breit, Kronblätter 11–13, breit eiförmig, ausgerandet, Staubblätter zahlreich, zwischen den inneren Petaloiden stehend. Blütezeit mittel. WHZ 8b.

'Laurie Bray'. (George Linton, Somersby, Neusüdwales, Australien, 1955). Wuchs aufrecht. Blätter dunkelgrün. Blüten zartrosa, heller schattiert, halbgefüllt, bis 12 cm breit, Kronblätter 14–17, gewellt und gekräuselt. Blütezeit früh bis mittel. WHZ 8a.

'Lavinia Maggi'. (Lechi, Brescia, Italien, 1858). Wuchs stark, etwas steif aufrecht. Blätter groß, breit eiförmig. Blütenknospen dick. Blüten weiß mit rosaroten Spritzern und Streifen, vollständig gefüllt, mittelgroß. Blütezeit mittel bis spät. WHZ 8a. 🏆 FCC 1862 (als 'Contessa Lavinia Maggi'), AGM 1993.

'Lipstick'. (Nuccio's Nurseries, Altadena, California, USA, 1981). Wuchs mittelstark, aufrecht, dicht verzweigt. Blätter eiförmig, lang zugespitzt, regelmäßig gesägt, dunkelgrün. Blüten dunkelrot, anemonenförmig, klein, in der Mitte zahlreiche kleine weiße, rot gerandete Petaloiden. Blütezeit mittel. WHZ 8b.

'Lovelight'. (Harvey Short, Pasadena, California, USA, 1962). Wuchs stark, aufrecht. Blätter groß, glänzend dunkelgrün. Blüten weiß, halbgefüllt, sehr groß, schalenförmig, Kronblätter derb, gekreppt, Staubblätter in einem schmalen, zylindrischen Bündel, Filamente elfenbeinweiß, Antheren goldgelb. Blütezeit mittel. WHZ 8a. 🏆 AGM 2002.

Links:
Camellia japonica
'Lipstick'

Rechts:
Camellia japonica
'Margaret Davis'

'Lulu Belle'. (H. E. Dryden, San Marino, California, USA, 1960). Wuchs stark, aufrecht. Blüten weiß bis ganz zartrosa, halbgefüllt bis locker päonienförmig, groß, Saum gewellt, Staubblätter in einem großen, lockeren Bündel, Antheren goldgelb. Blütezeit früh bis mittel. WHZ 8a.

'Mabel Bryan'. (Stephen T. Bryan, Mt View, California, USA, 1970). Wuchs stark, aufrecht. Blätter schmal eiförmig, glänzend dunkelgrün. Blüten weiß oder hellrosa, rot gepunktet und gestreift, halb gefüllt bis päonienförmig, 11 cm breit, Kronblätter etwa 32, gefranst, Petaloiden etwa 5, Staubblätter in einem lockeren Bündel, Filamente cremegelb, Antheren hell goldgelb. Blütezeit mittel bis spät. WHZ 8b.

'Madame Lourmand'. (Frankreich, 1910). Wuchs buschig aufrecht. Blüten reinweiß, einfach, groß, Staubblätter in einem breiten Bündel, Antheren gelb. Blütezeit früh. WHZ 7b.

'Madame Martin Cachet'. (Frankreich, 1914). Wuchs stark, aufrecht. Blüten rosarot, päonienförmig, mittelgroß, sehr zahlreich, Kronblätter gekräuselt. Blütezeit mittel. WHZ 8b.

'Man Size'. (W. F. Wilson Jr., Hammond, Lousiana, USA, 1961). Wuchs mittelstark, locker aufrecht. Blätter 7,5 cm lang, mittelgrün. Blüten weiß, anemonenförmig, 5–6 cm breit, Kronblätter 12, abstehend, die etwa 98 Petaloiden dicht gedrängt stehend, Antheren gelb. Blütezeit mittel. WHZ 8b.

'Margaret Davis'. (A. M. Davis, Cammaray, Neudsüdwales, Australien, 1963). Wuchs locker aufrecht. Blätter elliptisch glänzend dunkelgrün. Blüten cremeweiß, auffallend leuchtend rosa gesäumt, päonienförmig, mittelgroß, Kronblätter am Saum gekräuselt. Blütezeit früh bis mittel. WHZ 8a.

'Marchioness of Exeter'. (James Priaulx, Gernsey, 1838). Wuchs buschig aufrecht. Blüten dunkelrosa, mehr oder weniger samtrot überhaucht, vollständig gefüllt, 14–15 cm breit, Kronblätter zahlreich, rundlich, leicht ausgerandet, teilweise ganzrandig, einige tief eingeschnitten, in 9–10 Reihen. Blütezeit mittel. WHZ 8b.

'Margherita Coleoni'. (Verschaffelt, 1859). Wuchs stark, aufrecht. Blätter breit eiförmig, glänzend dunkelgrün. Blüten leuchtend tomatenrot, lebhaft karminrot schattiert, dicht gefüllt, groß. Blütezeit mittel. WHZ 8b.

'Mark Alan'. (Mr. & Mrs. H. E. Ashby, Charleston, South Carolina, USA, 1958). Wuchs aufrecht, dicht verzweigt. Blätter elliptisch, mittelgrün. Blüten weinrot, locker päonienförmig bis halbgefüllt, 12,5 cm breit, Kronblätter 12–15, die 25–30 Petaloiden schmal, mit den Staubblättern gemischt, Antheren gelb. Blütezeit früh bis mittel. WHZ 8b.

'Maroon and Gold'. (Nuccio's Nurseries, Altadena, California, USA, 1960). Wuchs aufrecht, buschig, kompakt. Blätter glänzend dunkelgrün. Blüten dunkel samtrot, am Saum dunkler, päonienförmig, klein bis mittelgroß, Staubblätter mit Petaloiden gemischt, Antheren goldgelb. Blütezeit mittel bis spät. WHZ 8a.

'Mars'. (1911). Wuchs locker aufrecht. Blätter 8–10 cm lang, elliptisch, kurz zugespitzt, entfernt gesägt. Blüten türkischrot, halbgefüllt, bis 10 cm breit, Kronblätter etwa 15–20, schmal verkehrt-eiförmig, bis 5 cm lang, unregelmäßig ausgerandet, die äußeren zurückgebogen, Staubblätter in einem schmalen Bündel. Blütezeit mittel. WHZ 8b. 🏆 AGM 1993.

Links:
Camellia japonica 'Mercury'

Rechts:
Camellia japonica 'Midnight'

'Masayoshi'. (Japan, 1778, 1828 durch Franz von Siebold eingeführt). Wuchs langsam, buschig. Blätter länglich-eiförmig, glänzend mittelgrün. Blüten kirschrot, unregelmäßig weiß gefleckt, halbgefüllt, groß, zahlreich, Antheren goldgelb. Blütezeit mittel. WHZ 7b. 🏆 AM 1960, AGM 1993.
'Mathotiana'. (Mathot, Gent, Belgien, 1847). Wuchs stark, dicht belaubt. Blätter derb, groß, leicht gezähnt, dunkelgrün. Blüten kirschrot, bei kühler Witterung mitunter purpurn gefärbt, vollständig gefüllt, groß. Blütezeit mittel. WHZ 7b.
'Mathotiana Alba'. (Mathot, Gent, Belgien, 1858). Wuchs stark, buschig aufrecht. Blätter sehr groß, unregelmäßig oder kaum gesägt, hellgrün. Blüten reinweiß, dicht gefüllt, etwa 10 cm breit, in der Knospe überdurchschnittlich groß, die zahlreichen eiförmigen Kronblätter dachziegelartig angeordnet, stark nach außen gebogen. Blütezeit spät. WHZ 8a. 🏆 AGM 1993.
'Mathotiana Rosea'. (England, 1874). In Wuchs und Belaubung wie 'Mathotiana Alba'. Blüten leuchtend rosa, vollständig gefüllt, groß, bei einem Typ die Kronblätter weiß gerandet. Blütezeit mittel bis spät. WHZ 8a. 🏆 AGM 1993.
'Mathotiana Supreme'. (Flowerwood Nurseries, Mobile, Alabama, USA, 1951). Wuchs stark, aufrecht. Blätter derb, groß, glänzend dunkelgrün. Blüten dunkelrot, halbgefüllt, 12–13 cm breit, Kronblätter locker und unregelmäßig gestellt, mit Staubblättern gemischt. Blütezeit mittel bis spät. WHZ 8b.
'Mercury'. (Etwa 1900 durch William Paul & Sons eingeführt). Wuchs mittelstark, kompakt. Blätter 10 cm lang, elliptisch, zugespitzt, gesägt. Blüten tief karminrot, mit etwas dunkleren Nerven, halbgefüllt, 10–11 cm breit, die 15–20 Kronblätter rundlich, die äußeren bis 5 cm lang, die inneren allmählich kleiner werdend, Staubblätter in einem lockeren Kranz, oft mit Petaloiden gemischt. Blütezeit mittel. WHZ 8b. 🏆 AM 1948, AGM 1993.
'Midnight'. (Nuccio's Nurseries, Altadena, California, USA, 1986). Wuchs stark, aufrecht, dicht verzweigt. Blätter elliptisch, lang zugespitzt, glänzend dunkelgrün. Blüten schwarzrot, halbgefüllt bis anemonenförmig, 10–12 cm breit, Kronblätter gekräuselt, Staubblätter mit einigen Petaloiden gemischt, Antheren goldgelb. Blütezeit mittel. WHZ 8b.
'Mikenjaku'. (Japan, 1859). Wuchs schwach, breit aufrecht, locker verzweigt. Blätter eiförmig, kurz zugespitzt, regelmäßig scharf gesägt, glänzend dunkelgrün. Blüten rosarot, unregelmäßig weiß gefleckt, halbgefüllt, groß. Blütezeit mittel bis spät. WHZ 8b.
'Miss Charleston'. (Bill McGill, Adams Run, South Carolina, USA, 1962). Wuchs mittelstark, aufrecht. Blätter 10 cm lang, dunkelgrün. Blüten tiefrot, halbgefüllt bis päonienförmig, 15 cm breit, Kronblätter 30–60, Antheren goldgelb. Blütezeit mittel bis spät. WHZ 8b. 🏆 AGM 1993.

Links:
Camellia japonica
'Mikenjaku'

Rechts:
Camellia japonica
'Momijigari'

'Miyakodori'. (Japan, 1841). Wuchs schwach, aufrecht. Blätter länglich-elliptisch bis lanzettlich, zugespitzt, glänzend grün. Blüten weiß, halbgefüllt, groß, Staubblätter in einem schmalen Bündel, Filamente weiß, Antheren hellgelb. Blütezeit mittel bis spät. WHZ 8a.

'Mizuyhoshi' (zu var. *rusticana*). (Japan, Nakakubi-gun, Niigata Präfektur, 1968). Wuchs buschig aufrecht. Blätter eiförmig, zugespitzt, fein gesägt, dunkelgrün. Blüten weiß, gefüllt bis locker päonienförmig, 6–8 cm breit, duftend, Kronblätter 19–32, eiförmig, leicht eingeschnitten, einwärts gekrümmt, in 3 Reihen, Staubblätter in einem kleinen, unregelmäßigen Bündel, Antheren gelb. Blütezeit mittel. WHZ 8b.

'Momijigari' (Higo-Kamelie). (Kumato Präfektur, Japan, 1859). Wuchs breit aufrecht. Blätter elliptisch, lang zugespitzt, glänzend dunkelgrün. Blüten scharlachrot, einfach, 10 cm breit, Kronblätter 7, Staubblätter etwa 140, in einem breiten, regelmäßigen Bündel, Filamente weißlich, Antheren goldgelb. Blütezeit mittel. WHZ 7b.

'Monjusu'. (Japan, 1859). Wuchs schwach, buschig, kompakt. Blätter 8 cm lang, eiförmig, scharf zugespitzt, glänzend tiefgrün, gelegentlich gelb panaschiert. Blüten tief scharlachrot, weiß gefleckt, halbgefüllt, 9,5 cm breit, die 16 gewellten Kronblätter etwa 4 cm lang, in 3 Reihen, Staubblätter zu etwa 80, Filamente rosa, Antheren gelb. Blütezeit spät bis sehr spät. WHZ 7b.

'Montironi'. (Casoretti, Italien, 1841). Wuchs aufrecht, kegelförmig, sparsam verzweigt. Blätter 8–10 cm lang, rundlich oder eiförmig, oberseits runzelig, Nervatur tief eingesenkt, dunkelgrün. Blüten weiß, gelegentlich rosa gestreift, vollständig gefüllt, 10–11 cm breit, Kronblätter zahlreich, in 9–10 Reihen. Blütezeit mittel bis spät. WHZ 7b.

'Moshio'. (Japan, 1788). Wuchs aufrecht, kompakt. Blätter elliptisch, zugespitzt, grob gesägt, mittelgrün. Blüten leuchtend rot, halbgefüllt, klein, Kronblätter 12–15, in 3 Reihen, Staubblätter in einem schmalen Bündel, Antheren gelb. Blütezeit mittel. WHZ 8b.

'Mrs Charles Copp'. (Magnolia Gardens, John's Island, South Carolina, USA, 1942). Wuchs breit aufrecht, mittelstark. Blätter 8 cm breit, breit eiförmig. Blüten dunkelrot, halbgefüllt bis locker päonienförmig, 8–10 cm breit, zwischen den inneren Kronblättern einige goldgelbe Staubblätter. Blütezeit früh bis mittel. WHZ 8a.

'Mrs D. W. Davis'. (D. W. Davis, Seffner, Florida, USA, 1953). Wuchs stark aufrecht, sehr sparrig. Blätter groß, dunkelgrün. Blüten zartrosa, halbgefüllt, 15,5 cm breit, die etwa 15 Kronblätter muschelförmig. Blütezeit früh bis mittel. Die Blüten sind das Symbol der Internationalen Kameliengesellschaft (ICS). WHZ 8a. 🏆 AM 1960, FCC 1968, AGM 1993.

'Mrs Tingley'. (J. H. Ward Hinkson, Chester, Pennsylvania, USA, 1948). Wuchs schmal aufrecht, buschig. Blätter dünn ledrig, 6,5–8 cm lang, länglich-elliptisch, glänzend mittelgrün. Blüten hell lachsrosa mit silbrigem Schimmer, zur Mitte hin heller, an sonnigen Standorten verblassend, vollständig gefüllt, 10 cm breit, Kronblätter bis zu 50, ver-

Camellia japonica 'Monjusu'

kehrt-eiförmig, gekerbt, von fester Textur, die kleinen inneren Kronblätter knospenartig zusammenstehend, sich meist nicht öffnend. Blütezeit früh bis mittel, Blüten sehr lange haltbar. WHZ 8a.

'My Darling'. (F. M. Uyematsu, Montebello, California, USA, 1947). Wuchs stark, aufrecht, kompakt. Blätter 7–10 cm lang, eiförmig, stumpf, glänzend dunkelgrün. Blüten reinrosa, einfach, mittelgroß, Staubblätter zahlreich, in einem breiten Bündel, Filamente cremegelb, Antheren goldgelb. Blütezeit mittel. WHZ 8b.

'Nioi-fubuki' (Higo-Kamelie). (Japan, 1971). Wuchs stark, aufrecht. Blätter eiförmig, matt dunkelgrün. Blüten hellrosa, im Verblühen weißlich, mit einigen karmesinrosa Streifen, einfach, groß, duftend, Staubblätter zahlreich, in einem breiten Bündel, gelegentlich teilweise zu kronblattartigen Staubblättern umgewandelt. Blütezeit mittel. WHZ 7b.

'Noblissima'. (Lefrevre, Belgien, etwa 1834). Wuchs aufrecht, locker. Blätter 8,5 cm lang, rundlich-eiförmig, kurz zugespitzt, reich gezähnt. Blüten weiß, in der Mitte mit zartgelber Schattierung, anemonenförmig, 7,5 cm breit, zahlreich, die äußeren Kronblätter groß, zahlreich, zurückgeschlagen, die inneren kleiner, dicht gedrängt, geknittert. Blütezeit sehr früh. WHZ 8a.

'Nuccio's Cameo'. (Nuccio's Nurseries, Altadena, California, USA, 1988). Wuchs locker aufrecht. Blätter mittelgroß, dunkelgrün. Blüten korallenrosa, rosenförmig bis vollständig gefüllt, 10–11 cm breit. Blütezeit früh bis spät. WHZ 8b.

'Nuccio's Carousel'. (Nuccio's Nurseries, Altadena, California, USA, 1988). Wuchs mittelstark, auf-

Camellia japonica 'Mrs Tingley'

recht. Blüten zartrosa, zum Saum hin und die äußeren Kronblätter dunkler, halbgefüllt, groß. Blütezeit früh bis spät. WHZ 8b.

'Nuccio's Gem'. (Nuccio's Nurseries, Altadena, California, USA, 1970). Wuchs stark, aufrecht, dicht verzweigt. Blätter 8 cm lang, eiförmig, glänzend hellgrün. Blüten reinweiß, vollständig gefüllt, 9–11 cm breit, zahlreich, empfindlich gegen Regen. Blütezeit früh bis spät. WHZ 8a. 🏆 AGM 1993.

'Nuccio's Jewel'. (Nuccio's Nurseries, Altadena, California, USA, 1977). Wuchs langsam, buschig, dicht verzweigt. Blätter 6 cm lang, eiförmig, glänzend dunkelgrün. Blüten weiß, am Saum orchideenrosa, päonienförmig, 8–10 cm breit, Kronblätter stark gewellt, ausgerandet, Staubblätter in einem lockeren Bündel, Antheren goldgelb. Blütezeit mittel bis spät. WHZ 8a. 🏆 AGM 1993.

'Nuccio's Pearl'. (Nuccio's Nurseries, Altadena, California, USA 1978). Wuchs mittelstark, buschig aufrecht, dicht verzweigt. Blätter 6 cm lang, dunkelgrün. Blüten hellrosa, zur Mitte und Kronblätter außen tiefer rosa, vollständig gefüllt, 8 cm breit. Blütezeit mittel bis spät. WHZ 8a.

'Ôkan' (Higo-Kamelie). (Japan, Kumamoto Präfektur, 1982). Wuchs schwach. Blätter 9 cm lang, mattgrün. Blüten weiß, mit einem breiten, karminroten Saum, einfach, 11–12 cm breit, Kronblätter 6–8, Staubblätter etwa 160, in einem breiten, kranzförmigen Bündel, Filamente gelb, Antheren goldgelb. Blütezeit mittel. WHZ 7b.

'Oki-no-nami'. (Japan, 1710). Wuchs locker aufrecht. Blätter länglich-eiförmig, glänzend dunkelgrün. Blüten hellrosa, fein dunkler gestreift und geadert, teilweise gefleckt, halbgefüllt, 9–10 cm breit, die 14–16 Kronblätter in 3 Reihen. Blütezeit mittel. WHZ 8a.

'Otome' (zu var. *rusticana*). (Japan, spätes 18. Jahrhundert, 1875 in die USA eingeführt). Wuchs breit aufrecht, reich verzweigt. Blätter breit eiförmig, stumpf, glänzend dunkelgrün, stark glänzend dunkelgrün. Blüten hell muschelrosa, vollständig gefüllt, schalenförmig, 6–7 cm breit, Kronblätter etwa 60. Blütezeit mittel bis spät. WHZ 8b. Abb. s. S. 56.

'Ozeki'. (Minagawa, Jisuke, Japan, 1959). Wuchs buschig aufrecht. Blätter länglich-eiförmig bis ei-

Links:
Camellia japonica
'Nuccio's Gem'

Rechts:
Camellia japonica
'Oki-no-nami'

förmig, mittelgroß, zugespitzt, scharf gesägt. Blüten dunkelrot, einfach oder halbgefüllt, mittelgroß, Kronblätter rundlich und konkav, zwischen den unregelmäßig stehenden Staubblättern kleine, aufrechte Kronblätter und einige Petaloiden. Blütezeit mittel. WHZ 8b.

'Paul Jones Supreme'. (E. G. Waterhouse, Gordon, Neusüdwales, Australien, 1968). Wuchs buschig, ziemlich schwach. Blätter schmal eiförmig, glänzend dunkelgrün. Blüten cremeweiß, lebhaft karminrot gestreift, halbgefüllt, groß. Blütezeit mittel. WHZ 8b.

'Paul Plantiveau'. (Dr. Clifford Parks, USA, 1993). Wuchs kompakt. Blätter lanzettlich bis breit lanzettlich, zugespitzt, glänzend dunkelgrün. Blüten leuchtend rosa, einfach, mittelgroß, leicht duftend, Staubblätter zahlreich, in einem breiten, zylindrischen Bündel, Filamente cremefarben, Antheren goldgelb. Blütezeit früh bis mittel, sehr reich blühend. WHZ 8b.

'Pearl Maxwell'. (Mrs. C. O. Maxwell, Reno, Georgia, USA, 1948). Wuchs stark, aufrecht, robust. Blüten zartrosa mit weiß, vollständig gefüllt, 8–10 cm breit. Blütezeit mittel bis spät. WHZ 8a.

'Preston Rose'. (Frankreich, 1840). Wuchs stark, locker aufrecht. Blätter sehr breit elliptisch bis rundlich, 9 cm lang, stumpf oder kurz zugespitzt, Rand kerbig gesägt, dunkelgrün. Blüten karminrot, päonienförmig, 9–9,5 cm breit, Kronblätter breit rundlich, in der Mitte zahlreiche unregelmäßige, gedrehte Petaloiden, Staubblätter wenig zahlreich. WHZ 8b.

'Princesse Baciocchi'. (Boffi, Desio, Italien, 1842). Wuchs buschig, kompakt. Blätter breit eiförmig, stumpf zugespitzt, unregelmäßig gezähnt, matt dunkelgrün. Blüten mit 70 Kronblättern vollständig gefüllt, die äußeren 4 Kronblattreihen samtig mit dunkel karminrot, die restlichen mit schmalen, weißen Saum. Blütezeit mittel. WHZ 8b.

'Professor Sargent'. (1908 durch Berkmann in die USA importiert, vermutlich aus der Gärtnerei Seidel, Deutschland). Wuchs buschig aufrecht. Blätter derb, 10 cm lang, breit elliptisch, dunkelgrün. Blüten lebhaft dunkel karminrot, päonienförmig, 9–19 cm breit, Kronblätter 12, abstehend, in der Mitte etwa 230 kleine, dicht gedrängt stehende, gedrehte und eingerollte Petaloiden. Blütezeit früh. WHZ 7b.

'R. L. Wheeler'. (Central Georgia Nurseries, Macon, Georgia, USA, 1949). Wuchs stark, buschig. Blätter derb, bis 12 cm lang, eiförmig, zugespitzt, entfernt flach gesägt, glänzend mittel- bis dunkelgrün. Blüten leuchtend rosarot, halbgefüllt bis anemonenförmig, bis 15 cm breit, äußere Kronblätter gewellt und gedreht, von fester Textur, die inneren Kronblätter kleiner, fast aufrecht, sie umgeben zahlreiche Staubblätter, Filamente und Antheren goldgelb. Blütezeit früh bis spät. WHZ 7a.
🏆 AM 1959, FCC 1975, AGM 1993. Abb. s. S. 7

'Red Ensign'. (G. C. Linton, Smersby, Neusüdwales, Australien, 1955). Wuchs aufrecht. Blätter schmal eiförmig. Blüten leuchtend scharlachrot, einfach bis halbgefüllt, 13–15 cm breit, die inneren Kronblätter gekräuselt, teilweise petaloid, Staubblätter lang, Filamente cremegelb. Blütezeit mittel. WHZ 8a.

'Roger Hall'. (Roger Hall, Tea Tree Gulley, Süd-Australien, 1979). Wuchs stark, aufrecht, dicht ver-

Camellia japonica 'San Dimas'

zweigt. Blätter 9 cm lang, lanzettlich, fein gesägt, dunkelgrün. Blüten reinrot, vollständig gefüllt, 6,5–7,5 cm breit. Blütezeit früh bis spät. WHZ 8a.
'Royal Velvet'. (Nuccio's Nurseries, Altadena, California, USA, 1987). Wuchs stark, aufrecht, kompakt. Blätter schmal eiförmig, lang zugespitzt, regelmäßig gesägt, dunkelgrün. Blüten dunkel samtrot, halbgefüllt, groß, Staubblätter wenig zahleich, in einem schmalen Bündel, Filamente cremeweiß, Antheren gelb. Blütezeit mittel. WHZ 8b.
'Rubescens Major'. (Henri Guichard, Nantes, Fankreich, 1886). Wuchs buschig, kompakt. Blätter bis 15 cm lang, schmal bis breit elliptisch, kurz oder lang zugespitzt, flach gesägt, glänzend dunkelgrün. Blüten karmesinrot mit dunklerer Nervatur, rosenförmig, 11 cm breit, Kronblätter sehr breit verkehrt-eiförmig, von fester Textur. Blütezeit mittel. WHZ 7b. 🏆 AM 1959, AGM 1993.
'San Dimas'. (Clark Thomas, San Dimas, California, USA, 1972). Wuchs aufrecht, reich verzweigt. Blätter 7 cm lang, sehr dunkelgrün, glänzend. Blüten dunkelrot, halbgefüllt, 10 cm breit, Kronblätter 17–19, eine unterschiedlich große Zahl von Petaloiden mit den Staubblättern gemischt, Filamente und Antheren gelb. Blütezeit früh bis mittel. WHZ 8b. 🏆 AGM 2002.
'Sawada's Dream'. (K. Sawada, Crichton, Alabama, USA, 1959). Wuchs mittelstark, schlank aufrecht. Blätter derb, fein und scharf gesägt. Blüten in der Mitte weiß, zum Saum hin zartrosa, vollständig gefüllt, 10 cm breit, Kronblätter zu 80–90. Blütezeit mittel bis spät. WHZ 8b.
'Scentsation'. (Nuccio's Nurseries, Altadena, California, USA, 1968). Wuchs stark aufrecht, kompakt. Blätter sehr groß. Blüten silbrig rosa, süß duftend, päonienförmig, groß. Blütezeit früh bis mittel. WHZ 8b. 🏆 AGM 1993, AM 1995.
'Shiragiku'. (Japan, 1681). Wuchs stark, aufrecht, kompakt. Blätter schmal eiförmig, spitz, unregelmäßig gekerbt, glänzend dunkelgrün. Blüten reinweiß, vollständig gefüllt, mittelgroß. Blütezeit mittel bis spät. WHZ 8a.
'Shirobotan'. (K. Sawada, Mobile, Alabama, USA, 1949). Wuchs stark, aufrecht, elegant. Blüten weiß, halbgefüllt bis locker päonienförmig, mittelgroß, anfangs schalen- oder schüsselförmig, Staubblätter in einem schmalen Bündel, mit kleinen Petaloiden gemischt, Filamente hellgelb, Antheren goldgelb. Blütezeit mittel. WHZ 8a.
'Shiro Chan'. (Toichi Domoto, Hayward, California, USA, 1953). Wuchs locker aufrecht. Blätter eiförmig bis verkehrt-eiförmig, regelmäßig gesägt, glänzend dunkelgrün. Blüten weiß, an der Basis rosa getuscht, anemonenförmig, groß bis sehr groß. Blütezeit mittel. WHZ 8b.
'Silver Anniversary'. (Nuccio's Nursery, Altadena, California, USA, 1960). Wuchs buschig aufrecht. Blätter schmal eiförmig, glänzend mittelgrün. Blüten weiß, halbgefüllt, 13 cm breit, Staubblätter in einem breiten, lockeren Bündel, vermischt mit kronblattartigen Staubblättern, Filamente hellgelb, Antheren goldgelb. Blütezeit früh bis mittel. WHZ 7b.
'Snow Chan'. (Nuccio's Nurseries, Altadena, California, USA, 1957). Wuchs locker aufrecht. Blätter eiförmig, regelmäßig gesägt, glänzend dunkelgrün. Blüten reinweiß, anemonenförmig, groß bis sehr groß. Blütezeit mittel. WHZ 7b.
'Snowman'. (Wilmer, Stewart, Savannah, Georgia, USA, 1949). Wuchs stark, buschig aufrecht. Blätter 10 cm lang, schmal, glänzend dunkelgrün. Blüten weiß, halbgefüllt, 15 cm breit, Kronblätter 35, die äußeren gekerbt und rückwärts gebogen, die 12 inneren Petaloiden gedreht und gekrümmt, Filamente reinweiß, Staubblätter gelb. Blütezeit mittel. WHZ 7b.
'Sôshi-arai'. (Japan, 1841). Wuchs aufrecht, kompakt. Blätter schmal eiförmig-elliptisch, lang zugespitzt, glänzend dunkelgrün. Blüten sehr variabel, in der Grundfarbe meist weiß, stark rot gestreift und gepunktet, gelegentlich ganz rot, halbgefüllt, vasenförmig, sehr groß, Kronblätter in 3–4

Links:
Camellia japonica
'Snow Chan'

Rechts:
Camellia japonica
'Sôshi-arai'

Reihen, Staubblätter in einem schmalen Bündel, Antheren hellgelb. Blütezeit spät. WHZ 8a.

'Souvenir de Bahuaud Litou'. Sport von 'Mathotiana Alba', von dieser nur durch die hellrosa Blütenfarbe abweichend. (Bahuaud-Litou, Nantes, Frankreich, 1910). WHZ 8b. 🏆 AGM 1993.

'Spring Sonnet'. (W. O. McCaskill, Pasadena, California, USA, 1951). Wuchs buschig aufrecht. Blätter elliptisch, glänzend mittelgrün. Blüten hellrosa, zum Saum hin malvenrosa, halbgefüllt bis päonienförmig, mittelgroß, leicht duftend, Staubblätter wenig zahlreich, locker stehend. Blütezeit mittel. WHZ 8b.

'Sylvia'. (W. Robinson 1903). Wuchs kräftig, aufrecht. Blätter schmal eiförmig, glänzend dunkelgrün. Blüten leuchtend scharlachrot, einfach, regelmäßig glockig, groß, zahlreich, Staubblätter in einem auffallenden ringförmigen Büschel, Antheren goldgelb. Blütezeit mittel. WHZ 8b. 🏆 AGM 2002.

'Takanini'. (Neville Haydon, Auckland, Neuseeland, 1987). Wuchs stark, aufrecht. Blätter 9 cm lang, schmal eiförmig, lang zugespitzt, dunkelgrün. Blüten leuchtend tiefrot, anemonenförmig, 8–9 cm breit, Kronblätter 15, in der Mitte dicht gedrängt 140–200 Petaloiden, gelegentlich auch einige Staubblätter. Blütezeit früh bis spät. WHZ 8b.

'Tamadare'. (Minagawa, Jisuke, Saitama Präfektur, Japan, 1933). Wuchs breit aufrecht. Blätter länglich bis länglich-lanzettlich, sehr kurz zugespitzt, dunkelgrün. Blüten rosa, gelegentlich rosarot gestreift, halbgefüllt, breit schalenförmig, mittelgroß, gelegentlich mit Petaloiden. Blütezeit mittel bis spät. WHZ 8b.

'Tama-ikari'. (Japan, Kumamoto Präfektur, 1971). Wuchs breit aufrecht. Blüten rosa, zur Basis hin nahezu weiß, einfach, schalenförmig, mittelgroß, Kronblätter 6–7, am Saum leicht gewellt und ausgerandet, duftend. Staubblätter in einem kranzförmigen Bündel, Filamente weiß, Antheren bräunlich gelb. Blütezeit mittel. WHZ 8b.

'Tama-no-ura'. (Wildherkunft aus Tama-no-ura, Fuku'e Insel, Japan, 1947 entdeckt, selektiert durch Konomi, Kurume, Japan, 1975 durch Nuccio's Nurseries, Altadena, California, USA, importiert). Wuchs breit buschig, reich blühend. Blätter länglich-lanzettlich, zugespitzt, Saum gewellt und gesägt. Blüten rot, am Saum reinweiß, mit fließendem Übergang zu Rot, einfach, glockig, mittelgroß, Kronblätter 6, Staubblätter in einem zylindrischen Bündel, Filamente weiß. Blütezeit spät. WHZ 8b.

'Tancho' (Higo-Kamelie). (Japan, Kumamoto Präfektur, 1912). Wuchs stark. Blätter derb, 9,5 cm lang, eiförmig. Blüten weiß, mit einigen schmalen, karminroten Streifen, 10–11 cm breit, Kronblätter 7–8, Staubblätter 140–180, in einem breiten, kranzförmigen Bündel, Filamente weiß, Antheren hell goldgelb. Blütezeit früh bis mittel. WHZ 7b.

'The Czar'. (Neil Breslin, East Camberwell, Victoria, Australien, 1913). Wuchs langsam, straff aufrecht, kompakt. Blätter eiförmig, lang zugespitzt, dunkelgrün. Blüten leuchtend karminrot, halbgefüllt, 12–14 cm breit, Kronblätter rundlich, von fester Textur, in 3–4 Reihen, am Saum gewellt und leicht zurückgeschlagen, Staubblätter in einem breiten Bündel, Antheren gelb. Blütezeit mittel. Pflanze sehr reich blühend. WHZ 8b.

'Tiffany'. (Dr. John H. Urabec, La Canada, California, USA, 1962). Wuchs stark, aufrecht. Blätter groß, mittelgrün. Blüten zart- bis dunkelrosa, locker päonienförmig, 15 cm breit, die Staubblätter mit Petaloiden gemischt. Blütezeit mittel bis spät. WHZ 8b.

'Tinker Bell'. (Nuccio's Nurseries, Altadena, California, USA 1958). Wuchs breit aufrecht. Blüten reinrosa, rosarot gestreift und getupft, anemonenförmig, klein, sehr zahlreich. Blütezeit mittel. WHZ 8b.

Links:
Camellia japonica
'Wildfire'

Rechts:
Camellia japonica
'White Nun'

'Tomorrow'. (1954). Wuchs stark, locker aufrecht, Zweige leicht überhängend. Blätter eiförmig, grob gezähnt, mittelgrün. Blüten hell erdbeerrot, halbgefüllt bis päonienförmig, 13–15 cm breit, Kronblätter 20–22. Blütezeit mittel. WHZ 8a. 🏆 AM 1960.

'Tori-no-ko'. (Japan, 1710). Wuchs locker aufrecht. Blätter schmal elliptisch bis lanzettlich-elliptisch, lang zugespitzt, matt dunkelgrün. Blüten rosa, halbgefüllt, weit geöffnet, Kronblätter lang und schmal, leicht auswärts gebogen, Staubblätter in einem lockeren Bündel. Blütezeit spät. WHZ 8b.

'Tricolor'. (Japan, 1829 von Franz von Siebold eingeführt). Wuchs buschig, kompakt. Blätter lanzettlich, fein gesägt, mittelgrün. Blüten in der Färbung sehr variabel. Grundfarbe reinweiß mit rosafarbenen Streifen oder rosa mit weißen und roten Markierungen, viele Blüten auch unifarben dunkelrosa, halbgefüllt, anfangs becherförmig, 7–9 cm breit, Kronblätter 14–20, Staubblätter oft mit einigen Petaloiden gemischt. Blütezeit mittel. WHZ 7a. 🏆 AGM 1993.

'Triumphans'. (Belgien 1833). Wuchs locker aufrecht. Blätter 7,5 cm lang, rundlich-eiförmig, kurz zugespitzt, matt glänzend dunkelgrün. Blüten leuchtend rosarot, päonienförmig, groß, die äußeren Kronblätter groß, gewellt, leicht zurückgebogen, die inneren kleiner und gelegentlich weiß gestreift. Blütezeit mittel. WHZ 8b.

'Ville de Nantes'. (Heurtin, Frankreich, 1897). Wuchs schwach, schlank und steif aufrecht. Blätter 8–9,5 cm breit, elliptisch, flach gesägt, glänzend dunkelgrün. Blüten dunkelrot, mit weißen Spritzern, halbgefüllt, 11 cm breit, die rundlichen Kronblätter unregelmäßig gedreht, am Saum gefranst, Staubblätter oft mit Petaloiden gemischt. Blütezeit mittel bis spät. WHZ 7b. Abb. s. S. 48.

'Wildfire'. (Nuccio's Nurseries, Altadena, California, 1965). Wuchs stark, aufrecht. Blüten leuchtend orangerot, halbgefüllt, etwa 10 cm breit, Antheren goldgelb. Blütezeit früh bis mittel. WHZ 8b.

'White Nun'. (Pasadena's McCaskill Gardens, 1959). Wuchs aufrecht, dicht verzweigt, im oberen Bereich ausladend. Blätter ledrig, groß, dunkelgrün. Blüten reinweiß, halbgefüllt, sehr groß, Kronblätter gekreppt, Staubblätter in einem schmalen, lockeren Bündel, Filamente cremegelb, Antheren goldgelb. Blütezeit mittel. WHZ 8b.

'Yours Truly'. (Züchter unbekannt, USA, 1947). Wuchs langsam, klein bleibend, buschig. Blätter klein, scharf gesägt, glänzend dunkelgrün. Blüten sehr zart rosa, dunkelrosa gestreift, halbgefüllt, mittelgroß, Kronblätter leicht gewellt, Staubblätter in einem lockeren Bündel, Filamente hellgelb, Antheren goldgelb. Blütezeit mittel bis spät. WHZ 8a. 🏆 AM 1960.

'Yukibotan'. (Japan, 1937 in die USA importiert). Wuchs buschig aufrecht. Blätter länglich, Nervatur leicht eingesenkt, glänzend dunkelgrün. Blüten sehr groß, reinweiß, päonienförmig, Kronblätter stark gewellt, zwischen den Staubblättern kleine Petaloiden. Blütezeit spät. WHZ 8b.

'Yukihime'. (In Kultur genommene Wildform aus der Nagasaki Präfektur, Japan, 1979). Wuchs stark, aufrecht. Blätter mittelgroß, länglich-eiförmig, zugespitzt, gelegentlich weiß panaschiert. Blüten weiß, einfach, breit glockig. Staubblätter in einem breiten Bündel, Filamente cremegelb, Antheren goldgelb. Blütezeit früh bis mittel. WHZ 8b.

Camellia 'Lasca Beauty'

Camellia 'Lasca Beauty'

(*C. reticulata* 'Damano' × *C. japonica* 'Mrs D. W. Davis'; Dr. Clifford Parks, Chapel Hill, North Carolina, USA, 1974)
Aufrechter, stark wachsender, locker verzweigter Strauch oder kleiner Baum. Blätter bis 13 cm lang, eiförmig, zugespitzt, glänzend dunkelgrün. Blüten hellrosa, halbgefüllt, schalenförmig, 12,5 cm breit, Kronblätter 15, von fester Textur, Staubblätter in einem schmalen Bündel, Filamente cremefarben, Antheren gelb. Blütezeit mittel. WHZ 8b.

Camellia 'Leonard Messel'

(*C. reticulata* × *C.* × *williamsii* 'Mary Christian'; Colonel Messel, Nymans, Handcross, Sussex, England, 1958)
Buschig aufrechter, langsam wachsender, steif verzweigter Strauch. Blätter breit eiförmig, lang zugespitzt, matt dunkelgrün. Blüten lebhaft rosa, halbgefüllt, 10 cm breit, die etwa 14 Kronblätter unregelmäßig und stark gewellt, Antheren gelb. Blütezeit mittel bis spät. WHZ 8a. 🏆 AM 1958, FCC und Cory Cup 1970, AGM 1993.

Camellia longicarpa Chang ex Chang

(Subgenus Metacamellia, Sektion Theopsis)
Bis 3 m hoher Strauch. Zweige anfangs grauweiß weich behaart, später kahl. Blätter ledrig, 6–8,5 cm lang, elliptisch, zugespitzt bis geschwänzt zugespitzt, an der Basis breit keilförmig oder stumpf, oberhalb der Mitte gesägt, Mittelrippe braun flaumig behaart, Nervatur beiderseits deutlich ausgeprägt. Tragblätter 5–6, davon 2–3 relativ groß, Kelch flach schalenförmig, Kelchblätter nahezu rundlich. Blüten weiß, 3–3,5 cm breit, Kronblätter 6–7, die äußeren 2 leicht bräunlich behaart, Staubblätter so lang wie die Kronblätter, die äußeren Filamente an der Basis zu einer kurzen Röhre verwachsen, Fruchtblätter kahl. Fruchtkapseln elliptisch-eiförmig, 2,5 cm lang, 3- oder 1-fächrig. Verbreitung: China (Sichuan). WHZ 9.

Links:
Camellia 'Leonard Messel'

Rechts:
Camellia maliflora

Camellia lutchuensis
Itô in Itô et Matsumura

(Subgenus Metacamellia, Sektion Theopsis)
2–5 m hoher, auffallend kleinblättriger Strauch. Triebe behaart. Blätter 2,2–4 cm lang, elliptisch bis länglich, stumpf, Basis keilförmig oder abgerundet, stumpf gesägt, Zähne einwärts gebogen, oberseits lebhaft grün, bis auf die kurzborstige Mittelrippe kahl, unterseits hellgrün, Mittelrippe rauhaarig, kahl werdend, im Austrieb karminrot. Blüten weiß, 1,5 cm breit, leicht duftend, zahlreich, Hochblätter 8, Kelchblätter 2 cm lang, behaart, Kronblätter 6, die äußeren 2–3 7 mm lang, die inneren 10–11 mm lang, verkehrt-eiförmig, vorne ausgerandet, Staubblätter 11 mm lang. Verbreitung: Japan (Riukiu-Inseln). WHZ 9.

Camellia maliflora Lindl.

(Subgenus Camellia, Sektion Paracamellia)
2–3 m hoher, buschig aufrechter, locker verzweigter Strauch. Triebe behaart. Blätter dünnhäutig, 3,5–5 cm lang, elliptisch, spitz, Basis keilförmig oder leicht abgerundet, Rand gesägt, oberseits Mittelnerv behaart, unterseits behaart. Blüten einzeln, kurz gestielt, rosa, 6 cm breit, mit zahlreichen Kronblättern gefüllt, Trag- und Kelchblätter 9–10, ± rundlich, außen schwach flaumhaarig, hinfällig, innere Kronblätter 3 cm lang, die äußeren 2,3 cm lang und nahezu rundlich, in der Mitte relativ kurze kronblattartige Staubblätter, Fruchtblätter deformiert, Griffel 3- oder mehrteilig. Blütezeit Februar–März. WHZ 9.
Soll 1816 durch Richard Rawes, Kapitän der englischen Ostindien-Kompanie, aus China nach England importiert worden sein, ist in China aber gegenwärtig nicht mehr zu finden. Da die abnormen Staub- und Fruchtblätter steril sind, wird ein hybrider Ursprung vermutet.

Camellia 'Nicky Crisp'

(*C. pitardii* var. *pitardii* × *C. japonica*; Mrs. A. B. Durrant, Rotorua, Neuseeland, 1979)
Kleiner, kompakt aufgebauter, langsam wachsender, reich blühender Strauch. Blätter 8,5 cm lang, gekielt, fein gesägt, oberseits dunkelgrün. Blüten hellrosa, halbgefüllt, offen 11 cm breit, die 16 Kronblätter am Saum tief eingeschnitten, Antheren goldgelb, Filamente cremefarben. Blütezeit früh bis spät. WHZ 7b.

Camellia nitidissima Chi var. nitidissima

Gelbblühende Kamelie
(Subgenus Thea, Sektion Chrysantha)
2–3 m hoher Strauch. Blätter dick ledrig, 11–17 cm lang, länglich bis länglich-elliptisch, zugespitzt, Basis keilförmig, Nervatur tief eingesenkt. Blüten goldgelb, 2,5–4 cm breit, duftend, einzeln achselständig, Kronblätter 9–11, von wachsartiger Textur, Staubblätter zahlreich, Antheren gelb. Blütezeit März–April. In Mitteleuropa in Kultur nur selten blühend. Früchte 5 cm dick, dunkelbraun. Verbreitung: China (Guangxi), Vietnam. WHZ 9. Abb. s. S. 90.

Camellia oleifera Abel

Öl-Kaemlie
(Subgenus Camellia, Sektion Oleifera)
Bis 7 m hoher, steif aufrechter, sehr variabler Baum oder Strauch. Blätter steif ledrig, 3,5–9 cm

lang, elliptisch bis länglich-elliptisch, spitz bis zugespitzt, Basis keilförmig oder stumpf, gesägt, kahl, oberseits glänzend dunkelgrün, Mittelrippe rauhaarig, unterseits hellgrün. Blüten meist in den terminalen Blattachseln, weiß, duftend, 5–6(–9) cm breit, Kronblätter 5–7, bis 3,5 cm lang, schmal, vorne abgerundet und ± tief 2-lappig, Staubblätter bis 15 mm lang, meist frei, gelegentlich zu einer 5–7 mm langen Staubblattröhre verwachsen, Griffel meist 3- gelegentlich 4- oder 5-fächrig. Blütezeit September–Dezember. Früchte 3–4,5 cm dick, meist 3-fächrig, gelegentlich 4- selten auch 1-fächrig. Perikarp 3–6 mm dick. Samen reich an Ölen, deshalb wirtschaftlich für medizinische und kosmetische Zwecke genutzt. Verbreitung: China, Indochina. WHZ 7b. Abb. s. S. 90.

Camellia pitardii Cohen-Stuart var. **pitardii**

(Subgenus Camellia, Sektion Camellia)
Bis 7 m hoher, locker verzweigter Strauch oder kleiner Baum. Blätter dünn ledrig, länglich-elliptisch bis breit elliptisch, 5,5–10 cm lang, lang bis geschwänzt zugespitzt, Rand scharf gesägt. Blüten rosa bis weiß, 3,5–5 cm breit, Kronblätter 5–6. Blütezeit Februar–März. Fruchtkapseln 3–5 cm dick, Perikarp 3–5 mm dick. Manche Pflanzen haben größere, dunkler gefärbte Blüten und 4–5 cm dicke Fruchtkapseln mit 7–8 mm dickem Perikarp. Verbreitung: China (Guizhou, Yunnan, Sichuan, Hunan, Guangxi). WHZ 9. Abb. s. S. 91.
C. pitardii var. *yunnanica* Sealy unterscheidet sich durch behaarte Triebe und braun behaarte Kelchblätter. Sie ist in der Provinz Yunnan heimisch und dort weit verbreitet. *C. pitardii* var. *alba* Chang, heimisch in der Provinz Hunan, hat weiße Blüten.

Camellia polyodonta How. ex Hu

(Subgenus Camellia, Sektion Camellia)
Bis 8 m hoher Baum oder Strauch. Blätter 10–14 cm lang, verkehrt-eiförmig-elliptisch oder länglich, lang zugespitzt, am Rand sehr scharf gesägt. Blüten rosa, weiß überhaucht oder intensiv rosa bis purpurrot, 7–10 cm breit, einzeln, nahezu sitzend, Trag- und Kelchblätter 15. Früchte kugelig, 4,5–10 cm dick, je Fach 3–5 Samen, Perikarp sehr dick. Verbreitung: China (Guangdong). WHZ 9.

Camellia 'Quintessence'

(*C. japonica* 'Fendings Seedling No. 12' × *C. lutchuensis*; J. C. Lesnie, Manukau, Neuseeland, 1985)
Aufrechter, langsam wachsender Strauch. Zweige abstehend bis übergeneigt. Blätter 6 cm lang, eiförmig. Blüten weiß, becher- bis schalenförmig, 5 cm breit, stark duftend, Kronblätter 7, Staubblätter in einem dichten Bündel, Filamente weiß, Antheren goldgelb. Blütezeit mittel. WHZ 8b.

Camellia 'Red Crystal'

(*C. reticulata* 'Crimson Robe' × *C. japonica* 'Wildfire'; O. Blumhardt, Whangarei, Neuseeland, 1984)
Aufrechter, locker verzweigter Strauch. Blätter bis 10 cm lang, eiförmig, lang zugespitzt, matt glänzend dunkelgrün. Blüten leuchtend scharlachrot, einfach bis halbgefüllt, breit schalenförmig, 14 cm breit, Kronblätter von fester Textur, Staubblätter in einem lockeren Bündel, mit einigen Petaloiden gemischt, Filamente an der Basis rosa, Antheren goldgelb. Blütezeit mittel. WHZ 8b.

Camellia reticulata Lindl.

Netznervige Kamelie, Yunnan-Kamelie
(Subgenus Camellia, Sektion Camellia; 1824 durch George Forrest aus West-China in England eingeführt)
Bis 10(–15) m hoher, locker verzweigter Baum oder Strauch. Stamm 30–60 cm dick. Rinde glatt, graubraun. Triebe gelblich braun. Blätter derb ledrig, 7,5–11,5(–14) cm lang, breit elliptisch oder länglich-elliptisch, spitz bis kurz zugespitzt, Basis keilförmig bis abgerundet, Rand regelmäßig fein gezähnt, im Austrieb bronzefarben, später oberseits dunkelgrün, unterseits heller, beiderseits glänzend. Blüten tief blutrot, 6–11(–18) cm breit, einzeln oder zu 2–3, end- und achselständig, Trag- und Kelchblätter 10, Kronblätter 5–8, nahezu rundlich bis verkehrt-eiförmig, 6–7 cm lang, bei Gartenformen Blüten auch mehr oder weniger stark gefüllt, Fruchtknoten dicht behaart, 3- bis 4-fächrig, Staubblätter sehr zahlreich, 3,5 cm lang, hellgelb oder cremeweiß, die äußeren bis zu $\frac{1}{3}$ oder $\frac{1}{4}$ zu einer Röhre verwachsen. Blütezeit März/April. Früchte länglich-rundlich, 3,5–4,5 cm dick. Verbreitung: China (Gebirge in Yunnan). WHZ 9 bis 8b.
Die Winterhärte der Sorten entspricht etwa der der Art.
'Arch of Triumph'. (David Feathers, Lafayette, California, USA, 1972). Wuchs stark, aufrecht, ziemlich dicht verzweigt. Blätter 13 cm lang, breit eiförmig. Blüten weinrot, locker päonienförmig, bis 17 cm breit, von fester Textur, deshalb sehr haltbar, Kronblätter 15–20. Blütezeit früh bis mittel. 🏆 AGM 1993.

Camellia reticulata
'Captain Rawes'

'Baozhu Cha'. (Entstanden in Kunming, Yunnan, China, seit 1621 bekannt). Wuchs stark, locker aufrecht. Blätter dick ledrig, 7–11 cm lang, breit eiförmig bis länglich-eiförmig, spitz oder kurz zugespitzt, Basis breit keilförmig, Nervatur tief eingesenkt. Blüten lebhaft purpurrot, 12–14 cm breit, die 30 Kronblätter in 4–5 Reihen, die äußeren 2 abstehend, die inneren kleiner, leicht gedreht und ± aufrecht, Staubblätter zahlreich, in 4–6 Gruppen zwischen den inneren Kronblättern, Filamente gelb, Antheren braun. Blütezeit mittel. 🏆 AM 1963 (unter dem Namen 'Paochucha').

'Captain Rawes'. (China, 1820 durch Captain Rawes eingeführt). Wuchs locker aufrecht, bis 10 m hoch. Blätter 8,5–9,5 cm lang, breit elliptisch, oberseits matt dunkelgrün, unterseits heller und glänzend, mit auffälliger Nervatur. Blüten leuchtend karmin- bis rosarot, zur Mitte hin heller, halbgefüllt bis päonienförmig, 14–17 cm breit, die etwa 15 Kronblätter gewellt, Antheren anfangs leuchtend gelb, später dunkler. Blütezeit früh bis mittel. 🏆 FCC 1963, AGM 1993.

'Curtain Call'. (Altadena, California, USA, 1979). Wuchs stark, locker aufrecht. Blätter 12,5 cm lang, eiförmig, matt dunkelgrün. Blüten tief korallenrosa, halbgefüllt, 15–17,5 cm breit, nickend, Kronblätter gewellt, Staubblätter zahlreich, locker stehend, goldgelb. Blütezeit spät.

'Dali Cha'. (China, seit mehreren 100 Jahren in Kultur). Wuchs stark, baumförmig. Blätter 7,5–10 cm lang, derb, breit eiförmig bis eiförmig-elliptisch, spitz oder zugespitzt, am Saum gewellt. Blüten leuchtend rot, im Aufblühen heller, 12–22 cm breit, halbkugelig, Kronblätter zu 30 in 4–5 Reihen, die äußeren ausgebreitet, die inneren aufrecht und gedreht, Staubblätter zahlreich, zu einem Bündel zusammenstehend oder in mehrere Gruppen geteilt. Blütezeit früh bis mittel.

'Mary Williams'. (China, in Caerhays Castle aus einer Aufsammlung von Forrest selektiert). In Wuchs und Belaubung wie die Art. Blüten rosarot, mehr als 12,5 cm breit, einfach, schüsselförmig, die 6–8 Kronblätter am Saum tief gebuchtet, Antheren goldgelb, Filamente rötlich weiß. Blütezeit

Camellia reticulata 'Miss Tulare'

früh bis mittel. Frosthärter als andere Sorten der Art. 🏆 FCC 1964.
'Maye Yinghong'. (Kunming, Yunnan, China, ein Baum am Palong Tempel im Bezirk Jinning soll 600 Jahre alt sein). Wuchs baumförmig, reich verzweigt. Blätter 7–11 cm lang, länglich-eiförmig, an der Spitze zurückgebogen, oberseits durch eingesenkte Nervatur runzelig. Blüten leuchtend rosa, 9–12 cm breit, Kronblätter zu 29, in 4–5 Reihen dachziegelig angeordnet, Staubblätter zahlreich, in mehreren Gruppen. Blütezeit mittel bis spät.
'Miss Tulare'. (M. W. Abramson, Tulare, California, 1975). Wuchs stark, aufrecht. Blätter 12,5 cm lang, hellgrün. Blüten in der Mitte rot, zum Rand hin tiefrosa, rot bis rosarot, rosen- bis päonienförmig, 12–13 cm breit, Kronblätter gewellt und ausgerandet, Staubblätter goldgelb. Blütezeit früh bis mittel.
'Ming Temple'. (David L. Feathers, Lafayette, California, USA, 1974). Wuchs stark, schmal aufrecht. Blätter dunkelgrün. Blüten tief silbrig rosa, halbgefüllt bis locker päonienförmig, 13–15 cm breit, Kronblätter 15–20, gekräuselt, Filamente weiß, Antheren gelb. Blütezeit mittel. WHZ 8b.
'Mouchang'. (Howard Asper, Escondido, California, USA, 1967). Wuchs stark, locker aufrecht. Blätter 12,5 cm lang, dunkelgrün. Blüten rein lachsrosa, halbgefüllt, 15 cm breit, die 10 Kronblätter von fester Textur, kronblattartige Staubblätter 6, Staubblätter zahlreich, goldgelb. Blütezeit mittel.

Camellia rosiflora Hook

(Subgenus Metacamellia, Sektion Theopsis)
Aufrechter, zierlicher, reich blühender, dicht belaubter Strauch oder kleiner Baum. Äste und Zweige abstehend bis schräg abwärts wachsend. Triebe und Blattstiele flaumig behaart. Blätter derb, 5–8 cm lang, eiförmig oder lanzettlich, lang zugespitzt, kahl. Blüten zartrosa, einzeln oder zu 2, Hochblätter 6–8, Kelchblätter 6, verkehrt-eiförmig, 6–7 mm lang, nahezu frei, außen flaumig behaart, Kronblätter verkehrt-herzförmig, leicht ausgerandet, bis 1,5 cm lang, mit den Staubblättern am Grunde zu einem Ring verwachsen, die äußeren frei, Fruchtknoten und Griffel kahl. Blütezeit Februar–März. Früchte kugelig, bis 12 mm dick, kahl, einsamig. Verbreitung: China (Jiangsu, Zhejiang, Sichuan, Hubei). WHZ 8b.

Camellia 'Royalty'

(*C. japonica* 'Clarise Carleton' × *C. reticulata* 'Chang's Temple'; T. E. Croson, Simi, Kalifornien, USA, 1970)
Aufrechter, stark wachsender, locker verzweigter Strauch oder kleiner Baum. Blätter bis 11 cm lang, eiförmig, lang zugespitzt, glänzend dunkelgrün. Blüten leuchtend rosa, halbgefüllt, breit schalenförmig, 13 cm breit, Kronblätter leicht gewellt und ausgerandet, Staubblätter in einem dichten Bündel, Filamente weiß, Antheren goldgelb. Blütezeit Februar–März. WHZ 8b. 🏆 AM 1986, AGM 2002.

Camellia saluenensis Stapf ex Bean

(Subgenus Camellia, Sektion Camellia; vor 1920 durch George Forrest in England eingeführt)
1–5 m hoher, kompakt aufgebauter, dicht belaubter, reich blühender Strauch oder kleiner Baum. Triebe anfangs behaart, später kahl. Blätter ledrig, 3,5–5 cm lang, länglich-elliptisch bis elliptisch, spitz bis stumpf, Basis keilförmig bis abgerundet, unregelmäßig gezähnt, oberseits glänzend dunkelgrün, unterseits bis auf die Mittelrippe kahl. Blüten hellrosa oder tief rosarot, 2,5–4 cm breit, Kronblätter 6–7, verkehrt-eiförmig, gekerbt, Staubblätter bis 2,5 cm lang, Fruchtknoten filzig behaart. Blütezeit März/April. Früchte länglich-kugelig, etwa 2,5 cm dick. Verbreitung: Südwest-China (Yunnan, Sichuan). WHZ 8a.

Camellia sasanqua Thunb.

(Subgenus Camellia, Sektion Oleifera; 1896 in Europa eingeführt)
Bis 5 m hoher, schlank aufrechter, locker aufge-

Links:
Camellia 'Royalty'

Rechts:
Camellia saluensis

bauter, dicht beblätterter Strauch oder kleiner Baum. Zweige dünn. Blätter derb ledrig, 3–5,5(–7,5) cm lang, elliptisch oder länglich-elliptisch bis breit elliptisch, spitz oder stumpf, Basis keilförmig bis abgerundet, ganzrandig oder unregelmäßig gezähnt, oberseits glänzend dunkelgrün. Blüten weiß bis rosa, einfach, 5–7 cm breit, endständig, Kelchblätter hinfällig, Kronblätter 5–6, verkehrt-eiförmig-lanzettlich bis verkehrt-eiförmig-keilförmig, Staubblätter bis 1,5 cm lang, zahlreich, nur am Grund etwas verwachsen, Filamente und Antheren überwiegend gelb. Blütezeit Oktober–März. Früchte kugelig, 1- bis 3-fächrig. Verbreitung: Japan (Riukiu-Inseln). WHZ 8a bis 7b. Die Winterhärte und die Blütezeit der Sorten entsprechen etwa der der Art. Als besonders winterhart gelten die Sorten 'Agnes O. Solomon', 'Jean Mary' und 'Kanjiro'.

'Agnes O. Solomon'. (Orton Plantation Nursery, 1953). Wuchs breit aufrecht. Blätter breit elliptisch, matt mittelgrün. Blüten zartrosa, locker halbgefüllt bis päonienförmig, äußere Kronblätter ausgerandet, die inneren Petaloiden gedreht und gewellt, dazwischen einige Staubblätter.

'Apple Blossom'. (Japan, etwa 1921 durch Cooligde Gardens, Pasadena, California, USA, eingeführt). Wuchs locker aufrecht. Blätter elliptisch, glänzend dunkelgrün. Blüten weiß, rosa überhaucht, einfach, etwa 6 cm breit, duftend, Staubblätter in einem breiten, lockeren Bündel, Filamente hellgelb, Antheren dunkelgelb.

'Asakura'. (Japan, Kurume, Fukuoka Präfektur, 1974). Wuchs locker aufrecht. Blätter breit elliptisch, matt dunkelgrün. Blüten weiß, hellrot überhaucht, halbgefüllt, groß, Kronblätter ausgerandet, Staubblätter in einem breiten, lockeren Bündel, Antheren goldgelb.

'Bettie Patricia'. (S. D. Colemann, Georgia, USA, 1957). Wuchs stark, locker aufrecht. Blätter 6 cm lang. Blüten hell rosa, 8,5–10 cm breit, Kronblätter 24, ausgebreitet, gewellt, Petaloiden 4, Staubblätter wenig zahlreich, locker stehend, hellgelb.

'Cleopatra'. (Japan, 1839, etwa 1929 von K. Sawada, Overlook Nursery, Alabama, USA, eingeführt). Wuchs stark, sehr kompakt. Blätter etwa 4,5 cm lang, elliptisch, entfernt fein gesägt, dunkelgrün. Blüten rosa, in der Mitte heller, halbgefüllt, 6–7,5 cm breit, sehr zahlreich, Kronbläter 5, unregelmäßig, vorne nach unten umgebogen, Petaloiden 2, Staubblätter zahlreich, Antheren gelb.

'Crimson King'. (Japan, 1937). Wuchs langsam, locker aufrecht. Blätter elliptisch, matt dunkelgrün. Blüten tief karminrot, halbgefüllt, 12 cm breit, sehr zahlreich, Kronblätter breit, leicht gewellt und ausgerandet, von fester Textur, deshalb sehr haltbar, Staubblätter in einem regelmäßigen Bündel, goldgelb. 🏆 AGM 1993.

'Daydream'. (Mobile Ornamental Nursery, Alabama, USA, 1948). Wuchs locker aufrecht. Blüten weiß, am Saum tiefrosa, einige Kronblätter unterseits rosa überhaucht, einfach, groß, Kronblätter stark gekräuselt und tief ausgerandet, Filamante ockergelb, Antheren hell lederbraun.

Links:
Camellia sasanqua
'Agnes O. Salomon'

Rechts:
Camellia sasanqua
'Asakura'

'Dwarf Shishi'. (Toichi Domoto Nursery, California, USA, 1988). Wuchs schwach, niedrig. Blätter klein. Blüten lebhaft rot, halbgefüllt, klein.
'Fanny'. (Claude Thoby, Frankreich, 1993). Wuchs locker aufrecht. Blätter breit elliptisch, dunkelgrün. Blüten lebhaft rosa bis karminrot, halbgefüllt bis gefüllt, klein, duftend, die Kronblätter unregelmäßig dachziegelig stehend.
'Goshozakura'. (Japan, 1941). Wuchs locker aufrecht. Blüten rosa, zur Mitte hin heller, einfach, schalenförmig, Kronblätter zurückgeschlagen, am Saum ausgerandet, Staubblätter zahlreich, in einem breiten Bündel, gelb.
'Hinode-gumo'. (Japan, 1936). Wuchs locker breit aufrecht. Blätter ledrig, 6 cm lang, dunkelgrün. Blüten weiß, am Saum rosa getuscht, einfach, 9 cm breit, Kronblätter 8, Staubblätter zahlreich, in einem breiten Bündel, goldgelb.
'Jean May'. (Ralph May, Gerbing Camellia Nurseries, Fernandina, Florida, USA, 1951). Wuchs stark, buschig aufrecht. Blätter derb ledrig, elliptisch, 5 cm lang, stumpf zugespitzt, oberseits glänzend dunkelgrün. Blüten hellrosa, in der Mitte dunkler, zu den Rändern hin heller, gefüllt, etwa 8 cm breit, die äußeren Kronblätter eingeschnitten, Staubblätter wenig zahlreich, Filamente hellgelb, Antheren dunkelgelb. 🏆 AGM 2002.
'Mini-no-yuki'. (Japan, 1898). Wuchs mittelstark, locker aufrecht bis überhängend, sehr reich blühend. Blätter eiförmig, 4 cm lang, stumpf zugespitzt, grob gesägt, oberseits matt dunkelgrün. Blüten reinweiß, halbgefüllt bis unregelmäßig, 7–8 cm breit, Kronblätter am Saum tief eingeschnitten, gekräuselt und gefältelt, Staubblätter wenig zahlreich, mit einigen Petaloiden gemischt. 🏆 AM 1964.
'Narumigata'. (Ashizawa, Yagoro, Japan, 1898). Wuchs stark, breit aufrecht. Blätter steif, schmal eiförmig, 6 cm lang, stumpf bis lang zugespitz, oberseits olivgrün. Blüten weiß, am Saum rosa getuscht, einfach, schalenförmig, 7–8 cm breit, duftend, die 8–9 Kronblätter gewellt und ausgerandet, Staubblätter in einem breiten, lockeren Bündel, Filamente hellgelb, Antheren goldgelb. 🏆 AM 1953 (als *C.* 'Oleifera'), AGM 1993.
'New Dawn'. (Claude Thoby, Frankreich, 1993). Wuchs locker aufrecht. Blüten rosa, zum Saum hin dunkler, einfach, duftend, Kronblätter stark gewellt und ausgerandet, Staubblätter in einem lockeren Bündel, Filamente hellgelb, Antheren dunkelgelb.
'Orcival'. (Claude Thoby, Frankreich, 1993). Wuchs locker breit aufrecht. Blätter schmal eiförmig, dunkelgrün. Blüten weiß, einfach bis halbgefüllt, duftend, Kronblätter gewellt und ausgerandet, Staubblätter in einem breiten, lockeren Bündel, Filamente cremegelb, Antheren goldgelb.
'Paradise Audrey'. (Bob Cherry, Australien, 1955). Wuchs aufrecht, kompakt. Blätter elliptisch, oberseits dunkelgrün. Blüten pastellpink bis pfirsichfarben, gefüllt, 6 cm breit. Blütezeit früh bis mittel. Pflanze reich und über einen langen Zeitraum blühend.
'Paradise Barbara'. (Bob Cherry, Australien, 1997). Wuchs kompakt, kegelförmig. Blätter elliptisch, glänzend dunkelgrün. Blüten bis auf einen ganz schmalen, pinkfarbenen Saum reinweiß, einfach bis halbgefüllt, groß, unregelmäßig in Form und Größe, Kronblätter gewellt. Staubblätter zahlreich, in breitem Bündel. Blütezeit früh bis mittel.

Links:
Camellia sasanqua
'Fanny'

Rechts:
Camellia sasanqua
'Mine-no-yuki'

'Paradise Belinda'. (Bob Cherry, Australien, 1995). Wuchs buschig aufrecht, kompakt. Blätter elliptisch, oberseits glänzend dunkelgrün. Blüten leuchtend pinkfarben, die Basis der Kronblätter weiß, halbgefüllt, 11 cm breit, in der Mitte neben Petaloiden goldgelbe Staubblätter. Blütezeit früh bis mittel. Pflanze lange blühend.
'Paradise Blush'. (Bob Cherry, Australien, 1995). Wuchs schlank aufrecht, bis 4 m hoch, dicht verzweigt. Blätter im Austrieb rötlich, später oberseits glänzend dunkelgrün. Blüten in der Knospe dunkelrosa, aufgeblüht bis auf die rosa Säume reinweiß, gefüllt, 6 cm breit. Blütezeit früh bis mittel. Pflanze reich und lange blühend.
'Paradise Jennifer'. (Bob Cherry, Australien, 1997). Wuchs schlank aufrecht, dicht belaubt. Blätter schmal, deutlich gesägt, oberseits glänzend dunkelgrün. Blüten weiß, mit einem breiten, bläulich pinkfarbenen Saum, halbgefüllt, Kronblätter gewellt, in der Mitte einige Petaloide mit Staubblättern gemischt. Blütezeit früh bis mittel.
'Paradise Petite'. (Bob Cherry, Australien, 1994). Wuchs langsam, kompakt. Blätter klein, spitz, oberseits dunkelgrün. Blüten hellrosa, im Verblühen aufhellend, locker päonienförmig, 5 cm breit, in der Mitte einige goldgelbe Staubblätter mit zahlreichen Petaloiden gemischt. Blütezeit früh bis mittel. Pflanze reich und lange blühend.
'Paradise Sayaka'. (Bob Cherry, Australien, 1955). Wuchs aufrecht, dicht belaubt. Blätter schmal, zugespitzt, oberseits glänzend dunkelgrün. Blüten in der Knospe rosa, aufgeblüht reinweiß, der breite Saum und die Rückseite der konkav gewölbten Kronblätter lachsrosa, einfach bis halbgefüllt. Blütezeit früh bis mittel.
'Plantation Pink'. (E. G. Waterhouse, Gordon, Neusüdwales, Australien, 1948). Wuchs stark, baumartig. Blätter glänzend dunkelgrün. Blüten rosa, einfach, schalenförmig, mittelgroß, duftend, Staubblätter in einem breiten Bündel, gelb.
'Sakura-zukuyo'. (Von Saito selektierter Sämling, Kumamoto Präfektur, Japan). Wuchs locker aufrecht. Blüten zartrosa, einfach, 11–13 cm breit, die 6–7 Kronblätter gekräuselt und ausgerandet.
'Setsugekka'. (Jisuke Minagawa, Japan, 1898). Wuchs stark, aufrecht. Blätter 5–7 cm lang, länglich-elliptisch, schwach glänzend dunkelgrün. Blüten weiß, gelegentlich am Saum rosa getuscht, einfach, 10 cm breit, die 7–9 Kronblätter stark gewellt und gekräuselt, doppelt ausgerandet, Staubblätter in einem breiten, lockeren Bündel, Filamente grünlich weiß, Antheren hellgelb.
'Shôwa-no-sakae'. (Japan, Kansai-Region, 1937 oder früher). Wuchs kräftig, breiter als hoch, Zweige ausgebreitet bis überhängend. Blätter 5,5 cm lang, olivgrün. Blüten rein hellrosa, unregelmäßig gefüllt bis rosenförmig, 6,5–7,5 cm breit, leicht nach Moschus duftend, die etwa 24 Kronblätter mit den goldgelben Staubblättern gemischt.
'Silver Dollar'. (Nuccio's Nurseries, Altadena, California, USA, 1987). Wuchs aufrecht, mittelstark. Blätter schmal eiförmig, dunkelgrün. Blüten weiß, päonienförmig, mittelgroß, die mittleren, kronblattartigen Staubblätter stark gedreht, dazwischen goldgelbe Staubblätter.
'Versicolor' (Sawada). (K. Sawada, Mobile, Alabama, USA, 1940). Wuchs locker aufrecht, feinzweigig. Blätter eiförmig, lang zugespitzt, grob gesägt, matt dunkelgrün. Blüten weiß, zum Saum hin rosa überhaucht, am Saum dunkelrosa, einfach,

Links:
Camellia sasanqua 'Narumigata'

Rechts oben:
Camellia sasanqua 'Plantation Pink'

Rechts unten:
Camellia sasanqua 'Setsugekka'

mittelgroß, die 5–7 Kronblätter gewellt und ausgerandet, Staubblätter in einem breiten, lockeren Bündel, Filamente hellgelb, Antheren goldgelb.
'Weroona'. (E. G. Waterhouse, Gordon, Neusüdwales, Australien, 1963). Wuchs locker breit aufrecht. Blätter elliptisch, glänzend dunkelgrün. Blüten weiß, zum Saum hin und unterseits rosa, einfach bis halbgefüllt, gelegentlich mit Petaloiden, bis 10 cm breit, Staubblätter in einem lockeren Bündel, Filamente cremegelb, Antheren goldgelb.

Camellia 'Satan's Robe'

(*C.* 'Satan's Satin' × *C. reticulata* 'Crimson Robe'; David L. Feathers, Lafayette, California, USA, 1968)
Starkwüchsiger, aufrechter Strauch oder kleiner Baum. Blüten rot, halbgefüllt, groß. Blütezeit mittel. WHZ 8b.

Camellia 'Scented Gem'

(*C. lutchuensis* × *C. japonica* 'Tinsie'; Nuccio's Nurseries, Altadena, California, USA, 1983)
Aufrecht wachsender, locker und zierlich aufgebauter, kleinblättriger Strauch. Blätter derb, eiförmig, regelmäßig geprägt. Blüten kräftig pinkfarben, halbgefüllt, schalenförmig, sehr klein, intensiv duftend, Staubblätter wenig zahlreich, mit kleinen weißen Petaloiden gemischt. Blütezeit früh bis spät. WHZ 8b.

Camellia 'Shanghai Lady'

(*C. reticulata*-Hybriden 'China Lady' × 'Buddha'; Nuccio's Nurseries, Altadena, California, USA, 1982)
Wuchs stark, locker aufrecht. Blätter derb ledrig, 12–15 cm lang, elliptisch. lang bis geschwänzt zugespitzt, oberseits dunkelgrün, unterseits nur wenig heller, beiderseits sehr stark glänzend. Blüten hell orchideenrosa, halbgefüllt, 13–15 cm breit. Blütezeit sehr früh bis mittel. Fruchtkapseln 4 cm dick, kugelig, braunfilzig behaart, sich 4-klappig öffnend. WHZ 8b.

Camellia 'Show Girl'

(*C. sasanqua* 'Narumigata' × *C. reticulata* 'Damanao'; Howard Asper, Escondido, California, USA, 1996)
Locker aufrechter, stark wachsender Strauch oder kleiner Baum. Blüten rosa, halbgefüllt bis offen päonienförmig, groß bis sehr groß. Blütezeit mittel. WHZ 8b.

Camellia 'Snow Flurry'

(*C. oleifera* × *C.* 'Frost Prince' (= *C. hiemalis* × *C. oleifera*); W. Ackerman, National Arboretum, Washington DC., 1987)

Links:
Camellia sansaqua 'Versicolor'

Rechts:
Camellia sinensis subsp. *assamica*

Schwach bis mittelstark wachsender, reich verzweigter Strauch mit ausgebreiteter Verzweigung. Blätter schmal elliptisch, 7,5 cm breit. Blüten weiß, anemonenförmig, 7 cm breit, mit 12 Kronblättern und 18 Petaloiden. Blütezeit Frühherbst. WHZ 7b.

Camellia sinensis var. **assamica** (Mast.) Kitam. Assam-Teebaum

Bis 17 m hoher Baum. Blätter dünn ledrig, 7–22 cm lang, breit elliptisch bis verkehrt-elliptisch, ± zugespitzt, Basis keilförmig, entfernt gesägt, oberseits matt dunkelgrün, unterseits heller, kahl oder bleibend behaart, vor allem oberseits auf der Mittelrippe. Blüten wie bei *C. sinensis* var. *sinensis*, aber deutlich größer. Blütezeit November–Dezember. Früchte wie bei der Art. Verbreitung: China (Guangdong). WHZ 8b.

Camellia sinensis (L.) var. **sinensis** Kuntze

Teestrauch

(Subgenus Thea, Sektion Thea; 1740 in Europa eingeführt)

1,5–9 m hoher Strauch oder kleiner Baum. Zweige mit Korkwarzen. Triebe und Blattstiele seidig behaart. Blätter 2–9(–12,5) cm lang, lanzettlich, länglich-eiförmig oder elliptisch, stumpf bis zugespitzt, Basis keilförmig, buchtig stumpf gezähnt, Zähne einwärts gebogen, mit einer kleinen, schwarzen Drüse, oberseits glänzend dunkelgrün, unterseits heller, zottig behaart. Blüten weiß, flach schalenförmig, bis 2 cm breit, zu 1–2 an kurzen, nickenden Stielen, Kelchblätter meist 5, kahl, Kronblätter 7–8, breit eiförmig bis rundlich, Fruchtknoten 3-fächrig, mit je 2 Samenanlagen, dicht weiß behaart, Staubblätter zahlreich, mit den Kronblättern am Grunde zu einem Ring verwachsen. Blütezeit November–Dezember. Früchte holzig, kahl, 1- bis 3-fächrig, mit je einem rundlichen Samen. Ursprüngliche Verbreitung vermutl. in West-China. In vielen tropischen und subtropischen Ländern in zahlreichen Kulturformen zur Gewinnung von Blättern zur Bereitung von Tee angebaut. WHZ 8a. Abb. s. S. 9

Camellia 'Spring Festival'

(Zufallssämling von *C. cuspidata*; Toicho Domoto, Hayward, California, USA, 1976)

Sehr schmal aufrechter, nahezu säulenförmiger, kompakt aufgebauter, reich blühender Strauch oder kleiner Baum. Blätter zierlich, im Austrieb bronzefarben. Blüten mittel- bis lachsrosa, zur Mitte hin heller, rosenförmig, 5–6 cm breit, Antheren gelb. Blütezeit mittel bis spät. WHZ 7b. 🏆 AGM 1993.

Camellia 'Spring Mist'

(*C. japonica* × *C. lutchuensis*; A. E. Longley and C. R. Parks, Lon Angeles State and County Arboretum, 1982)

Mittelstark wachsender, locker aufgebauter, reich blühender Strauch mit ausgebreiteter bis überhängender Verzweigung. Blätter 4 cm lang, hellgrün, im Austrieb kupferfarben. Blüten leuchtend rosa, päonienförmig, 5,5cm breit, reich duftend, Kronblätter 13, 1 Petaloid, Antheren gelb, Filamente cremefarben. Blütezeit früh. WHZ 8b.

Links:
Camellia taliensis

Rechts:
Camellia transnokoensis

Camellia taliensis (W. W. Sm.) Melchior
(Subgenus Thea, Sektion Thea)
Breitbuschiger Strauch oder kleiner, 2–7 m hoher, zierlicher Baum. Zweige kahl. Blätter elliptisch bis breit elliptisch oder verkehrt-eiförmig, spitz. Blüten weiß, 5–6 cm breit, gestielt, einzeln oder zu 2–3 endständig oder in Blattachseln, nickend, Petalen 10–11, 3 cm lang, Staubblätter nahezu frei, Fruchtblätter behaart, Griffel 4- bis 5-teilig. Blütezeit Februar–März. Früchte 3 cm dick, 5-fächrig. Verbreitung: China (Yunnan). WHZ 9.

Camellia transnokoensis Hay.
(Subgenus Metacamellia, Sektion Theopsis)
Kleiner, bis 6 m hoher Strauch. Zweige dünn. Blätter dünn ledrig, 3–5 cm lang, elliptisch bis länglich, stumpf zugespitzt, im Austrieb rötlich. Tragblätter 2–8, bleibend, Kelchblätter 5–6, bewimpert. Blüten weiß, kurz gestielt, zu 1–3 end- oder achselständig, Kronblätter 5–6, an der Basis verwachsen, Staubblätter zu einer kurzen Röhre verwachsen, Fruchtblätter 3–5, kahl. Blütezeit Februar–März. Fruchtkapsel meist 1-fächrig. Verbreitung: Taiwan. WHZ 9.

Camellia tsai Hu var. tsai
(Subgenus Metacamellia, Sektion Theopsis; 1924 durch George Forrest nach Europa eingeführt)
1–5 m hoher, elegant aufgebauter Strauch oder kleiner Baum, ähnlich *C. cuspidata*. Zweige ± übergeneigt. Triebe behaart. Blätter 5–9,5 cm lang, länglich bis länglich-lanzettlich oder länglich-elliptisch, geschwänzt zugespitzt, Rand gewellt, im Austrieb kupferfarben, später glänzend dunkelgrün. Blüten weiß, 1,6–1,8 cm breit, kurz gestielt, zahlreich, Tragblätter 4–5, bleibend, Kelchblätter 1,5–3 cm lang, behaart, Kronblätter 5, bis zu $^1/_3$ oder ? mit den Staubblättern zu einer Röhre verwachsen, Fruchtblätter kahl. Blütezeit Februar–März. Verbreitung: China (Yunnan), Myanmar, Indochina. WHZ 8b. 🏆 AM 1960, FCC 1985, AGM 1993. Abb. s. S. 97.

Camellia 'Valentine Day'
(*C. reticulata* 'Crimson Robe' × *C. japonica* 'Tiffany'; Howard Asper, Escondido, California, USA, 1967)
Aufrechter, mittelstark wachsender Strauch. Blätter hellgrün. Blüten lachsrosa, gefüllt, in der Mitte rosenförmig, groß bis sehr groß. Blütezeit mittel. Gilt als eine der schönsten *C. reticulata*-Hybriden. WHZ 8b. 🏆 AM 1975.

Camellia 'Valley Knudsen'
(*C. saluenensis* × *C.-reticulata*-Hybride 'Buddha'; Howard Asper, Escondido, California, USA, 1972)
Aufrechter, stark wachsender, kompakt aufgebauter, reich blühender Strauch oder kleiner Baum. Blätter schmal eiförmig, matt dunkelgrün. Blüten tief orchideenrosa, halbgefüllt bis locker päonienförmig, groß bis sehr groß, Staubblätter in einem lockeren Bündel, Filamente hellgelb, Antheren dunkelgelb. Blütezeit mittel. WHZ 8b.

Camellia × vernalis (Makino) Makino
(vermutl. *C. japonica* × *C. sasanqua*; der Typ der Hybride wurde im März 1896 in Japan gefunden)
Bis 3 m hoher Strauch. Blätter 3,5–7 cm lang, elliptisch bis verkehrt-eiförmig-lanzettlich, stumpf zugespitzt, mit kerbig gesägtem Rand, glänzend grün, kahl. Blüten weiß, gelegentlich rosa überhaucht, halbgefüllt, 6–7 cm breit. Blütezeit Februar–Mai. WHZ 8b.

Links:
Camellia 'Valley Knudsen'

Rechts:
Camellia × *vernalis* 'Shibori-egao'

Die Winterhärte der Sorten entspricht der der Hybride.

'Hiryû'. (Japan, 1847, 1906 durch E. Fenerosa, Mobile, Alabama, USA, eingeführt). Wuchs buschig aufrecht. Blätter elliptisch, glänzend dunkelgrün. Blüten tief karminrot, anfangs rosenförmig, klein, aufgebüht weit geöffnet, Kronblätter ausgerandet und teilweise gedreht. Staubblätter wenig zahlreich, locker stehend. Blütezeit früh.

'Shibori-egao'. (Yoshioka, Kurume, Fukuoka Präfektur, Japan, 1974). Wuchs buschig aufrecht. Blätter elliptisch, dunkelgrün. Blüten tiefrosa, zum Saum hin heller, halbgefüllt, 9 cm breit, die 16–20 Kronblättern am Saum leicht gewellt und ausgerandet, Staubblätter in einem schmalen, zylindrischen Bündel, Filamente hellgelb, Antheren goldgelb. Blütezeit mittel.

'Star Above Star'. (Eingeführt durch McCaskill Gardens, Pasadena, California, USA, 1964). Wuchs stark, buschig aufrecht. Blätter lanzettlich, lang zugespitzt, oberseits glänzend dunkelgrün. Blüten in der Mitte weiß, zum Rand hin lavendelrosa schattiert, halbgefüllt, die Kronblätter sternförmig ausgebreitet, in zwei Reihen übereinander, zuletzt zurückgebogen, Staubblätter wenig zahlreich. Blütezeit mittel. 🏆 AM 1969.

'Yuletide'. (Nuccio's Nurseries, Altadena, California, USA, 1936). Wuchs buschig aufrecht, dicht beblättert. Blätter sehr dunkelgrün. Blüten leuchtend rot, orange überhaucht, regelmäßig breit schalenförmig, 7,5 cm breit, Kronblätter 5–7, Staubblätter in einem auffallenden, breiten Bündel, Filamente hellgelb, Antheren goldgelb. Blütezeit früh.

Camellia × williamsii W. W. Sm.

(*C. saluenensis* × *C. japonica*; J. C. Williams, Caerhays Castle, Cornwall, etwa 1925 entstanden)

Aufrechter, dicht belaubter Baum oder Strauch. Blätter 6,5–9 cm lang, elliptisch bis breit elliptisch, leicht gesägt, oberseits tiefgrün, stark glänzend, unterseits glänzend hellgrün, oft mit zerstreuten, braunen Korkwarzen. Blüten weiß, rosa getuscht, einfach bis päonienförmig, 5–12,5 cm breit, sehr zahlreich. Blütezeit November–Mai. WHZ 8a.

Die Winterhärte der Sorten entspricht weitgehend der der Hybride.

'Anticipation'. (L. E. Jury, New Plymouth, Neuseeland, 1962). Wuchs schlank aufrecht. Blätter eiförmig, zugespitzt, gesägt, glänzend mittelgrün. Blüten tiefrosa, päonienförmig, 10 cm breit, sehr zahlreich, Kronblätter 6, dazu zahlreiche Petaloiden. Blütezeit früh bis spät. 🏆 FCCT 1975, AGM 1993.

'Ballet Queen'. (L. E. Jury, New Plymouth, Neuseeland, 1976). Wuchs kegelförmig, reich verzweigt. Blätter elliptisch. Blüten lachsrosa, päonienförmig, groß, sehr zahlreich. Blütezeit mittel bis spät.

'Blue Danube'. (McCaskill Gardens, Pasadena, California, USA, 1960). Wuchs stark, kompakt. Blätter elliptisch. Blüten lavendelrosa, päonienförmig, mittelgroß. Blütezeit mittel.

'Bow Bells'. (W. J. Marchant, England, 1954). Wuchs buschig aufrecht. Blätter elliptisch. Blüten rosa, Basis der Kronblätter und Nervatur dunkelrosa, halbgefüllt, trichterförmig, mittelgroß, duftend. Blütezeit mittel bis spät.

'Bowen Bryant'. (E. G. Waterhouse, Gordon, Neusüdwales, Australien, 1957). Wuchs stark, aufrecht, locker. Blätter schmal. Blüten tiefrosa, mit leich-

ten silbrigen Schattierungen, halbgefüllt, groß, Antheren bernstein- bis kupferfarben. Blütezeit mittel bis spät. 🏆 AMT 1981, FCC 1986, AGM 1993.

'Brigadoon'. (Armstrong, USA, 1960). Wuchs aufrecht, kompakt. Blätter schmal eiförmig, fein gesägt, dunkelgrün. Blüten leuchtend rosa, dunkler geadert, halbgefüllt, 12,5 cm breit, Staubblätter in 5 Reihen, Antheren goldgelb bis bräunlich gelb. Blütezeit mittel. 🏆 AMT 1974, FCCT 1975, AGM 1993.

'China Clay'. (Miss Gilian Carylon, Cornwall, England, 1973). Wuchs aufrecht, locker verzeigt. Blätter elliptisch. Blüten reinweiß, halbgefüllt, mittelgroß. Blütezeit mittel. 🏆 AM 1976, AGM 1993.

'Citation'. (1985, 1933 unter dem Namen 'Williamsii Semi-double' zum Bodnant Garden, England, gekommen). Wuchs stark, locker aufrecht. Blätter schmal eiförmig, hellgrün. Blüten in der Knospe rosa, aufgeblüht silbrig rosa, halbgefüllt, groß, Kronblätter unregelmäßig. Blütezeit mittel. 🏆 AM 1960.

'Clarrie Fawcett'. (E. G. Waterhouse, Gordon, Neusüdwales, Australien, 1957). Wuchs buschig aufrecht. Blätter elliptisch. Blüten amaranthrosa, zur Mitte hin heller, halbgefüllt, trichterförmig, zahlreich. Blütezeit mittel. 🏆 AGM 1993.

'Coral Delight'. (Kramer Bros. Nursery, Upland, California, USA, 1975). Wuchs langsam, buschig, kompakt, dicht belaubt. Blätter schmal lanzettlich. Blüten korallenrosa, halbgefüllt, mittelgroß, Antheren gelb. Blütezeit mittel.

'Daintiness'. (L. E. Jury, New Plymouth, Neuseeland, 1972–1973). Wuchs mittelstark, locker aufrecht. Blätter schmal bis verkehrt-eiförmig, zugespitzt, mittelgrün. Blüten lachsrosa, halbgefüllt, 12 cm breit, Kronblätter 12, leicht gewellt, Staubblätter in einem zylindrischen Bündel, Filamente weiß, Antheren gelb. Blütezeit mittel. 🏆 AM 1986, AGM 1993.

'Debbie'. (L. E. Jury, New Plymouth, Neuseeland, 1966). Wuchs stark, locker aufrecht. Blätter hell olivgrün, matt glänzend. Blüten reinrosa, päonienförmig, groß, sehr zahlreich. Blütezeit früh bis mittel. 🏆 AGM 1971, AGM 1993.

'Donation'. (Col. Stephenson R. Clarke, C. B. Borde Hill, Sussex, England, 1941). Wuchs stark, kompakt. Blätter elliptisch, dunkelgrün. Blüten orchideenrosa, purpurfarben geadert, halbgefüllt, groß, sehr zahlreich. Staubblätter in einem lockeren Bündel. Blütezeit mittel. 🏆 AM 1941, AM 1952, FCCT 1974, AGM 1993.

'E. G. Waterhouse'. (E. G. Waterhouse, Gordon, Neusüdwales, Australien, 1955). Wuchs stark, aufrecht. Blätter in der Form wie bei *C. japonica*, mattgrün. Blüten hellrosa, vollständig gefüllt, mittelgroß, Kronblätter rundlich, in zahlreichen Reihen dachziegelartig stehend. Blütezeit mittel bis spät. 🏆 AMT 1989.

Rechts: *Camellia × vernalis* 'Yuletide'

Rechts: *Camellia × williamsii* 'Anticipatation'

Links:
Camellia × williamsii 'Bowen Briant'

Rechts oben:
Camellia × williamsii 'Brigadoon'

Rechts unten:
Camellia × williamsii 'Citation'

'E. T. R. Carlyon'. (Gillian Carylon, Tregrehan, Par, Cornwall, England, 1972). Wuchs stark. Blätter relativ groß, glänzend dunkelgrün. Blüten reinweiß, halbgefüllt bis rosenförmig, mittelgroß, Antheren bräunlich. Blütezeit sehr spät. 🏆 AGM 1993.

'Elegant Beauty'. (L. E. Jury, New Plymouth, Neuseeland, 1962). Wuchs locker breit aufrecht. Blätter 7,5 cm lang, glänzend dunkelgrün. Blüten tiefrosa mit dunklerer Nervatur, anemonenförmig, groß, sehr zahlreich, Kronblätter 20, die äußeren gewellt, kronblattartige Staubblätter zahlreich, Staubblätter goldgelb. Blütezeit mittel bis spät. 🏆 AMT 1976. AGM 2002.

'Elizabeth de Rotschild'. (Mr. Hanger, Exbury, England 1951). Wuchs locker breit aufrecht. Blätter elliptisch, glänzend dunkelgrün. Blüten rosa, halbgefüllt, groß. Blütezeit mittel bis spät.

'Ellamine'. (E. G. Waterhouse, Gordon, Neusüdwales, Australien, 1958). Wuchs locker, breit aufrecht. Blätter eiförmig, zugespitzt, glänzend dunkelgrün. Blüten fuchsienrosa, einfach, 10 cm breit, trichterförmig, Kronblätter 8. Blütezeit mittel.

'Elsie Jury'. (L. E. Jury, New Plymouth, Neuseeland, 1964). Wuchs locker breit aufrecht. Blätter mittelgrün. Blüten rein- bis orchideenrosa, dicht päonienförmig, 12,5 cm breit, Kronblätter bis zu 30, gewellt, Petaloiden sehr zahlreich, Staubblätter hellgelb. Blütezeit mittel bis spät. 🏆 FCCT 1975, AGM 1993.

'Francis Hanger'. (England, Wisley Garden, 1963). Wuchs locker breit aufrecht. Blätter derb, 6–8 cm lang, elliptisch bis breit eiförmig, zugespitzt, grob gekerbt. Blüten reinweiß, einfach, 8 cm breit, Kronblätter 9, Staubblätter zahlreich, 2,5 cm lang, in zylindrischem Bündel, Filamente cremegelb, Antheren hell goldgelb. Blütezeit früh bis mittel.

'Galaxie'. (Metcalf, California, USA, 1966). Wuchs mittelstark, aufrecht. Blüten weiß, rosa gestreift, mittelgroß bis groß, halbgefüllt bis rosenförmig oder ganz gefüllt, zahlreich, Kronblätter ausgerandet, die mittleren aufrecht und am Rand aufgebogen. Blütezeit mittel bis spät. 🏆 AGM 1993.

'George Blandford'. (Julian Williams, Cornwall, England, 1962). Wuchs ausladend. Blüten malvenrosa, halbgefüllt bis päonienförmig. Blütezeit sehr früh. 🏆 AM 1965, AM 1974, AGM 1993.

'Glenn's Orbit'. (G. H. Johnstone, Trewithen, Cornwall, England, 1962). Wuchs stark, aufrecht. Blüten tief orchideenrosa, halbgefüllt bis locker päonienförmig, 8,5 cm breit, Kronblätter 20–25, Staubblätter in einem schmalen, zylindrischen Bündel, einige davon petaloid. Blütezeit mittel. 🏆 AM 1962, AMT 1976, AGM 1993.

'Golden Spangles'. (England, 1960). Wuchs stark, locker aufrecht. Blätter fein und regelmäßig gesägt, mattgrün, unregelmäßig gelb gesprenkelt. Blüten lebhaft rosa, einfach, etwa 9 cm breit, schüsselförmig, Staubblätter in einem schmalen,

Links:
Camellia × williamsii
'Debbie'

Unten:
Camellia × williamsii
'Donation'

Links:
Camellia × williamsii
'Elegant Beauty'

Rechts:
Camellia × williamsii
'Grand Yury'

lockeren Bündel, Filamente cremegelb, Antheren goldgelb. Blütezeit mittel bis spät. 🏆 AM 1987.

'Grand Jury'. (L. E. Jury, New Plymouth, Neuseeland, 1962). Wuchs locker aufrecht bis ausladend. Blätter schmal eiförmig. Blüten hell lachsrosa, halbgefüllt, bis 13 cm breit, Kronblätter gewellt, in der Mitte Staubblätter mit Petaloiden gemischt, Antheren hellgelb. Blütezeit mittel.

'Hiraethlyn'. (Lord Aberconway, Bodnant Garden, Wales, 1950). Wuchs stark, aufrecht, kompakt. Blätter 9 cm lang, dunkelgrün. Blüten sehr hell rosa, zur Basis hin weiß, einfach, 9 cm breit. Blütezeit mittel bis spät. 🏆 AMT 1989, AGM 1993.

'J. C. Williams'. (J. C. Williams, Caerhays Castle, Cornwall, England, 1940). Wuchs locker aufrecht, zierlich. Blätter elliptisch glänzend dunkelgrün. Blüten phloxrosa, fuchsienrosa schattiert, einfach, 10 cm breit, die 6–8 Kronblätter gewellt, ausgebreitet und etwas zurückgebogen, Staubblätter in einem lockeren Bündel. Blütezeit mittel bis spät. Blüten öffen sich über einen langen Zeitraum. 🏆 FCC 1942, AMT 1977, AGM 1993.

'Jean Claris'. (O. Blumhart, Whangerei, Neuseeland, 1982). Wuchs aufrecht. Blätter 8 cm lang, dunkelgrün, im Austrieb rotbraun bis bronzefarben. Blüten tiefrosa, gefüllt, 11 cm breit, die 65 Kronblätter leicht nach innen gebogen, die äußeren gekerbt. Blütezeit mittel.

'Joan Trehane'. (L. E. Jury, New Plymouth, Neuseeland, 1979). Wuchs mittelstark, ausladend, dicht verzweigt. Blätter 8,5 cm lang, dunkelgrün. Blüten rein rosarot, sehr groß, rosenförmig bis gefüllt, Kronblätter 35, Petaloide wenig zahlreich. Blütezeit spät. 🏆 AGM 1993.

'Julia Hamiter'. (Fred Hamiter, Shreveport, Louisiana, USA, 1964). Wuchs mittelstark, locker, ausgebreitet. Blätter 8,5 cm lang, dunkelgrün. Blüten sehr hell rosa, zur Basis hin weiß bis grünlich weiß, halbgefüllt bis gefüllt, 9 cm breit, Kronblätter 55, Petaloide wenig zahlreich. Staubgefäße gelb. Blütezeit mittel. 🏆 AGM 1993.

'Jury's Yellow'. (L. E. Jury, New Plymouth, Neuseeland, 1976). Wuchs aufrecht, dicht verzweigt. Blätter 7 cm lang, hellgrün. Blüten weiß, anemonenförmig, 8 cm breit, sehr haltbar, Kronblätter 9, die etwa 50 Petaloiden cremefarben. Blütezeit früh bis spät. 🏆 AGM 2002.

'Mary Christian'. (J. C. Williams, Caerhays Castle, Cornwall, England, 1942). Wuchs aufrecht, zierlich, locker. Blätter matt dunkelgrün. Blüten phloxrosa, einfach, oft becher- oder leicht trompetenförmig, 5–7,5 cm breit, die meist 7 Kronblätter elliptisch-eiförmig bis breit eiförmig, Staubblätter in einem 2 cm breiten, zylindrischen Bündel. Blütezeit mittel. 🏆 AM 1942, FCCT 1977, AGM 1993.

'Mary Phoebe Taylor'. (Neuseeland, 1975). Wuchs aufrecht, locker und abstehend verzweigt. Blätter 9 cm lang, dunkelgrün. Blüten rosa, päonienförmig, 13,5 cm breit, 4,5 cm tief, Kronblätter 10–14, Petaloiden 50–60, Filamente cremefarben, Antheren gelb. Blütezeit früh bis mittel. 🏆 AGM 2002.

'Rendezvous'. (L. E. Jury, New Plymouth, Neuseeland, 1971). Wuchs mittelstark. Blätter 8 cm lang, dunkelgrün. Blüten rot, halbgefüllt, 10 cm breit, Kronblätter 8–9, kronblattartige Staubblätter bis 9, Filamente pinkfarben, Staubblätter goldgelb. Blütezeit früh bis mittel.

'Rose Parade'. (Nuccio's Nurseries, Altadena, California, USA, 1969). Wuchs stark buschig, aufrecht, dicht verzweigt. Blätter elliptisch. Blüten tiefrosa, vollständig gefüllt, 8 cm breit. Blütezeit früh bis mittel.

'Saint Michael'. (J. C. Williams, Caerhays Castle, Cornwall, England, 1973 (Als 'St. Michael'). Wuchs stark, aufrecht, reich blühend. Blätter 7,5 cm lang, dunkelgrün. Blüten tiefrosa, einfach, 6,5 cm breit, Kronblätter in 2 Reihen. Blütezeit mittel bis spät. 🏆 AGM 1993.

'Sayonara'. (E. G. Waterhouse, Gordon, Neusüdwales, Australien, 1965). Wuchs langsam, dicht buschig. Blätter länglich, bläulich grün. Blüten reinrosa, halbgefüllt, schalenförmig, mittelgroß, sehr zahlreich, Antheren bräunlich. Blütezeit mittel bis spät.

'St. Ewe'. Wuchs locker aufrecht. Blüten lebhaft rosa, einfach bis halbgefüllt, mittelgroß, trichterförmig. Blütezeit mittel. (1947). 🏆 AM 1947, FCCT 1974, AGM 1993.

'Super Star'. (Mrs. J. E. Shaw, Waima, Neuseeland 1984). Wuchs schwach bis mittelstark, locker verzweigt. Blätter 9 cm lang, mittelgrün. Blüten weiß, halbgefüllt, 12 cm breit, Kronblätter 10, Filamente weiß, Antheren gelb. Blütezeit früh bis spät.

'Tiptoe'. (Camellia Grove Nursery, St. Ives, Neusüdwales, Australien, 1965). Wuchs buschig aufrecht, dicht verzweigt. Blätter klein bis mittelgroß, tiefgrün. Blüten silbrig rosa, zum Saum hin kirschrot, halbgefüllt, 8 cm breit. Blütezeit mittel. 🏆 AMT 1985, AGM 1996.

'Water Lily'. (Felix M. Jury, Wairara, Neuseeland, 1967). Wuchs aufrecht, dicht verzweigt. Blätter 6,5 cm lang, dunkelgrün. Blüten porzellanrosa, lavendelfarben angehaucht, vollständig gefüllt, 11 cm breit, die etwa 50 Kronblätter leicht gewellt. Blütezeit früh bis spät. 🏆 AGM 1993.

Camellia 'Winter's Dream'

(*C. hiemalis* 'Peach Puff' × *C. oleifera*; Dr. W. L. Ackerman, Ashton, Maryland, USA, 1987) Aufrechter, reich verzweigter, mittelstark wachsender Strauch. Blätter schmal eiförmig, 9,5 cm lang, zugespitzt, grob gesägt, oberseits dunkelgrün. Blüten rosa, halbgefüllt, 9,5 cm breit, Kronblätter 15, Staubblätter wenig zahlreich, mit einigen Petaloiden gemischt, Filamente hellgelb, Staubblätter goldgelb. Blütezeit Herbst bis Winter. WHZ 7a.

Camellia 'Winter's Star'

(*C.* 'Frost Price' (= *C. hiemalis* 'Shishigashira' × *C. oleifera*) × *C. hiemalis* 'Showa-no-sake'; Dr. W. L. Ackerman, Ashton, Maryland, USA, 1987) Aufrechter, reich verzweigter, mittelstark wachsender Strauch. Blätter länglich, etwa 7 cm lang, spitz, grob gezähnt, oberseits matt glänzend dunkelgrün. Blüten duftend, hellrosa, 8 cm breit, Kronblätter 6, unterschiedlich groß, schmal verkehrt-eiförmig, weit ausgebreitet, gewellt, am Saum ausgerandet, Staubblätter in einem breiten, lockeren, halbkugeligen Büschel, Filamente gelb, Antheren goldgelb. Blütezeit Herbst bis Winter. WHZ 7a.

Links:
Camellia × williamsii 'Yuri's Yellow'

Rechts:
Camellia × williamsii 'Superstar'

Links:
Camellia 'Winter's Star'

Rechts:
Camellia yunnanensis

Camellia yunnanensis (Pitard ex Diels) Cohen-Stuart

(Subgenus Protocamellia, Sektion Stereocarpus)
Strauch oder kleiner, 1,3–7 m hoher, lockerkroniger Baum. Triebe behaart. Blätter 6–8 cm lang, elliptisch bis breit elliptisch oder eiförmig-elliptisch, stumpf zugespitzt, behaart. Blüten einzeln, sitzend, weiß, 2,5–4 cm breit, einfach, duftend, Hoch- und Kelchblätter 10, die 8–12 Kronblätter ausgebreitet, vorne ausgerandet, Staubblätter zahlreich, auffällig, Filamente frei, goldgelb, Antheren braun, Fruchtknoten 5-fächrig, kahl oder schwach flaumhaarig, Griffel 5-teilig, frei. Blütezeit März/April. Früchte 5-fächrig, je Fach 1–2 Samen. Verbreitung: China (Sichuan und Yunnan). WHZ 8b.

Verzeichnis synonymer Namen

In der folgenden Übersicht werden synonyme Namen der in dieser Monografie beschriebenen Arten, interspezifischen Hybriden und Sorten aufgelistet, darunter auch die chinesischen Bezeichnungen einiger Sorten.

Von keiner anderen Kamelienart sind so viele Sorten bekannt wie von *C. japonica*. Weil diese in verschiedenen Ländern oft unterschiedlich benannt worden sind, haben synonyme Sortennamen dieser Sippe den größten Anteil an der folgenden Auflistung. So haben zum Beispiel auch die Seidels in Dresden Sorten mit ursprünglich japanischen Namen umbenannt, die heute als Synonyme angesehen werden. Dass die Zuordnung verschiedener Seidel-Sorten zu Synonymen zu Recht erfolgt, wird von M. Riedel, dem Leiter der Schutzsammlung Sächsischer Moorbeetkulturen stark angezweifelt. Selbst wenn die betreffenden Sorten ihren Ursprung in Ost-Asien haben und ihnen deshalb ihr ursprünglicher Name gebührt, haben die Seidels kaum eine Sorte so belassen, wie sie von ihnen eingeführt worden ist. Sie haben stets stark selektiert, robuste und großblütige Pflanzen mit brillianten Farben bevorzugt vermehrt und so den Typ der Sorte langsam verändert.

Camellia japonica 'Mikenjaku'

Ungültige Namen	Korrekte Namen
Camellia chrysantha (Hu) Tuyama	*Camellia nitidissima* var. *nitidissima*
Camellia hiemalis	
- - 'Australian Hiryo'	'Kanjiro'
- - 'Beni-kantsubaki'	'Shishigashira'
- - 'Beni-sazanka'	'Kanjiro'
- - 'Glory of Showa'	'Shôwa-no-sakae'
- - 'Hiryu' (Australia)	'Kanjiro'
- - 'Kancilang'	'Kanjiro'
- - 'Kankobai'	'Kanjiro'
- - 'Kant-tsubaki'	'Shishigashira'
- - 'Nagoya-sazanka'	'Kanjiro'
- - 'Shizitou'	'Shishigashira'
- - 'Tachiban-tsubaki'	'Kanjiro'
- - 'Usubeni'	'Shôwa-no-sakae'
- - 'Usuirokan-tsubaki'	'Shôwa-no-sakae'
- - 'Usuiro Kantsubaki'	'Shôwa-no-sakae'
Camellia hozanensis Hay.	*Camellia japonica*
Camellia japonica	
- - 'Adolphe Audusson Purple'	'Adolphe Audusson'
- - 'Adolphe Audusson Red'	'Adolphe Audusson'
- - 'Akashi Bay'	'Akashigata'
- - 'Alba Fimbriata'	'Fimbriata'
- - 'Alba Imbricata'	'Imbricata Alba'
- - 'Alice Slack'	'Blood of China'
- - 'Allen's Pink'	'Triumphans'
- - 'Angel's Robe'	'Hagoromo'
- - 'Aobodun'	'Grace Albittron'
- - 'Aozhouu Huang'	'Gwenneth Morey'
- - 'Arajishi Waratah'	'Arajishi'
- - 'Arejishi'	'Arajishi'
- - 'Audrey Hopfer'	'Adolphe Audusson'
- - 'Babala Wudefu'	'Barbara Woodroof'
- - 'Balei Yanyuan'	'Ballet Dancer'
- - 'Baiban Daikagura'	'Daikagura'
- - 'Baiben'	'Ville de Nantes'
- - 'Baibian Dakate'	'Carter's Sunburst Blush'
- - 'Bainigu'	'White Nun'
- - 'Baiyi Dahuanguan'	'Betty Sheffield Supreme'
- - 'Baiyupei'	'Alba Plena'
- - 'Baobude Aiwu'	'Bob's Tinsie'
- - 'Basedon'	'Kinyo-tsubaki'
- - 'Bella Jeanette'	'Bella Romana'
- - 'Betty'	'Akebono'
- - 'Big Daddy'	'Imperator'
- - 'Bressonie'	'Lalla Rookh'
- - 'Bright Pink'	'Marchioness of Exeter'

- - 'C. M. Wilson Splendor'	'Elegans Splendor'
- - 'Candida Elegantissima'	'Mikenjaku'
- - 'Candy Pink'	'Marchioness of Exeter'
- - 'Candlelight'	'Angel'
- - 'Carl Rosenquist'	'Madame Lebois'
- - 'Carlo Rosenquist'	'Madame Lebois'
- - 'Chalisi Xiaojie'	'Miss Charleston'
- - 'Chandleri Elegans Pink'	'Elegans'
- - 'Chandleri Rubra'	'Elegans'
- - 'Chandler's Rustic'	'Elegans'
- - 'Chandler's Eximia'	'Eximia'
- - 'Chandler's White'	'Shiro Chan'
- - 'Chaoji Alan'	'Mark Alan'
- - 'Chaoji Masetiana'	'Mathotiana Supreme'
- - 'Chaoji Saimundan'	'Elegans Supreme'
- - 'Chunshi'	'Spring Sonnet'
- - 'Cixuehong'	'Blood of China'
- - 'Cleopatra'	'Bella Romana'
- - 'Collettii de Milan'	'Collettii'
- - 'Colletti Maculata'	'Colettii'
- - 'Collettii Maculosa'	'Collettii'
- - 'Collettii Vera'	'Collettii'
- - 'Compton's Brow Cherry'	'Apollo'
- - 'Compton's Brow Pink'	'Apollo'
- - 'Contessa Lavinia Maggi'	'Lavinia Maggi'
- - 'Coquettii Variegated'	'Coquettina'
- - 'Corrie Belle'	'Imperator'
- - 'Crimson Shell'	'Imbricata'
- - 'Crystal Lake'	'Colonial Lady'
- - 'Da Bai'	'Alba Plena'
- - 'Daikagura Variegata'	'Daikagura'
- - 'Damanguan'	'Grand Slam'
- - 'Darkate'	'Carter's Sunburst'
- - 'Dawn'	'Akebono'
- - 'Donckelaeri'	'Masayoshi'
- - 'Donckelarii'	'Masayoshi'
- - 'Double White'	'Alba Plena'
- - 'Duc d'Orleans'	'Bella Romana'
- - 'Duchess of York'	'Lady Loch'
- - 'Edward Billing'	'Lady Loch'
- - 'Elegans' (Chandler)	'Elegans'
- - 'Elizabeth Johnston'	'Lady Loch'
- - 'Emely Brown'	'Hishikaraito'
- - 'Empereor Frederick William'	'Gigantea'
- - 'Empereor Wilhelm'	'Gigantea'
- - 'Empress'	'Akashigata'
- - 'English Magnoliaeflora'	'Fleur Dipater'

- - 'Eximia Chandler'	'Eximia'
- - 'Eximia Coccinea'	'Eximia'
- - 'Eximia Vera'	'Eximia'
- - 'Extravaganza Striped'	'Extravaganza'
- - 'Fanny Davenport'	'Gigantea'
- - 'Feather Robe'	'Hagoromo'
- - 'Fengliu'	'Fashionata'
- - 'Fimbriata Alba'	'Fimbriata'
- - 'Fimbriata Superba'	'Fred Sander'
- - 'Fishtail'	'Kingyo-tsubaki'
- - 'Fleur de Pêche'	'Fleur Dipater'
- - 'Foleidi'	'Fred Sander'
- - 'Fragant Striped'	'Colonial Lady'
- - 'Frau Minna Seidel'	'Otome'
- - 'Fringed Red'	'Fred Sander'
- - 'Fuhuojie Zhichen'	'Easter Morn'
- - 'Fujiyama'	'Nobilissima'
- - 'Fuse Alan'	'Mark Alan'
- - 'Fuse Daxiagu'	'Coquettina'
- - 'Fuxiaohong'	'Akebono'
- - 'Gaiety'	'Gigantea'
- - 'General Lamorcière'	'Bella Romana'
- - 'Genevieve de Barbier'	'Collettii'
- - 'Girad Debaillon'	'Collettii'
- - 'Glen No. 40'	'Coquettii'
- - 'Goddes Camellia'	'Benten-tsubaki'
- - 'Grace Burkhard'	'C. M. Wilson'
- - 'Great Sacred Dance'	'Daikagura'
- - 'Guangyuangshi'	'Hikarugenji'
- - 'Japonica Variegated'	'Benten-tsubaki'
- - 'Japonica Folius Variegated'	'Benten-tsubaki'
- - 'Joy Sander'	'Apple Blossom'
- - 'Haiweiyi'	'Hawaii'
- - 'Harmony'	'Triumphans'
- - 'Harriet I. Laub'	'Shiragiku'
- - 'Hebe'	'Bop Hope'
- - 'Heckla'	'Arajishi'
- - 'Hélène Longhi'	'Montironi'
- - 'Herme'	'Hikarugenji'
- - 'Hime-otome'	'Otome'
- - 'Hiiragi'	'Hiiragi-tsubaki'
- - 'Hollyhock'	'Kumasaka'
- - 'Honey Comb'	'Anemoniflora'
- - 'Huahemu'	'Higarugenji'
- - 'Huangda'	'Dahlongena'
- - 'Huangshizi'	'Arajashi'
- - 'Huangjia Tian'	'Royal Velvet'

- - 'Huile'	'R. L. Wheeler'
- - 'Huowu'	'Fire Dance'
- - 'Idaten Shibori'	'Daikagura'
- - 'Imbricata Booth'	'Imbricata'
- - 'Imbricata Rubra'	'Imbricata'
- - 'Jean Kerr'	'Kumasaka'
- - 'Jiaoruzi'	'Monjusu'
- - 'Jolly Roger'	'Gigantea'
- - 'Jordan's Pride'	'Hikarugenji'
- - 'Kaidi'	'Katie'
- - 'Kalanchoe'	'Kingyo-tsubaki'
- - 'Kangnaixin'	'Ville de Nantes'
- - 'Kenken'	'Can Can'
- - 'Keweina'	'Covina'
- - 'Kara'	'Hishikaraito'
- - 'Kenny Glen'	'Kenny'
- - 'Kenny Variegatet'	'Kenny'
- - 'Kelvingtoniana'	'Gigantea'
- - 'Kilvingtonia'	'Gigantea'
- - 'Kiyosu'	'Daikagura'
- - 'Kuangxiangqü'	'Extravaganza'
- - 'Kujaku-tsubaki'	'Hakuhan-kujaku'
- - 'Kamasaka Beni'	'Kumasaka'
- - 'Kyôkaraito'	'Hishikaraito'
- - 'Lady Alice'	'Arajishi'
- - 'Lady Audrey Buller'	'Mikenjagu'
- - 'Lady Clare'	'Akashigata'
- - 'Lady Marion'	'Kumasaka'
- - 'Lady Parker Peony'	'Triumphans'
- - 'Lady Somers'	'Lady de Saumarez'
- - 'Lady Vansittart Shell'	'Yours Truly'
- - 'Lady Vansittart Variegated'	'Lady Vansittart'
- - 'Latifolia Nantensis'	'Latifolia'
- - 'Latifolia Red'	'Latifolia'
- - 'Latifolia Rosea'	'Latifolia'
- - 'Laura Polka'	'Mathotiana Alba'
- - 'Laurel Leaf'	'Lalla Rookh'
- - 'Lieye Chahua'	'Kingyo-tsubaki'
- - 'Lion's Dance'	'Daikagura'
- - 'Lonjan'	'Mikenjagu'
- - 'Lucielle Ferrell'	'C. M. Wilson'
- - 'Madame de Strekaloff'	'Bella Romana'
- - 'Magnolia King'	'Gigantea'
- - 'Magnoliaeflora Alba'	'Miyakodori'
- - 'Magnoliiflora'	'Hagoromo'
- - 'Magnoliiflora Alba'	'Miyakodori'
- - 'Maiden'	'Kumasaka'

- - 'Marguerite Gouilley'	'Bella Romana'
- - 'Marquisa'	'Marchioness of Exeter'
- - 'Mariotti Rubra'	'Eximia'
- - 'Mary Bell Glennan'	'Gigantea'
- - 'Mathotiana Pink Beauty'	'Mathotiana Rosea'
- - 'Mathotiana Rubra'	'Mathotiana'
- - 'Meiguo Dahong'	'Coquettii'
- - 'Meihong'	'Elegans'
- - 'Mima-Mae'	'Mathotiana Supreme'
- - 'Modeng Nulang'	'Lulu Belle'
- - 'Montironi Alba'	'Montironi'
- - 'Montironi Vera'	'Montironi'
- - 'Mr Rufus'	'Lady de Saumarez'
- - 'Mrs Sol Runyon'	'Anemoniflora'
- - 'Nagasaki'	'Mikenjagu'
- - 'Nankin-shiro'	'Alba Plena'
- - 'Nanzihan'	'Man Size'
- - 'Neige Dorée'	'Shiragiku'
- - 'Nellie Bly'	'Akashigata'
- - 'Niuxiao Baoshihua'	'Nuccio's Jewel'
- - 'Niuxiao Daishi'	'Nuccio's Cameo'
- - 'Niuxiaoa Zhenzhu'	'Nuccio's Pearl'
- - 'Nuccio's Golden Anniversay'	'Dahlongena'
- - 'Old Double White'	'Alba Plena'
- - 'Patum'	'General George Patton'
- - 'Paul's Apollo'	'Apollo'
- - 'Peachblossom'	'Fleur Dipater'
- - 'Peacock Camellia'	'Hakuhan-kujaku'
- - 'Picta Alba'	'Alba Imbricata'
- - 'Pink Beauty'	'Mathotiana Rosea'
- - 'Pink Lace'	'Hishikaraito'
- - 'Pink Lady'	'Lady Loch'
- - 'Pink Pearl'	'Otome'
- - 'Pink Perfection'	'Otome'
- - 'Pink Purity'	'General George Patton'
- - 'Pink Spangels'	'Mathotiana Rosea'
- - 'Pride of Descanso'	'Yukibotan'
- - 'Pupurea'	'Kon-wabisuke'
- - 'Purity'	'Shiragiku'
- - 'Purpliana'	'Collettii'
- - 'Purplyana'	'Collettii'
- - 'Quercifolia'	'Kingyo-tsubaki'
- - 'Red Elegans'	'Elegans'
- - 'Refinement'	'Shiragiku'
- - 'Refugee'	'Hakurakuten'
- - 'Rosea Chandleri'	'Elegans'
- - 'Rose of Dawn'	'Hagoromo'

- - 'Rosedale's Beauty'	'Madame Lesbois'
- - 'Sangdimasi'	**'San Dimas'**
- - 'Sarah C. Hastie'	'Debutante'
- - 'Seihi'	**'Daikagura'**
- - 'Shechan'	'Shito Chan'
- - 'Sherbrooke'	**'Kumasaka'**
- - 'Shibori-daikagura'	'Daikagura'
- - 'Shin Akebono'	**'Akebono'**
- - 'Shirotaka'	'Hakutaka'
- - 'Shô'	**'Daikagura'**
- - 'Shôjitsu'	'Daikagura'
- - 'Shônichi'	**'Daikagura'**
- - 'Silver Moon'	'K. Sawada'
- - 'Sishalou'	**'Tiffany'**
- - 'Snowdrift'	'Miyakodori'
- - 'Snowish Peony'	**'Yukibotan'**
- - 'Sôshi-awase'	'Sôshi-arai'
- - 'Souvenir de Henri Guichard'	**'Higarugenji'**
- - 'Storeyii New Pink'	'Mathotiana Rosea'
- - 'Taishenle'	**'Daikagura'**
- - 'Tancho-zuru'	'Tancho'
- - 'Teruhi'	**'Daikagura'**
- - 'The Garden Strain'	'Collettii'
- - 'Thunderboldt'	**'Coquettina'**
- - 'Tinggeli Nüshi'	'Mrs Tingley'
- - 'Tingsili Boshi'	**'Dr Burnside'**
- - 'Tinsie'	'Bohukan'
- - 'Tinsley'	**'Dr Tinsley'**
- - 'Tinsley 71'	'Dr Tinsley'
- - 'Tisley 7-11'	**'Dr Tinsley'**
- - 'Tricolor Imbricata'	'Bella Romana'
- - 'Tricolor Red'	**'Lady de Saumarez'**
- - 'Trifida'	'Kingyo-tsubaki'
- - 'Triomphant'	**'Triumphans'**
- - 'Valentine'	'Akebono'
- - 'Victor Emmanuel'	**'Blood of China'**
- - 'Wakanoura Red'	'Lady de Saumaraz'
- - 'Ward's Daikagura Marbeld'	**'Daikagura'**
- - 'Waratah'	'Anemoniflora'
- - 'Warick'	**'Mathotiana Alba'**
- - 'Waterloo'	'Etherington White'
- - 'White Elegans'	**'Shiro Chan', 'Snow Chan'**
- - 'White Jordans Pride'	'Colonial Lady'
- - 'Wisley White'	**'Hakurakuten'**
- - 'Wonder Grow'	'Shirobotan'
- - 'Wutai Nülang'	**'Drama Girl'**
- - 'Wutai Xinxiu'	'Debutante'

- - 'Xiangshin'	'Scentsation'
- - 'Xuechan'	'Snow Chan'
- - 'Xuemudan'	'Yukibotan'
- - 'Yazhi'	'Elegans'
- - 'Yingduo'	'Kick-Off'
- - 'Yinhun Jinian'	'Silver Anniversary'
- - 'Yobukodori-Kansai'	'Miyakodori'
- - 'Yumao'	'Tama-ikari'
- - 'Zhengjie'	'Shiragiku'
- - 'Zhongshi'	'Yours Truly'
- - 'Zijiang Jinhua'	'Maroon and Gold'
- - 'Zhozhi'	'Sôshi-arai'
Camellia 'Kasika Jiaojaio'	*Camellia* 'Lasca Beauty'.
Camellia 'Kongfuzi'	*Camellia* 'Confucius'
Camellia 'Linggan'	*Camellia* 'Inspiration'
Camellia 'Mixue'	*Camellia* 'Cornish Snow'
Camellia 'Pakesi Xiangsheng'	*Camellia* 'Dr Clifford Parks'
Camellia reticulata	
- - 'Dali Baozhu'	'Dali Cha'
- - 'Guixia'	'Captain Rawes'
- - 'Mochang'	'Mouchang'
- - 'Noble Pearl'	'Baozhu Cha'
- - 'Queen of Tali'	'Dali Cha'
- - 'Tali Queen'	'Dali Cha'
- - 'Talier Xiaojie'	'Miss Tulare'
- - 'Xiemu'	'Curtain Call'
Camellia rusticana Honda	*Camellia japonica* subsp. *rusticana*
Camellia sasanqua	
- - 'Akebono-fuji'	'Asakura'
- - 'Elegant Friends'	'Setsugekka'
- - 'Fluted White'	'Setsugekka'
- - 'Glory of Showa'	'Shôwa-no-sakae'
- - 'Snow'	'Mine-no-yaki'
- - 'Snow on the Mountain'	'Mine-no-yaki'
- - 'Tricolor Magnifica'	'Versicolor'
- - 'Usubeni'	'Shôwa-no-sakae'
- - 'Usurio Kantsubaki'	'Shôwa-no-sakae'
- - 'Usuirokan-tsubaki'	'Shôwa-no-sakae'
- - 'Wavy White'	'Setsugekka'
- - 'White Doves'	'Mine-no-yuki'
- - 'Yuletide'	*C.* × *vernalis* 'Yuletide'
- - 'Zhaocang'	'Asakura'
Camellia thea Link.	*C. sinensis* var. *sinensis*
Camellia theifera Griff.	*C. sinensis* var *sinensis*
Camellia × *vernalis*	
- - 'Egao-nishiki'	'Shibori-egao'
- - 'Fanxing'	'Shibori-egao'

- - 'Flying Dragon'	'Hiryû'
- - 'Xingshangxing'	'Shibori-egao'
Camellia × williamsii	
- - 'Balei Huanghou'	'Ballet Queen'
- - 'Chaoxing'	'Super Star'
- - 'Daibi'	'Debbie'
- - 'Dayouli'	'Grand Jury'
- - 'Hamite'	'Julia Hamiter'
- - 'Jurui Huang'	'Jury's Yellow'
- - 'Lanse Chunaohe'	'Blue Danube'
- - 'Meimei'	'Elegant Beauty'
- - 'Meiqui Dianli'	'Rose Parade'
- - 'Rupert Carylon'	'E. T. R. Carylon'
- - 'Saint Ewe'	'St. Ewe'
- - 'Shanhule'	'Coral Delight'
- - 'Shuixian'	'Water Lily'
- - 'Shuixian Cha'	'Water Lily'.
- - 'St. Michael'	'Saint Michael'
- - 'Wotchaosi'	'E. G. Waterhouse'
- - 'Zengfeng'	'Donation'
Camellia yuhsienensis Hu	*Camellia grijsii*

Glossar

Erläuterung der Begriffe zum Teil nach WAGENITZ (1996) und SCHUBERT und WAGNER (1988).

Abiotische Schadursachen = Schäden an Pflanzen, die nicht durch Lebewesen verursacht werden.

Absorptionsvermögen = Fähigkeit des Bodens, feste oder flüssige Körper festzuhalten.

Agrosil LR = Silikatkolloid mit 16 % P_2O_5 und einem hohen Absorptionsvermögen, das die Pufferkraft des Boden erhöht; Aufwandmenge 100 bis 200 g/m^2.

Alginure-Bodengranulat = quellendes Huminkonzentrat auf biologischer Basis für eine dauerhafte Verbesserung von Böden und Substraten; Aufwandmenge ca. 1,5 kg/cm^3.

Anthere (Staubbeutel) = der obere, den Pollen enthaltende Teil des Staubblattes.

Apikalknospe = oberste Blatt- oder Blütenknospe eines Triebes.

Autovegetative Vermehrung = Vermehrung durch Teilung, Wurzelsprosse, Ableger, Absenker, Stecklinge und Steckholz.

Axillarknospen = in einer Blattachsel stehende Knospen.

Beere = Frucht mit fleischigem Perikarp ohne innere harte Schale, fast immer mehrsamig.

Bentonit = Verwitterungsprodukt vulkanischer Glastuffe; es enthält einen großen Anteil des wertvollen Tonminerals Ca-Montmorillonit, besitzt damit ein sehr hohes Basenaustauschvermögen und verhindert so die Auswaschung von Nährstoffen. Bentonit dient vor allem als Zusatzstoff für Substrate.

Bimskies = ausgeworfene Lavafetzen, besitzt ähnliche bodenphysikalische Eigenschaften wie Lavalit und kann durch seine lockere, poröse Struktur schwere Böden dauerhaft lockern.

Blütenblatt (Petalum) = eines der Blätter der Blütenkrone, wenn Kelch und Krone vorhanden sind, meist lebhaft gefärbt oder weiß und mit verschmälerter Basis an der Achse sitzend.

Chimäre = Pflanze, die Gewebe verschiedener genetischer Zusammensetzung enthält. Zustandekommen kann dies durch Pfropfung, somatische Mutation oder Segregation.

Daimyo = Territorialfürsten im feudalistischen Japan von der Kamakura-Zeit (1192–1333) bis zur Tokugawa-Zeit (1605–1867)

Endosperm = Nährgewebe des Samens, das den Keimling umgibt.

Familie = eine der Hauptrangstufen der Taxonomie, die mehrere verwandte Gattungen umfasst, die in wesentlichen Merkmalen übereinstimmen.

Filament (Staubfaden) = der die Anthere tragende Teil eines Staubblattes, meist fadenförmig ausgebildet, seltener blattartig abgeflacht.

Fruchtblatt (Karpell) = eines der einzelnen, die Samenanlagen tragenden Teile, aus denen sich das Gynoeceum (weibliches Organ der Blüte) zusammensetzt.

Fruchtknoten (Ovar) = der die Samenanlagen tragende und einhüllende, meist verdickte untere Teil des Pistills oder eines Karpells.

Gattung (Genus) = eine der grundlegenden Kategorien der Systematik. In einer Gattung werden verwandte Arten zusammengefasst.

Generative Vermehrung = Vermehrung durch Samen.

Genus = Gattung.

Griffel (Stylus) = der verlängerte Teil des Fruchtknotens.

Habitat (Standort) = die ökologischen Bedingungen am Wuchsort einer Pflanze, dazu gehören Klima, Boden und biotische Faktoren, wie zum Beispiel die Begleitpflanzen.

Hybride (Bastard, Blendling, Mischling) = durch Kreuzung verschiedenartiger Eltern entstandener Bastard. Die Bezeichnung Hybride wird überwiegend bei Pflanzen angewendet.

Hygromull = organischer Harzschaum (Kondensationsprodukt aus Harnstoff und Formaldehyd), der im Boden langsam abgebaut wird und dabei als langsam fließende Nährstoffquelle wirkt. Hygromull kann hohe Wassermengen speichern und ist deshalb besonders für die Verbesserung leichter Böden und als Zusatz zu Substratmischungen geeignet. Aufwandmende je m^3 Substrat 10 bis 20 Liter.

In-vitro-Kultur (Mikrovermehrung) = autovegatative Vermehrung von Sprossteilen unter sterilen Laborbedingungen.

Kalkboden = Boden mit einem Anteil von mehr als 40 % Calciumcarbonat.

Kapsel = trockene Frucht aus mehreren verschiedenen Fruchtblättern, die sich durch Längsspalten, Deckel, Klappen oder Poren öffnen.

Karpell = Fruchtblatt.

Kelchblatt (Sepalum) = Glied des äußeren Kreises einer in Kelch und Krone gegliederten (heterochlamydeischen) Blütenhülle.

Kurztagspflanzen = Bezeichnung von Pflanzen, die nur dann zur Blütenbildung übergehen, wenn ihre artspezifische, kritische Tageslänge nicht überschritten wird. Die Dauer der kritischen Tageslänge sowie die Anzahl der zur Induktion von Blüten benötigten Tage ist je nach Art unterschiedlich.

Langtagspflanzen = Pflanzen, die in einem bestimmten Entwicklungsstadium zur normalen Bildung von Blüten eine Beleuchtung von mehr als 14 Stunden täglich benötigen. Kurztag fördert das vegetative Wachstum und drängt das Blühvermögen zurück, unterhalb einer bestimmten Beleuchtungsdauer unterbleibt das Blühen ganz. Dauerlicht fördert die Blütenbildung stark.

Lavalit = Lavagesteinsgrus, der vor allem zu einer physikalischen Bodenlockerung oder zur Bodenabdeckung eingesetzt wird.

Mergelboden = Boden mit einem Mindestgehalt von 5 % Calciumcarbonat. Meist nährstoffreiche Lehm- und Tonböden, die dank ihrer günstigen physikalischen Eigenschaften zu den fruchtbarsten Ackerböden gehören.

Meristem (Bildungs-, Teilungsgewebe) = Gewebe, das dauernd in Bereitschaft zu mitotischen Teilungen bleibt (im Gegensatz zum Dauergewebe).

Mikrovermehrung = In-vitro-Kultur.

Morphologie = Wissenschaft von der Gestalt im weitesten Sinne, meist aber beschränkt auf die äußere Beschaffenheit.

Mutation = sprunghafte Änderung im Genom, die zum plötzlichen Auftreten von neuen Eigenschaften bei den Nachkommen führen kann. Die Grundform der Mutation ist die Genmutation, bei der sich ein einzelnes Gen spontan oder durch äußere Einflüsse ändert.

Ovar = Fruchtknoten.

Penjing = in China Bezeichnung für minuatisierte Pflanzen, vor allem Gehölze, und Landschaften in Töpfen. Die Praxis wurde später von den Japanern übernommen, dort weiterentwickelt und als Bonsai bezeichnet.

Perikarp (Fruchtwand) = die aus der Wand des Fruchtknotens hervorgehende Wand der Frucht.

Petaloid = kronblattartiges Staubblatt.

Petaloidie = Umbildung eines Hoch-, Kelch-, Staub- oder Fruchtblattes in Petalen. Am häufigsten ist die Petaloidie der Staubblätter, die zu gefüllten Blüten führt.

Photoperiodismus (Umlauf, regelmäßige Wiederkehr) = Verhalten der Pflanzen zur täglichen Belichtungsdauer. Man unterscheidet Kurz- und Langtagspflanzen.

pH-Wert = von dem dänischen Chemiker S. P. L. Sørensen eingeführte Maßzahl für die Konzentration der Hydroniumionen in einer Lösung. Reines Wasser hat einen pH-Wert von 7, saure Lösungen haben einen kleineren, alkalische Lösungen einen größeren pH-Wert als 7. In Böden zeigt der pH-Wert eine saure, neutrale oder alkalische Reaktion an.

Pistill = das aus Fruchtknoten, Griffel und Narbe bestehende weibliche Organ der Blüte.

Porit = aufgeschäumtes Eruptivmaterial, das überschüssige Feuchtigkeit aufnimmt und bei Bedarf leicht wieder abgibt; Aufwandmenge 4 bis 6 m^3 je 100 m^2.

Radiäre Blüten = Blüten, die durch mindestens drei Symmetrieebenen in spiegelgleiche Teile zerlegbar sind.

Samurai = Angehöriger einer japanischen Adelsklasse der Feudalzeit.

Segregation = Aufspaltung der Erbfaktoren während der Reifeteilung der Zellen.

Sektion = systematische Rangstufe zwischen Gattung und Art .

Shogun (Schogun) = erblicher Titel japanischer Feldherren, die lange Zeit an Stelle der machtlosen Kaiser das Land regierten.

Sippe (Taxon) – systematische Einheit beliebigen Ranges (Art, Gattung, Famile, Ordnung).

Somatische Mutation = Genmutation im somatischen (körperlichen) Gewebe der Körperzellen.

Sorte (Cultivar) = niedrigste taxonomische Einheit der Kulturpflanzen. Es handelt sich dabei um eine Linie, die auf einen Standardtyp hin streng ausgelesen ist oder um einen in Kultur entstandenen Klon. Nach 1954 entstandene Sorten werden nach internationalen Regeln mit einem Namen aus einer lebenden Sprache bezeichnet und durch einfache Anführungsstriche gekennzeichnet.

Sport = durch Mutation im vegetativen Gewebe entstandene und im Verlauf der Weiterentwicklung selbstständig gewordene Neubildung.

Staubblätter (Stamen) = das Pollen erzeugende Organ der Blüten der Samenpflanzen, besonders der Angiospermen.

Steinfrucht = ein- oder seltener mehrsamige Frucht mit einem äußeren saftig-fleischigen (= Mesokarp) und einem inneren erhärteten Fruchtwandteil (= Endokarp).

Subgenus (Untergattung) = Rangstufe unterhalb des Genus, die meist mehrere Sektionen zusammenfasst.

Taxon = Sippe, Gruppe, Systemeinheit verschiedener Rangstufen (taxonomische Kategorie), z. B. Art, Gattung, Familie, Ordnung

Taxonomie = Lehre von den Gesetzmäßigkeiten der Ordnung. Wissenschaftszweig der Biologie mit der Aufgabenstellung, die Organismen (Taxa) zu beschreiben, zu benennen und hierbei auf Grund ihrer Verwandschaftsgrade zu natürlichen Gruppen zu vereinigen und in ein System einzuordnen.

Thermotex = weiß eingefärbtes Schattier- und Frostschutzgewebe aus Acryl mit einer hohen Lebensdauer. Das Gewebe reduziert extreme Temperaturschwankungen, bietet Schutz von Wind, Eisregen und starker Sonneneinstrahlung während winterlicher Frostperioden.

Thermovlies = Winterabdeckung aus weiß eingefärbten, UV-stabilisierten und mechanisch verfestigtem Polypropylenfasern.

Tokugawa = militärische Herrscher Japans in der Tokugawa-Periode (1603–1867).

Tonboden = Boden mit 50 % an abschlämmbaren Teilen, besitzt oft ungünstige physikalische Eigenschaften, da die feinen Bodenteilchen eng aneinander lagern und der Boden daher schlecht durchlüftet.

Tragblatt = das Blatt, aus dessen Achsel ein Seitenspross (oder eine Blüte) entspringt, ist dessen Tragblatt. Tragblätter im Blütenstandsbereich wurden zunächst allgemein Brakteen oder Deckblätter genannt.

Typart (nomenklatorischer Typus) = das Element, mit dem der Name eines Taxons dauernd verknüpft bleibt. Der Typus des Namens einer Art oder eines infraspezifischen Taxons ist in der Regel ein einzelnes (Herbar-)Exemplar oder eine Abbildung.

Vegetative Vermehrung = alle nichtgenerativen Vermehrungsarten.

Viren = keine Lebewesen, sondern winzige, infektiöse Partikel, die sich als obligate Parasiten nur im lebenden Organismus vermehren. Sie bestehen aus Nukleinsäure als Träger der genetischen Information, die von einem Proteinmantel eingeschlossen ist.

Winterhärtezone = Regionen mit annähernd gleichen mittleren jährlichen Minimumtemperaturen.

Xenovegetative Vermehrung = alle Veredlungsarten.

Anhang

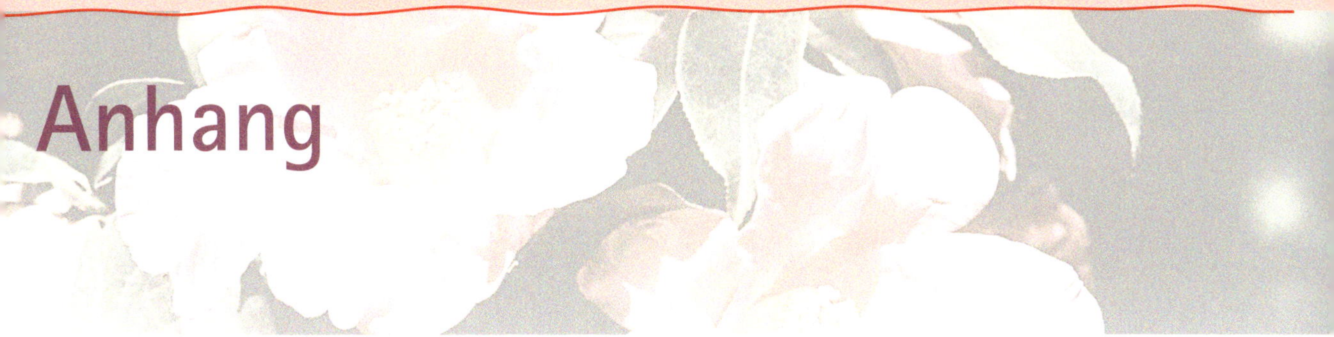

Ausgewählte Bezugsquellen

Deutschland

Michael von Allesch Kamelien-Kulturen
Kurfürstendeich 52, D-21037 Hamburg
Tel.: 040-7232141 oder 040-2209458, Fax: 040-2209458

Peter Fischer Kamelien-Kulturen
Höden 16, D-21789 Wingst
Tel.: 04778-263, Fax: 04778-274
e-Mail: fischer@kamelie.de
www.kamelie.de

Baumschule Huben
Schriesheimer Fußweg 7, D-68526 Ladenburg
Tel.: 06203-9280-0, Fax: 06203-9280-80
e-Mail: Huben-Baumschulen@t-online.de
www.huben.de

Walter Klotz Kamelien-Kulturen
Auf der Trift 13, D-63329 Egelsbach
Tel.: 06103-49423, Fax: 06103-49423
e-Mail: klotz@kamelien.de
www.klotz-kamelien.de

Baumschule Härig
Hellbusch 8, D-26197 Großkneten
Tel.: 04435-5619

Rosenhof Schulteis
Bad Nauheimer Str. 3–7
D-61231 Bad Nauheim-Steinfurth
Tel.: 06032-81013

Europa und USA

Baumschule Otto Eisenhut
CH-San Nazarro/Tessin
Tel.: 0041-91-7951867, Fax: 091-7953029
www.eisenhut.ch

mercato verde
Gürtelstr. 41, CH-7000 Chur
Tel.: 0041-81-2848883, Fax: 0041-81-3535553
e-Mail: info@mercato.verde.ch
www.marcato-verde.ch

Floricultura Lago Maggiore
(Pifaretti)
Via Belvedere, I-Laveno-Mombello
Tel.: 0039-0332-668156
www.galactica.it/flm

Claude Thoby
BP 113, Route de Paris, F-44470 Carquefou Cedex
Tel.: 0033-240-777275

Trehane Camellia Nursery
Stapehill Road, Hampreston, Wimborne, Dorset, BH 21 7NE, England
Tel./Fax.: 0044-1202-873490

Coghurst Camellias
Ivyhouse Lane, Nr. Three Oaks, Hastings, East Sussex, TN35 4NP, England
Tel.: 0044-1424-756228

Nuccio's Nurseries
3555 Chaney Trail, Altadena, California 91001
Mailing Address: P. O. Box 6160, Altadena, California 91003, USA
Tel.: 001-626-794-3383

Sammlungen

Deutschland

Botanischer Garten und Botanisches Museum Berlin-Dahlem
Königin-Luise-Str. 6–8, D-14195 Berlin
Tel.: 030-830060, Fax: 030-83006186

Zoologisch Botanischer Garten Wilhelma
Neckartalstr., D-70376 Stuttgart
Tel.: 0711-54020, Fax: 0711-5402222

Kamelienkulturen Peter Fischer
Höden 16, D-21789 Wingst
Tel.: 04778-263, Fax: 04778-274
Im Jahr 2001 von der International Camellia Society ausgezeichnet mit dem Titel „International Camellia Garden of Exellence".

Schutzsammlung Sächsische Moorbeetkulturen der Technischen Universität Dresden
Landschloss Pirna-Zuschendorf
Am Landschloß 6, D-01796 Pirna
Tel. und Fax: 03501-527734
1993 unter Denkmalschutz gestellt.

Botanischer Garten der Universität Hamburg
Hesten 10, D-22609 Hamburg
Tel.: 040-428-470

England und Nord-Irland

National Collection of Camellia
Mount Edgcumbe Gardens
Cremyll, GB-Torpoint PL10 1HZ
Tel.: 01752-822236, Fax: 01752-822199

National Collections Camellia japonica
Antony Woodland Garden
Antony House, GB-Torpoint PL11 2QA
Tel. & Fax: 01752-812364

National Collection Camellia × williamsii
Wentwoth Castle Gardens
Lowe Lane, Stainbourough, GB-Barnsley S75 3ET
Tel.: 01226-731269

International Camellia Trials
Sir Thomas and Lady Cixon Park
Upper Melona Road, GB-Belfast BT17
Tel: 028-90320202

Frankreich

Pépinière Botanique et Plantarium Jean Thoby
Château de Gaujacq
F-40330 Gaujacq
Tel.: 0033-558-892422, Fax: 0033-558-890662

Pépinières Claude Thobyè
Rue de moulin Boisseau, F-44470 Carquefou
Tel.: 0033-240-777275, Fax: 00033-240-779192

Italien

Floricultura Lago Maggiore
(Pifaretti)
Via Belvedere
I-Laveno-Mombello
Tel.: 0039-0332-668156

Schweiz

Giardino Botanico im Gambarogno
Baumschule Otto Eisenhut
CH-San Nazarro/Tessin
Tel.: 0041-91-7951867, Fax: 091-7953029
www.eisenhut.ch

Tschechische Republik

Botanická zahrada Liberec
Purkyoval 1, CS-46001 Liberec 1
Tel.: 0042-48-424971

Gesellschaften

Deutsche Kameliengesellschaft e. V. (DKG)
Stahlbühlring 96, D-68526 Ladenburg
Tel.: 06203-13198, Fax: 06203-922454
e-mail: kamelien@t-online.de
www.kamelien-online.de

International Camellia Society (ICS)
Rolf Tiefenbach (Membership Representative)
Am Mühlenbach 12, D-27711 Osterholz-Scharmbeck
Tel.: 04791-57669
www.camellia-isc.org

Zeitschriften und Journale

Camellia
Zeitschrift der Deutschen Kameliengesellschaft
Erscheint zwei- bis dreimal jährlich.

International Camellia Journal
Zeitschrift der International Camellia Society
Erscheint einmal jährlich.

Die Kamelie – ein Internet-Magazin
(von Klaus Peper)
www.kamelien.de/magazin/index.htm

Literatur

Ackermann, W. L. (2002): Growing Camellias in Cold Climates. Noble House, Baltimore, Maryland.

Bärtels, A. (1987): Kostbarkeiten aus ostasiatischen Gärten. Verlag Eugen Ulmer, Stuttgart.

Bärtels, A. (1996): Gehölzvermehrung, 4. Aufl. Verlag Eugen Ulmer, Stuttgart.

Bärtels, A. (2000): Enzyklopädie der Gartengehölze. Verlag Eugen Ulmer, Stuttgart.

Bean, W. J. (Reprint 1989): Trees & Shrubs. Hardy in the British Isles. Butler & Tanner, Frome and London.

Biedenfeld, Freiherr F. von oder De Jonghe, J. (1856): Practische Grundlagen der Cultur von Camellien. Weimar. (Libri Selecti, B. 5 Internationale Deutsche Kamelienbücherei, hrsg. von Klaus Peper, Homburg-Saar 1996)

Chandler and Buckingham (1825): Camellia Britannica. London.

Chang Hu Ta, Bartholomew, B. (1984): Camellias. B. T. Batsford Ltd., London

Chirardi, F. (2000): Higo Camellia. Maria pacini Fazzi Editore, Lucca

Cooper, K. et al. (1997): Camellia flower Blight – Blütenfäule. Newzealand Camellia Bulletin. Übersetzung von K. Zimmer in Camellia 1/2000.

Curtis, S., Pope, C. M. (1819): A Monograph of the Genus Camellia.

Durrant, T. (1982): The Camellia Story. Heineman Publishers, Auckland, Neuseeland.

Eberhard, W. (1983): Lexikon chinesischer Symbole. Eugen Diederichs Verlag, Köln.

Edgar, L. A. (1991): Camellias. The Complette Guide. The Crowed Press Ltd, Ramsbury, Marlborough, Wiltshire.

Eisenhut, Otto (2002): Persönliche Mitteilungen.

Feldheim, W. (1994): Tee und Tee-Erzeugnisse. Blackwell Wissenschafts-Verlag, Berlin.

Feathers, D. L. and Brown, M. L. (1978): The Camellia – its History, Culture, Genetics and a Look into its Future Development. American Camellia Society, 1978.

Fischer, H. (1936): Vermehrung, Veredlung und Behandlung der Camellia japonica. Freiburg. (Libri Selecti, B. 2 Internationale Deutsche Kamelienbücherei, hrsg. von Klaus Peper, Homburg-Saar 1996).

Fischer, P. (1986): Kamelien. Verlag Fröhlig, Celle.

Franke, H., Trauzettel, R. (1968): das Chinesische Kaiserreich. Fischer Weltgeschichte Bd. 19. Fischer Bücherei, Frankfurt und Hamburg.

Franke, G. (Hrsg.) (1994): Nutzpflanzen der Tropen und Subtropen. Bd. 2: Spezieller Pflanzenbau. 3. Aufl. Verlag Eugen Ulmer, Stuttgart.

Gicklhorn J. und M (1954): Georg Joseph Kamel S. J. Intern. Gesellschaft für Geschichte der Pharmazie, Eutin.

Guomei, F, Lifang X., Xinanghong Z. (1896): Yunnan Camellias of China. Science Press, Bejing.

Gussone, H.-A, Rehfuß, K. E. und Ulrich, B. (1972): Entwicklungstendenzen der Forstdüngung. Allg. Forst- und Jagdzeitschrift 143, 41–48.

Haikal, M. (2000): Der Kamelienwald. Gustav Kiepenheuer Verlag, Leipzig.

Hall, J. W. (1968): Das japanische Kaiserreich. Fischers Weltgeschichte Bd. 20. Fischer Bücherei, Frankfurt und Hamburg.

Hees-Boukema, Ir. E. M. van (1992): Het steken van houtige Boomkwekerijgewassen. Proefstation voor de Boomkwekerij. Boskoop.

Hees-Boukema, Ir. E. M. van (1991): Het zaaien van houtige Boomkwekerijgewassen. Proefstation voor de Boomkwekerij. Boskoop.

Heinze, W., Schreiber, D. (1984): Eine neue Kartierung der Winterhärtezonen für Gehölze in Mitteleuropa. Mitteilungen der Deutschen Dendrologischen Gesellschaft 75, 11–56.

Holcomb, D. E. (2000): Eine neue Blattfleckenkrankheit an Camellia, verursacht durch den Pilz Guinardia. American Camellia Yearbook 2000. Übersetzung von K. Zimmer in Camellia 3/2001.

Hume, H. H. (1946): Camellias in America. J. Horace McFarland Company, Harrisburg, Pennsylvania.

Immos, Th. und Halpern E. (1970): Japan, Tempel, Gärten und Paläste. DuMont Buchverlag, Köln

Itoh, T. (ohne Jahreszahl): Die Gärten Japans. DuMont Buchverlag, Köln

Kaempfer, E. (1712): Amoenitatum Exotisarum Politico-Physico-Medicarum, Fasciculus IV, Plantarum Japonicarum. Lemgo.

Kammeyer, H. F. (1954): Der Pillnitzer Schloßpark und seine dendrologischen Schätze. Gehölzkunde und Landeskultur. Leipzig/Jena, S. 204–211

Kammeyer, H. F. (1956): Die zweihundertjährige Kamelie in Dresden-Pillnitz. Natur und Heimat, S. 113.

Kümmel, F. (1983): Zur Geschichte der zwei ältesten Kamelien in Deutschland (Dresden-Pillnitz und Roßwein). Beiträge zur Gehölzkunde. Berlin.

Lee Sang Rea (1999): The comprehensive presentation of Camellia japonica in Korea. The International Camellia Journal Nr. 31.

Maatsch, R. (1960): Camellia. In Pareys Blumengärtnerei. 2. Aufl. Bd. 2. Verlag Paul Parey, Berlin und Hamburg.

Mäser, F. (1808): Vermehrung der Camellia japonica durch Stecklinge. Allgemeines Teusches Gartenmagazin. Jg V, S. 463–464.

Macoby, S. (1998): The Illustrated Encyclopaedia of Camellias. Timber Press, Portland, Oregon.

Matsumoto, S. (2000): Ein goldener Stern wurde geboren. Camellia Bulletin Nob. 1998. Übersetzung von K. Zimmer in Camellia 2/2000.

Meister, G. (1692): Der Orientalisch-Indianische Kunst- und Lust-Gärtner. Reprint 1973, Gustav Kiepenheuer Verlag Weimar.

N. N. (2003): Award of Garden Merit Plants 2003. The Royal Hortucultural Society, London.

Melchior, H. in Engler, A. (1925) Die natürlichen Pflanzenfamilien. 2. Aufl., Bd. 21, 128-133. Verlag Wilhelm Engelmann, Leipzig.

Neubert, W. (1839): Die Modepflanzen unserer Zeit: Camellia und Cactus. Tübingen. (Libri Selecti, B. 6 Internationale Deutsche Kamelienbücherei, hrsg. von Klaus Peper, Homburg-Saar 1996)

Pabst, G. (Hrsg.) (1887): Köhler's Medizinal-Pflanzen. Verlag von Fr. Eugen Köhler. Gera-Untermhaus. Reprint 1998 im Verlag Th. Schäfer, Hannover.

Phillips, S. und Odom. D. (1999): Surrogate Grafting – als Alternative zur Spaltpfropfung. Camellia Journal 4/1999. Übersetzung von K. Zimmer in Camellia 2/2000.

Rehm, S. (Hrsg.) (1989): Handbuch der Landwirtschaft und Ernährung in den Entwicklungsländern. Bd. 4 Spezieller Pflanzenbau in den Tropen und Subtropen. Verlag Eugen Ulmer, Stuttgart.

Rehm, S., Espig, G. (1996): Die Kulturpflanzen der Tropen und Subtropen, 3. Aufl. Verlag Eugen Ulmer, Stuttgart.

Riedel, M. (2002): 200 Jahre Kamelien in Sachsen. Camellia. 1/2002.

Riedel, M. (2002): Persönliche Mitteilung

Rolfe, J. (1992): Gardening with Camellias. Godwit Press Lt., Auckland, Neuseeland.

Rünger, W. und Cockshull, K. E. (1985). Camellia japonica. In: Handbook of Flowering. Vol. 11, 115–116. Edit. A. H. Halery. CRC Press, Boca Raton, Florida.

Savige, T. J. (1993): The International Camellia Register. The International Camellia Society. Wirlinga, Australien.

Schubert, R., Wagner, G. (2000): Botanisches Wörterbuch, 12. Aufl. Verlag Eugen Ulmer, Stuttgart.

Schwalbe, H. (1985): Japan. Prestel-Verlag, München.

Seidel, J. H. (1799): Synonymisches Verzeichnis aller im Churfürstl. Orangengarten zu Dresden befindlichen Gewächse. Dresden.

Seidel, J. F. (1830): Über die Kultur der Camellien. In: Verhandlungen des Vereins zur Beförderung des Gartenbaues in den Königlich-Preußischen Staaten, Sechster Band. Berlin 1830 (Libri Selecti Camelliae, Bd. 3, Internationale Deutsche Kamelienbücherei, hrsg. von Klaus Peper, Homburg-Saar, 1996)

Seidel, T. J. (1837): Anleitung zur Cultur und Vermehrung der Camelien. Dresden.

Seidel, J. T. (1848): Über die Camellien-Cultur und deren Fortschritte in neuerer Zeit. In: Mitteilungen üder Flora, Gesellschaft für Botanik und Gartenbau in Dresden, Erster Band, Viertes Heft. Dresden (Libri Selecti, B. 4 Internationale Deutsche Kamelienbücherei, hrsg. von Klaus Peper, Homburg-Saar 1996)

Schwind, M. (1967): Das Japanische Inselreich. Bd. 1 Die Naturlandschaft. Verlag Walter de Gruyter, Berlin.

Schwalbe, H. (1985): Japan. Prestel-Verlag, München.

Sprengel, K. (1984): Bemerkungen über die kurfürstlichen Gärten in und bey Dresden. Gartenzeitung 4, 389–391.

Trehane, J. (1998): Camellias. B. T. Batsford Ltd, London.

Trehane, J. (1999): The origin and development oft the Williamsii Hybrids. International Camellia Journal 1999.

Urban, H. und K. (2000): Schöne Kamelien, 3. Auflage. Verlag Eugen Ulmer, Stuttgart.

Vogel, H.(1982): Azaleen, Eriken, Kamelien. Verlag Paul Parey, Berlin und Hamburg.

Wagenitz, G. (1996): Wörterbuch der Botanik. Gustav Fischer, Jena, Stuttgart, Lübeck, Ulm.

Walder M. (1999): Camellia sasanqua Thunb. Bolletino semestrale Nr. 2, Oktober 1999.

Walder, M. (2000): Camellia granthamiana Sealy. Bolletino semestrale Nr. 4, Oktober 2000.

Walder M. (2001): Camellia reticulata Lindley. Bolletino semestrale Nr 6, November 2001.

Walder, M. (2002): Persönliche Mitteilungen.

Whittle, T. (1971): Pflanzenjäger. Prestel Verlag. München.

Zhang Binglun (2001): Der Teeanbau. In: Das Alte Wissen der Chinesen. Patmos Verlag, Albatros Verlag, München.

Zimmer, K. (1997): Blütenbildung bei Kamelien. Camellia. Jahrg. 4, 3, S. 7–10.

Zimmer. K. (2002): Persönliche Mitteilung.

Bildquellen

Alle Illustrationen stammen vom Autor, bis auf folgende Abbildungen:

Farbfotos
Vidler/Mauritius: Seite 22.
Morell, Eberhardt, Dreieich: Seite 71.
Preußischer Kulturbesitz, Staatliche Museen zu Berlin: Seite 57.
Strauß, Friedrich, Au in der Hallertau: Umschlagfoto.
Übersee-Museum, Bremen/G. Warnke: Seite 42.
Wagner, Konrad, Hann. Münden: Seite 27.
Walder, Manfred, Verscio (Tessin): Seite 86, 95, 90 (rechts).

Zeichnungen
Folke Lindenblatt, Waake, fertigte die Zeichnungen der Seiten 79 (3), 80 (2), 81 (oben), 83 (3) nach Vorlagen des Autors. Des Weiteren zeichnete sie nach Vorlagen aus dem Buch von Helga und Klaus Urban, Kamelien, 3. Auflage, Stuttgart 2003, die Abbildungen von Seite 81 (unten) und 64.
Piotr Gusta, Stuttgart, zeichnete die Abbildung von Seite 100. Die Abbildung wurde dem Buch entnommen von Helga und Klaus Urban, Kamelien, 3. Auflage, Stuttgart 2003.
Helmuth Flubacher, Waiblingen, zeichnete die Karten von Seite 62 und 99. Sie wurden dem Buch, Andreas Bärtels, Enzyklopädie der Gartengehölze, Stuttgart 2002 entnommen.

Die Zeichnung von Seite 13 wurde von Chang Hu Ta und Bruce Bartholomew 1984 veröffentlicht.
Die Künstlergrafik, von Ren Bonian, China, auf Seite 32 stammt aus dem Archiv des Autors.
Die Abbildung von Seite 51, unten, wurde der Festschrift aus Anlass des hundertjährigen Bestehens der „Flora“ entnommen.

Register

Da die Kamelien-Arten, -Sorten und -Hybriden dieser Monografie in alphabetischer Reihenfolge ihrer wissenschaftlichen Namen beschrieben werden, stehen sie nicht an dieser Stelle aufgelistet.

Herrliche Blütengehölze

Erstmals deutschsprachig: Ausführliche Beschreibungen und Hinweise zur Anzucht und Kultur der wichtigsten Proteaceae-Gattungen und -Arten. Zudem wird die Erforschungsgeschichte, Systematik, Anatomie und Ökologie dieser interessanten und auffälligen Pflanzen vorgestellt.

Proteaceae. A. J. Grams. 2002. 160 S., 73 Farbf., 11 Zeichn. ISBN 3-8001-3869-7.

Man kennt Oleander von Reisen in die Mittelmeerländer, wo er vor Hofeingängen und in schattigen Patios, bisweilen auch am heiß-trockenen Straßenrand, unermüdlich zu blühen scheint. Auch bei uns erweist sich der Oleander als dankbare Kübelpflanze – genügsam in der Pflege und leicht zu überwintern. Einen Schwerpunkt bilden in diesem Buch die alten und neuen Sorten, wobei vor allem italienische und französische Züchter Neuzüchtungen heraus bringen. Daneben wird die Herkunft und die Biologie dieser uralten, im übrigen hoch giftigen Kulturpflanze beleuchtet, und alle Aspekte der Kultur – von der Vermehrung bis zur Überwinterung – kommen zur Sprache.

Oleander. C. Köchel. 2000. 150 Seiten, 94 Farbfotos. ISBN 3-8001-6653-4.

Üppig wachsend und blütenprächtig – die schönsten Arten und Sorten:
Clematis gehören zu den schönsten Kletterpflanzen. Ihr üppiges Wachstum und ihre Blütenpracht suchen ihresgleichen. Dieses Buch – der Name des Autors und die beeindruckende Zahl von nahezu 200 beschriebenen Arten und Sorten haben es längst zu einem Standardwerk gemacht – ist für alle Freunde dieser Kletterkünstler ein guter Ratgeber, der in der erweiterten Neuauflage einige zusätzliche Arten und zahlreiche großblumige Sorten vorgestellt, die in den letzten Jahren neu in die Baumschulen kamen. Die Nomenklatur folgt dem Clematis-Index von 1991.
Dipl.-Ing. Andreas Bärtels war Leiter des Forstbotanischen Gartens der Universität Göttingen. Er hat mehrere erfolgreiche Bücher zum Thema Gehölze beim Verlag Eugen Ulmer veröffentlicht und ist ständiger Mitarbeiter der Zeitschrift „Gartenpraxis". Seine Bücher setzen Maßstäbe für die dendrologische Literatur und die Baumschulfachliteratur.

Clematis. Kletterpflanzen für jeden Garten. A. Bärtels. 3. Aufl. 1999. 128 S., 116 Farbfotos, 7 Zeichnungen. ISBN 3-8001-6686-0.

Weitere Buchtipps

Seit 1500 Jahren gehören Strauchpfingstrosen zu den beliebtesten Gartenpflanzen Chinas. Immer mehr Pflanzenliebhaber entdecken diesen ungewöhnlichen Zierstrauch auch für ihre eigenen Gärten in unseren Breiten. Die Autoren sind Kenner und schöpfen aus langjähriger praktischer Erfahrung im Umgang mit Strauchpfingstrosen.

Strauchpfingstrosen. I. Rieck, F. Hertle. 2002. 168 Seiten, 150 Farbfotos, 12 Schaubilder und Zeichn. ISBN 3-8001-3657-0.

Die Blüte der Rhododendron und Azaleen ist der jährliche frühsommerliche Höhepunkt in Gärten und Parks. Die Vielfalt der Wuchs- und Blütenformen, ihr ganzjährig ansprechendes Erscheinungsbild, vor allem aber die Pracht ihrer Blüten, deren Farben von Weiß über Gelb, Rosa und Rot bis ins Blaue und Violette reichen, haben sie zu den beliebtesten Gartenpflanzen gemacht. Bei entsprechenden Wachstumbedingungen und etwas Pflege blühen sie treu und zuverlässig und können sehr alt werden.

Rhododendron und Azaleen. R. und H. Härig. 2., verb. Aufl. 1999. 112 Seiten, 59 Farbf., 18 Zeichn. ISBN 3-8001-6662-3.

Die überwältigende Formen- und Farbenvielfalt der Blüte und der Pflanze selbst erwecken spontan den Wunsch, es selbst einmal mit der Fuchsienkultur zu probieren. Hier werden neben den bewährten Sorten auch bemerkenswerte Züchtungen der letzten Jahre vorgestellt, die stark wachsend, reich blühend und vielseitig verwendbar sind und sich deshalb sowohl für den Einsteiger als auch für den erfahrenen Fuchsienfreund eignen. Hier erfahren Sie, was Sie für die fachgerechte Pflege, Vermehrung und Weiterkultivierung wissen müssen, damit Sie sich an einem Blütenmeer aus Fuchsien auf Balkon und Terrasse erfreuen können.

Fuchsien für Balkon und Terrasse. G. Manthey. 3. Aufl. 2002. 96 S., 61 Übers., 81 Farbf., 89 Zeichn. ISBN 3-8001-3894-8.

In diesem Buch erfahren Sie das Wichtigste über die Vielfalt der gesamten Pelargonienfamilie und im Besonderen alles über Duftpelargonien, über Anzucht aus Samen, Bezugsmöglichkeiten, die richtige Pflege und Vermehrung. Dazu gibt es viele Rezepte zur Verwendung der aromatischen Pflanzen.

Duftpelargonien. M. Wiegele. 2000. 96 S., 89 Farbf., 21 Zeichn. ISBN 3-8001-3133-1.